精通 Spring Boot 2.0

[印] 迪内什·拉吉普特 著

刘 璋 译

清华大学出版社

北 京

内 容 简 介

本书详细阐述了与 Spring Boot 2.0 相关的基本解决方案,主要包括定制 auto-configuration、Spring CLI 和 Actuator、Spring Cloud 和配置操作、Spring Cloud Netflix 和 Service Discovery、构建 Spring Boot RESTful 微服务、利用 Netflix Zuul 创建 API 网关、利用 Feign 客户端简化 HTTP API、构建事件驱动和异步响应式系统、利用 Hystrix 和 Turbine 构建弹性系统、测试 Spring Boot 应用程序、微服务的容器化、API 管理器、云部署(AWS)、生产服务监视和最佳实践等内容。此外,本书还提供了相应的示例、代码,以帮助读者进一步理解相关方案的实现过程。

本书适合作为高等院校计算机及相关专业的教材和教学参考书,也可作为相关开发人员的自学教材和参考手册。

Copyright © Packt Publishing 2018.First published in the English language under the title
Mastering Spring Boot 2.0.
Simplified Chinese-language edition © 2019 by Tsinghua University Press.All rights reserved.

本书中文简体字版由 Packt Publishing 授权清华大学出版社独家出版。未经出版者书面许可,不得以任何方式复制或抄袭本书内容。

北京市版权局著作权合同登记号 图字:01-2018-5178

本书封面贴有清华大学出版社防伪标签,无标签者不得销售。
版权所有,侵权必究。侵权举报电话:010-62782989 13701121933

图书在版编目(CIP)数据

精通 Spring Boot 2.0/(印)迪内什·拉吉普特(Dinesh Rajput)著;刘璋译. —北京:清华大学出版社,2019
书名原文:Mastering Spring Boot 2.0
ISBN 978-7-302-53024-4

Ⅰ. ①精… Ⅱ. ①迪… ②刘… Ⅲ. ①JAVA 语言-程序设计 Ⅳ. ①TP312.8

中国版本图书馆 CIP 数据核字(2019)第 093916 号

责任编辑:贾小红
封面设计:刘　超
版式设计:魏　远
责任校对:马子杰
责任印制:刘海龙

出版发行:清华大学出版社
网　　址:http://www.tup.com.cn,http://www.wqbook.com
地　　址:北京清华大学学研大厦 A 座　　邮　编:100084
社 总 机:010-62770175　　邮　购:010-62786544
投稿与读者服务:010-62776969,c-service@tup.tsinghua.edu.cn
质 量 反 馈:010-62772015,zhiliang@tup.tsinghua.edu.cn

印 装 者:三河市铭诚印务有限公司
经　　销:全国新华书店
开　　本:185mm×230mm　　印　张:21　　字　数:418 千字
版　　次:2019 年 6 月第 1 版　　印　次:2019 年 6 月第 1 次印刷
定　　价:109.00 元

产品编号:081002-01

译 者 序

  Spring Boot 是市场上开发 Web、企业和云软件的最佳工具之一。Spring Boot 通过减少样板代码的数量，提供了现成的特性和简单的部署模型，从而大大简化了复杂软件的构建过程。

  本书将解决与 Spring Boot 2.0 强大的可配置性和灵活性相关的应用程序设计问题。读者将了解 Spring Boot 2.0 配置如何在后台工作、如何覆盖默认配置，以及如何使用高级技术将 Spring Boot 2.0 应用程序投入至实际应用中。此外，本书还将向读者介绍 Spring 生态系统中相对较新的主题——响应式编程。在阅读完本书后，读者将精通于构建和部署 Spring Boot 2.0 应用程序。同时，本书还提供了相应的示例、代码，以帮助读者进一步理解相关方案的实现过程。

  在本书的翻译过程中，除刘璋外，张博、刘晓雪、王辉、张华臻、刘祎等人也参与了部分翻译工作，在此一并表示感谢。

  由于译者水平有限，难免有疏漏和不妥之处，恳请广大读者批评指正。

译　者

前　言

Pivotal 最近发布了 Spring Boot 2.0，以支持响应式编程和云计算。Spring Boot 2.0 引入了诸多新特性和增强方案，本书也将对此进行逐一介绍。另外，本书还将引领读者深入理解 Spring Boot 和云微服务架构方面的知识。

当前，许多公司已经将 Spring Boot 作为企业应用程序开发的主要框架，对于采用微服务架构的 REST API 尤其如此。对于 Spring Boot 来说，我们并不需要使用外部企业服务器。本书旨在阐述本地云应用程序背后所采用的常见设计方案，以及如何在 Spring Boot 2.0 的 Spring Cloud 模块中对其予以实现。其间，作者还进一步总结了分布式设计日志记录机制和应用程序开发过程中的一些最佳实践方案。

本书共 15 章，涵盖了从基于微服务的云应用程序开发到微服务的部署（使用虚拟机或 Docker 等容器）的方方面面，包括如何使用 Rest 模板、Spring Cloud Netflix Feign 实现微服务架构中服务间的通信；如何使用 Spring Cloud Stream 和 Kafka 构建一个事件驱动的弹性系统。这一部分内容还向读者展示了如何使用 Hystrix 和 Turbine 进行监视。最后，本书还将解释如何测试和构建 API，并将其部署到容器（如 Docker）以及云中（如 AWS）。

适用读者

本书适用于各种层次的 Java 开发人员，他们希望学习 Spring Boot 和 Spring Cloud 并将其作为基于企业分布式云的应用程序。因此，当采用基于 Spring Boot 2.0 和 Spring Cloud 的微服务架构时，本书对企业级 Java 和 Spring 开发人员来说十分有用，进而帮助他们深入理解本地云设计模式，以及微服务体系结构如何解决分布式应用程序中本地云基础设施中的常见设计问题，并可将本书中的示例结合自己的项目加以使用。在阅读本书之前，读者应具备 Core Java、Spring Core Framework 以及 Spring Boot 方面的基础知识。

本书内容

第 1 章整体介绍了 Spring Boot 2.0 及其新特性，包括某些核心组件，以及 Spring Boot

的某些改进措施。

第 2 章阐述了 Spring Boot 的自动配置特性，同时进一步解释了如何覆盖默认的自动配置机制。

第 3 章通过多种方式创建 Spring Boot 应用程序，涉及 Spring Boot 的 Web 接口、STS IDE 以及 Spring Boot CLI。本章深入讨论了 Spring Boot CLI，以及如何在机器设备上安装 Spring Boot CLI，并以此创建 Spring Boot 应用程序。另外，本章还将通过 Actuator 介绍 Spring Boot 的生产环境特性。

第 4 章讨论如何构建配置服务器，并向客户端应用程序提供 Git 存储库中的一组配置文件。在本章中，读者将学习到与 Spring Cloud 配置服务相关的知识，以及如何构建和使用配置服务。

第 5 章介绍 Spring Cloud Netflix 和基于 Eureka 的 Service Discovery。

第 6 章构建一个 RESTful 原子微服务，该服务使用 Spring Cloud 和 Spring 数据在内存数据库（HSQL 或 H2）上执行 CRUD 操作，以使该服务能够向 Eureka 服务器进行服务发现注册。

第 7 章探讨微服务通信的 API 网关模式，无论是来自 UI 组件还是来自内部服务调用。另外，还将使用 Netflix API Zuul 实现一个 API 网关，并了解如何在应用程序中设置 Zuul 代理。

第 8 章对 Feign 及其工作方式加以介绍，其中包含了针对业务需求相关的、详细的 Feign 扩展/定制方式，其中展示了自定义编码器、解码器、Hystrix 和单元测试异常处理方面的参考实现。

第 9 章讲述了如何采用事件驱动架构并作为本地云应用程序构建事件驱动型微服务。对于分布式系统中的数据一致性处理，本章将考查一些重要的概念和主题。

第 10 章通过参考实现探讨断路器模式，其中涉及 Netflix Hystrix 库的使用，配置 Turbine 仪表盘以整合来自多项服务的 Hystrix 流。

第 11 章通过 JUnit 和 Mockito 讨论 Spring Boot Services 单元测试。其中，全部参考实现都将完成相应的单元测试。因此，本章内容更多地是整合了微服务的各种测试机制。

第 12 章介绍容器，并在 Docker 中运行第 11 章中构建的服务、编写 Dockerfile、使用 docker-compose 编排容器，并在 Kubernetes 中提供编排示例。

第 13 章探讨分布式系统中的 API 管理，设置 KONG 开源 API 管理器、在 KONG API 管理器中配置前述章节中的 API 端点、针对 API 标准引入 Swagger。最后，本章还将展示速率限制以及基于 KONG 的日志记录。

第 14 章介绍如何在 AWS EC2 实例中手动部署微服务，以及 CloudFormation 脚本的应用方式。

第 15 章详细介绍构建分布式系统的一些最佳实践，并深入讨论生产环境下服务的性能监控方案。

软件环境和资源下载

本书内容可供读者独立阅读。但是，为了更好地理解书中的相关示例，读者需要安装 Java 8。对此，可访问 http://www.oracle.com/technetwork/java/javase/downloads/jdk8-downloads-2133151.html 下载 Java 8。此外，读者还可根据个人喜好安装相应的 IDE，如 Software Spring Tool Suite。读者可访问 https://spring.io/tools/sts/all，并根据个人操作系统下载 Spring Tool Suite（STS）的最新版本。Java 8 和 STS 也适用于其他平台，如 Windows、macOS 和 Linux。

读者可访问 http://www.packtpub.com 并通过个人账户下载示例代码文件。另外，在 http://www.packtpub.com/support 中注册成功后，我们将以电子邮件的方式将相关文件发与读者。

读者可根据下列步骤下载代码文件：

（1）利用电子邮件地址和密码登录或注册我们的网站。

（2）选择 SUPPORT 选项卡。

（3）单击 Code Downloads & Errata。

（4）在 Serach 文本框中输入书名。

当文件下载完毕后，确保使用下列最新版本软件解压文件夹：

- Windows 系统下的 WinRAR/7-Zip。
- Mac 系统下的 Zipeg/iZip/UnRarX。
- Linux 系统下的 7-Zip/PeaZip。

另外，读者还可访问 GitHub 获取本书的代码包，对应网址为 https://github.com/PacktPublishing/Mastering-Spring-Boot-2.0。此外，读者还可访问 https://github.com/PacktPublishing/ 以了解丰富的代码和视频资源。

本书约定

本书通过不同的文本风格区分相应的信息类型。下面通过一些示例对此类风格以及具体含义的解释予以展示。

代码块如下所示：

```
@RestController
class HelloController {
  @GetMapping("/")
  String hello() {
    "Hello World!!!"
  }
}
```

当某个代码块希望引起读者的足够重视时，一般会采用黑体表示，如下所示：

```
<dependencies>
    <dependency>
      <groupId>org.springframework.boot</groupId>
      <artifactId>spring-boot-starter-web</artifactId>
    </dependency>
</dependencies>
```

命令行输入或输出则采用下列方式表达：

```
$ Spring run HelloController.groovy
```

图标表示较为重要的说明事项。

图标表示提示信息和操作技巧。

读者反馈和客户支持

欢迎读者对本书的建议或意见予以反馈。

对此，读者可向 feedback@packtpub.com 发送邮件，并以书名作为邮件标题。若读者对本书有任何疑问，均可发送邮件至 questions@packtpub.com，我们将竭诚为您服务。

若读者针对某项技术具有专家级的见解，抑或计划撰写书籍或完善某部著作的出版工作，则可访问 www.packtpub.com/authors。

勘误表

尽管我们在最大程度上做到尽善尽美，但错误依然在所难免。如果读者发现谬误之处，无论是文字错误抑或是代码错误，还望不吝赐教。对此，读者可访问 http://www.packtpub.com/submit-errata，选取对应书籍，单击 Errata Submission Form 超链接，并输入相关问题的详细内容。

版权须知

一直以来，互联网上的版权问题从未间断，Packt 出版社对此类问题异常重视。若读者在互联网上发现本书任意形式的副本，请告知网络地址或网站名称，我们将对此予以处理。关于盗版问题，读者可发送邮件至 copyright@packtpub.com。

问题解答

若读者对本书有任何疑问，均可发送邮件至 questions@packtpub.com，我们将竭诚为您服务。

目　　录

第 1 章　Spring Boot 2.0 1
1.1　Spring Boot 概述 2
1.2　利用 Spring Boot 简化应用程序开发 3
1.3　Spring Boot 中的核心组件 5
　　1.3.1　Spring Boot Starter 5
　　1.3.2　Spring Boot Starter Parent POM 7
　　1.3.3　Spring Boot auto-configuration 7
　　1.3.4　启用 Spring Boot auto-configuration 9
　　1.3.5　Spring Boot CLI 11
　　1.3.6　Spring Boot Actuator 11
1.4　设置 Spring Boot 工作区 12
　　1.4.1　利用 Maven 设置 Spring Boot 13
　　1.4.2　利用 Gradle 设置 Spring Boot 13
1.5　开发第一个 Spring Boot 应用程序 15
　　1.5.1　使用 Web 界面 15
　　1.5.2　利用 STS IDE 创建 Spring Boot 项目 17
1.6　实现 REST 服务 19
1.7　Spring Boot 2.0 中的新特性 22
1.8　本章小结 22

第 2 章　定制 auto-configuration 25
2.1　理解 auto-configuration 26
2.2　定制 Spring Boot 27
　　2.2.1　利用 Spring Boot 属性进行定制 27
　　2.2.2　替换已生成的 Bean 29
　　2.2.3　禁用特定的 auto-configuration 类 29
　　2.2.4　修改库的依赖关系 30
2.3　基于属性的配置外部化 31

2.3.1 属性的评估顺序 31
2.3.2 重命名 Spring 应用程序中的 application.properties 32
2.4 外部配置应用程序属性 33
2.5 基于日志记录的调优 35
2.6 YAML 配置文件 36
2.6.1 针对属性的 YAML 36
2.6.2 单一 YAML 文件中的多个属性 37
2.7 定制应用程序错误页面 37
2.8 本章小结 39

第 3 章 Spring CLI 和 Actuator 41
3.1 使用 Spring Boot CLI 41
3.1.1 安装 Spring Boot CLI 42
3.1.2 从安装文件中手动安装 Spring Boot CLI 42
3.1.3 使用 SDKMAN!安装 Spring Boot CLI 43
3.1.4 利用 OSX Homebrew 安装 Spring Boot CLI 43
3.2 使用 Initializr 44
3.3 Spring Boot Actuator 48
3.3.1 在应用程序中启用 Spring Boot Actuator 49
3.3.2 分析 Actuator 的端点 49
3.3.3 显示配置细节 51
3.3.4 显示指标端点 56
3.3.5 显示应用程序信息 57
3.3.6 关闭应用程序 59
3.3.7 自定义 Actuator 端点 59
3.3.8 创建一个自定义端点 64
3.4 Actuator 端点的安全性 66
3.5 Spring Boot 2.x 中的 Actuator 67
3.6 本章小结 68

第 4 章 Spring Cloud 和配置操作 69
4.1 原生云应用程序架构 69
4.1.1 微服务架构 71

		4.1.2 微服务的优点	72
		4.1.3 微服务面临的挑战	73
4.2	Spring Cloud 简介		74
	4.2.1	云和微服务程序的构造块	74
	4.2.2	Spring Cloud 应用	76
4.3	配置 Spring Cloud 应用程序		77
4.4	创建配置生成器——Spring Cloud Config Server		78
4.5	实现 Cloud Config Server		79
	4.5.1	配置 application.properties 文件	80
	4.5.2	创建 Git 存储库作为配置存储	80
4.6	利用模式配置多个存储库		83
	4.6.1	身份验证	84
	4.6.2	force-pull 属性	85
4.7	创建 Spring Cloud 客户端		85
4.8	本章小结		87

第 5 章 Spring Cloud Netflix 和 Service Discovery ... 89

5.1	Spring Cloud Netflix 简介		89
5.2	微服务架构中的 Service Discovery		90
5.3	实现 Service Discovery——Eureka Server		92
	5.3.1	Maven 构建配置文件	92
	5.3.2	Gradle 构建配置文件	93
	5.3.3	启用 Eureka 服务器作为 Discovery Service 服务器	94
5.4	实现 Service Discovery——Eureka 客户端		96
	5.4.1	添加 Maven 依赖关系配置	96
	5.4.2	Gradle 构建配置	98
5.5	利用 Eureka 注册客户端		99
	5.5.1	使用 REST 服务	102
	5.5.2	使用 EurekaClient	102
	5.5.3	Feign Client	107
5.6	本章小结		111

第 6 章 构建 Spring Boot RESTful 微服务 113
6.1 基于 Spring Boot 的微服务 113
6.1.1 bootstrap.yml 和 application.yml 简介 114
6.1.2 简单的微服务示例 115
6.2 Spring Data 简介 128
6.2.1 Apache Ignite 存储库 129
6.2.2 Spring Data MongoDB 129
6.2.3 Spring Data JPA 130
6.3 本章小结 130

第 7 章 利用 Netflix Zuul 创建 API 网关 133
7.1 API 网关模式需求 133
7.1.1 API Gateway 模式的优点 135
7.1.2 API Gateway 的一些缺点 135
7.1.3 API Gateway 模式组件 135
7.2 利用 Netflix Zuul Proxy 实现 API Gateway 136
7.2.1 利用 Maven 依赖关系包含 Zuul 137
7.2.2 启用 Zuul 服务代理 137
7.2.3 配置 Zuul 属性 138
7.2.4 添加过滤器 141
7.3 本章小结 144

第 8 章 利用 Feign 客户端简化 HTTP API 145
8.1 Feign 基础知识 145
8.2 在云应用程序中包含 Feign 148
8.2.1 重载 Feign 的默认配置 153
8.2.2 创建 Feign 客户端 155
8.2.3 Feign 继承机制 156
8.2.4 多重继承 156
8.3 Feign 客户端的高级应用 157
8.4 异常处理 158
8.5 自定义编码器和解码器 159
8.5.1 自定义编码器 160

		8.5.2 自定义解码器 161
8.6	Feign 和 Hystrix 161
8.7	Feign 客户端单元测试 163
8.8	本章小结 164

第 9 章 构建事件驱动和异步响应式系统 165

- 9.1 事件驱动型架构模式 165
  - 9.1.1 调停者拓扑 165
  - 9.1.2 代理拓扑 166
- 9.2 响应式编程简介 167
  - 9.2.1 Spring Reactive 167
  - 9.2.2 ReactiveX 168
- 9.3 命令查询的责任分离简介 168
  - 9.3.1 Event Sourcing 模式简介 170
  - 9.3.2 最终一致性 171
- 9.4 构建事件驱动型响应式异步系统 172
- 9.5 Spring Cloud Streaming 简介 173
  - 9.5.1 向应用程序中添加 Kafka 174
  - 9.5.2 安装和运行 Kafka 175
  - 9.5.3 Kafka 配置属性 175
  - 9.5.4 用于写入 Kafka 的服务 176
  - 9.5.5 Rest API 控制器 177
  - 9.5.6 监听 Kafka 主题 177
- 9.6 本章小结 181

第 10 章 利用 Hystrix 和 Turbine 构建弹性系统 183

- 10.1 断路器模式 184
- 10.2 使用 Hystrix library 186
- 10.3 在应用程序中配置 Hystrix 187
  - 10.3.1 Maven 依赖关系 188
  - 10.3.2 启用断路器 188
  - 10.3.3 向服务中添加 Hystrix 注解 189
  - 10.3.4 错误传递 192

10.4	在客户服务中实现 REST 控制器	192
10.5	构建和测试客户服务	195
10.6	自定义默认的配置项	196
10.7	Hystrix Metrics Stream	198
10.8	在项目中实现 Hystrix Dashboard	199
10.9	Turbine 仪表盘	201
10.10	基于 Hystrix 和 Feign 的 REST 使用者	204
10.11	本章小结	206

第 11 章 测试 Spring Boot 应用程序 ... 207

11.1	测试驱动开发	207
11.2	单元测试机制	208
	11.2.1 单元测试的优点	211
	11.2.2 单元测试的缺点	212
	11.2.3 其他模拟库	212
11.3	集成测试	212
	11.3.1 Spring 测试的优点	214
	11.3.2 激活测试类的配置	214
11.4	Spring Boot 应用程序的 JUnit 测试	214
11.5	使用 Mockito 模拟服务	216
11.6	测试 RESTful 服务契约的 Postman	217
11.7	本章小结	220

第 12 章 微服务的容器化 ... 221

12.1	微服务架构的容器	222
	12.1.1 虚拟机和容器	222
	12.1.2 容器方案的优点	224
	12.1.3 面向容器方案的缺点	224
12.2	Docker 简介	225
	12.2.1 安装 Docker	226
	12.2.2 在 Linux 上安装 Docker	226
	12.2.3 在 Windows 中安装 Docker	227
	12.2.4 Docker 架构	229

目　录

12.2.5　Docker 引擎	231
12.2.6　Docker 容器	232
12.2.7　编写 Dockerfile	233
12.3　Docker 化 Spring Boot 应用程序	235
12.4　利用 Maven 创建 Docker 镜像	239
12.5　Docker Compose 简介	240
12.5.1　安装 Docker Compose	241
12.5.2　使用 Docker Compose	242
12.5.3　编写 docker-compose 文件	242
12.5.4　基于 docker-compose 文件的编排操作	244
12.5.5　利用 docker-compose 和负载平衡扩展容器	247
12.6　Kubernetes 简介	248
12.7　本章小结	249
第 13 章　API 管理器	**251**
13.1　API 管理	251
13.1.1　API 管理软件的优点	252
13.1.2　API 管理工具	252
13.2　速率限制	252
13.3　KONG 简介	253
13.3.1　基于 KONG 架构的微服务 REST API	254
13.3.2　未采用 KONG 架构的 API 应用	255
13.3.3　安装 KONG	255
13.3.4　使用 KONG API	257
13.4　Swagger	265
13.4.1　Swagger 应用	265
13.4.2　在微服务中使用 Swagger	266
13.4.3　Swagger 的优点	277
13.5　本章小结	278
第 14 章　云部署（AWS）	**279**
14.1　AWS EC2 实例	279
14.2　AWS 上的微服务架构	284

14.3　在 AWS EC2 上安装 Docker 289
14.4　在 AWS EC2 上运行微服务 291
14.5　本章小结 293

第 15 章　生产服务监视和最佳实践 295
15.1　监视容器 295
15.2　日志机制所面临的挑战 295
15.3　微服务架构的中心日志方案 297
　　　15.3.1　基于 ELK 栈的日志聚合 299
　　　15.3.2　使用 Sleuth 的请求跟踪 306
　　　15.3.3　基于 Zipkin 的请求跟踪 310
15.4　本章小结 315

第 1 章　Spring Boot 2.0

众所周知，无论对于核心和企业级应用程序，Spring Framework 均可简化开发流程，因而是一种十分流行的框架。Spring 团队不断地完善其内容，且专注于软件开发的简洁性。Spring 团队在 2013 年发布了 Spring Framework 的一个主要项目，即 Spring Boot。

Spring 团队项目旨在简化软件的开发过程。Spring Boot 并非是独立的框架，而是构建于 Spring Framework 之上的，二者间具有相似性。Spring Boot 可视为现有内容的集合，用户只需要加以选择和使用即可，且不需要任何额外的配置开销。

Spring 团队仍在不断地完善 Spring 生态圈，以使其在市场中获得更好的支持，其中包括云计算、大数据、无模式数据持久化和响应式编程。在最近的几年里，Spring Boot 给用户带来了诸多最新的特性。Spring Boot 可视为 Spring 团队为 Spring 框架所做的一项伟大发明，因此 Spring 已经稳定了很长一段时间，并赢得了主要的市场份额。

本章将帮助读者理解 Spring Boot 2.0 中的一些底层重要概念，如 starter project、自动配置和 starter parent。此外，读者还将理解如何利用 Spring Boot 简化软件开发流程，并与读者分享 Spring Boot 成功背后的一些故事。最后，本章将利用 Spring Boot 创建一个示例程序，并生成 REST 服务。

在阅读完本章内容后，读者将了解如何利用 Spring Boot 实现应用程序的敏捷开发，并为创建 REST 服务提供一个就绪"菜单"。另外，通过 auto-configure，读者还可在企业级应用程序的配置级别上利用 Spring Boot 处理一些常见的问题。

本章主要涉及以下主题：

- Spring Boot 概述。
- 利用 Spring Boot 简化 Spring 应用程序开发。
- Spring Boot 的核心组件。
  - Spring Boot starter project。
  - auto-configuration。
  - Spring Boot CLI。
  - Spring Boot Actuator。
- 配置 Spring Boot 工作区。
- 开发第一个 Spring Boot 应用程序。
- Spring Boot 2.0 中的新特性。

下面将对此进行逐一讨论。

1.1 Spring Boot 概述

在笔者看来，Spring Boot 就像是一种等待进餐的食物。从 Spring 应用程序开发角度来看，Spring 应用程序通常需要完成大量的设置任务。假设读者正与 JPA 协同工作，因而需要使用到 DataSource、TransactionManager、EntityManagerFactory 等；如果与 Web MVC 应用程序协同工作，则需要使用到 WebApplicationInitializer/web.xml、ContextLoaderListener 和 DispatcherServlet；如果读者利用 JPA 在 MVC 应用程序上工作，则会涉及上述全部内容。但此类内容在很大程度上是可以预见的，Spring Boot 可为用户完成大部分设置工作。

Spring Boot 为使用 Spring 框架的应用程序开发提供了一种新的策略，而且不会引起太大的麻烦，以使开发人员主要关注于应用程序的各项功能，而非 Spring 的元配置问题。在 Spring 应用程序中，Spring Boot 仅涉及较少的配置工作或零配置。

Spring Boot 文档中对此有如下描述：

"Spring Boot 可以轻松地创建独立的、基于生产级的 Spring 应用程序，用户可以直接运行这些应用程序"。

Spring Boot 调整了 Spring 应用程序的开发方式。当查看 Spring Framework 最初版本时，Spring 是一种轻量级、面向 POJO 的框架，这意味着该框架是解耦的且包含较少的代码，并利用 XML 进行配置。Spring 2.5 中引入了注解，并通过组件扫描方式减少了 XML 配置。Spring 3.0 则附带了 Java 配置，但需要注意的是，配置中仍不包含转义。最后，在 Spring 的最新版本中，组件扫描机制减少了配置内容，Java 配置则进一步降低了时间消耗。但是，Spring 仍会涉及大量的配置工作。

Spring 应用程序中的这一类配置行为已经影响到实际业务功能的开发，更像是 Spring 应用程序开发过程中引起摩擦的一个根源。毫无疑问，Spring Framework 在 Java 开发应用程序方面为我们做了更多的工作。如果错误产生于配置层，那么将会花费大量的时间对其进行调试和处理。

引起冲突的另一个根源是项目依赖关系管理。添加依赖关系是一项非常繁杂的工作，这让开发人员在决定哪些库需要成为项目构建的一部分时感到头痛。某些时候，识别依赖库的版本甚至更具挑战性。

综上所述，配置工作、依赖关系管理，以及确定依赖库的版本占用了软件工程师大量的研发时间；相应地，研发生产力也随之降低。

Spring Boot 则改变了这一切，但需要记住的是，Spring Boot 并不是一款代码生成器或者 IDE 插件。

Spring Boot 对 Spring 应用程序具有自己的观点。Spring 项目的固有运行期可支持不同的项目类型，例如 Web 和批处理，并为用户处理大多数底层、可预测的设置。

那么，什么是固有的运行期？一般情况下，Spring Boot 根据类路径内容使用了一些有意义的默认值，即选项。例如，如果 JPA 实现位于该路径上，Spring Boot 将配置一个 JPA Entity Manager Factory；如果 Spring MVC 位于该路径上，Spring Boot 将使用默认的 Spring MVC 设置。尽管如此，每项内容均可方便地被修改——但大多数时候，用户无须覆写任何内容。

下面考查 Spring Boot 如何简化 Spring 应用程序的开发任务。

1.2 利用 Spring Boot 简化应用程序开发

当配置 Spring 应用程序中的 bean 时，Spring Framework 提供了较大的灵活性，其中涉及多种方式，如 XML、注解和 Java 配置。但需要记住的是，随着 Spring 应用程序中模块和特性数量的增加，配置中的复杂度也随之增加。在经历了某一关键点后，Spring 应用程序即会变得单调乏味、易于出错。

对此，Spring Boot 可以解决 Spring 应用程序配置的复杂性问题。

Spring Boot 会为用户自动完成某些任务，同时允许用户在必要时修改默认值。

Spring Boot 并不是一个独立的框架，但却是 Spring 的核心内容。Spring Boot 构建于 Spring Framework 之上，但却为开发人员除去了某些枯燥的工作，以使开发人员通过最小配置或零配置方式将主要精力集中于业务编码上。

图 1.1 显示了 Spring Boot 的示意图。

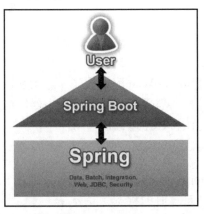

图 1.1

在图 1.1 中可以看到，Spring Boot 是 Spring Framework 的表面层，且包含了诸如 Web（MVC）、JDBC、安全和批处理这一类模块。对于用户来说，Spring Boot 仅提供了较小的表面区域以从 Spring 中获取数值。

假设用户正与某项任务（例如 Hello World 应用程序）协同工作。当选取 Spring Framework 进行开发时，那么需要前期准备哪些工作呢？

下面列出了小型 Web 应用程序所需的最低程度的配置。

- ❏ 通过 Maven 或 Gradle 创建项目结构，并定义依赖关系，例如 Spring MVC 和 Servlet 依赖关系。
- ❏ 部署描述符文件，即 web.xml。在 Java 配置中，则需要使用到声明了 Spring 的 DispatcherServlet 的 WebApplicationInitializer 实现类。
- ❏ Spring MVC 配置类，以启用 Hello World 应用程序的 Spring MVC 模块。
- ❏ 需要创建一个控制器，以响应请求。
- ❏ 需要创建一个 Web 应用程序服务器，例如 Tomcat。

其中，大多数内容均为通用的样板代码，以及针对 Spring Web 应用程序的常见配置，除了编写特定的应用程序控制器之外。因此，Spring Boot 根据类路径上的库提供了所有的常见配置和样板代码，而用户无须编写此类常见的通用代码。

下面利用 Spring Boot 构建上述 Hello World 应用程序。假设我们正在使用一个基于 groovy 的控制器类，如下所示：

```
@RestController
class HelloController {
    @GetMapping("/")
    String hello() {
        "Hello World!!!"
    }
}
```

上述代码表示为完整的 Spring Web 应用程序，且无须执行任何配置操作——未涉及任何 web.xml 文件、构建文档，甚至是应用程序服务器，这是一个完整的应用程序。利用下列命令，可通过 Spring Boot CLI 运行该应用程序。

```
$ Spring run HelloController.groovy
```

因此，我们可以看出 Spring Boot 如何简化 Spring 应用程序的开发过程。在 1.3 节，我们还将看到同一程序采用 Java 时的状态。

> **注意：**
> Spring Boot 无意与 Spring 或 Spring MVC 框架实现竞争，仅是简化 Spring 应用程序的开发而已。

1.3 Spring Boot 中的核心组件

前面介绍了 Spring Boot 如何简化 Spring 应用程序的开发过程，然而，其背后的理念又是什么？对此，有必要考查一下 Spring Boto 中的下列核心组件：

- Spring Boot Starter。
- 自动化配置过程。
- Spring Boot CLI。
- Spring Boot Actuator。

上述 4 个核心组件简化了 Spring 应用程序的开发过程，下面分别对其加以考查。

1.3.1 Spring Boot Starter

对于诸如 Web MVC、JDBC、ORM 等模块，Spring Boot Start 更像是一个小型 Spring 项目。对于 Spring 应用程序，用户仅需添加类路径中各自模块的启动程序（starter）即可。相应地，Spring Boot 将确保使用 Maven 或 Gradle 将必要的库添加到构建信息中，而开发人员无须担心模块库和该库的依赖版本，即传递性依赖关系。

> **注意：**
> Spring Boot 文档中描述到，starter 表示为依赖关系描述符集合，并可包含至应用程序中。用户可以一站式地获得所需的所有 Spring 和相关技术，而不必遍历示例代码并复制-粘贴依赖描述符的载入过程。

假设需要创建一个 Web 应用程序，并通过 Spring Web MVC 模块向 Spring 应用程序显示 RESTful 服务，对此，仅需在项目中包含 spring-boot-starter-web 依赖关系即可。

在 Spring 应用程序中，对应内容如下所示：

```
<dependencies>
    <dependency>
        <groupId>org.springframework.boot</groupId>
        <artifactId>spring-boot-starter-web</artifactId>
    </dependency>
</dependencies>
```

starter 依赖关系负责处理以下传递性依赖关系：
- spring-web-*.jar。
- spring-webmvc-*.jar。
- tomcat-*.jar。
- jackson-databind-*.jar。

图 1.2 显示了 spring-boot-starter-web 示意图。

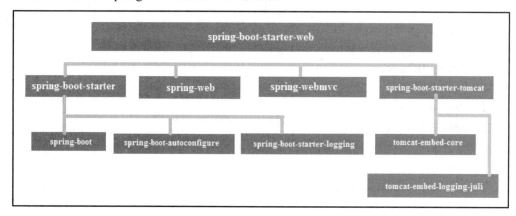

图 1.2

spring-boot-starter 不仅降低了构建依赖关系的数量，同时还向构建信息中加入了特定的功能。在当前示例中，向 Spring 应用程序中添加了 web 启动程序，因而可提供应用程序所需的 Web 功能。类似地，如果应用程序将使用到 ORM，则可加入 orm 启动程序。对于安全性而言，可加入 security 启动程序。

Spring Boot 提供了大量的 Starter 项目，在 org.springframework.boot 分组中，可以看到以下内容。

- spring-boot-starter-web-services：构建显示 SOAP Web 服务的应用程序。
- spring-boot-starter-web：构建 Web 应用程序和 RESTful 应用程序。
- spring-boot-starter-test：编写单元测试和集成测试。
- spring-boot-starter-jdbc：传统的 JDBC 应用程序。
- spring-boot-starter-hateoas：通过添加 HATEOAS 特性，使服务更具 RESTful 特征。
- spring-boot-starter-security：采用 Spring Security 的身份验证和授权。
- spring-boot-starter-data-jpa：基于 Hibernate 的 Spring Data JPA。
- spring-boot-starter-cache：启用 Spring Framework 的缓存支持。

❑ spring-boot-starter-data-rest：使用 Spring Data REST 显示简单的 REST 服务。

1.3.2 Spring Boot Starter Parent POM

Starter Parent POM 定义了依赖关系和 Maven 插件的核心版本，通常采用 spring-boot-starter-parent 作为 pom.xml 文件中的父级，如下所示：

```
<parent>
    <groupId>org.springframework.boot</groupId>
    <artifactId>spring-boot-starter-parent</artifactId>
    <version>2.0.2.RELEASE</version>
    <relativePath/> <!-- lookup parent from repository -->
</parent>
```

对于多重子项目或模块，Spring Boot Starter Parent POM 可管理下列内容。
❑ 配置：Java 版本和其他属性。
❑ 依赖关系管理：依赖关系的版本。
❑ 默认插件配置：这将包含诸如构建插件的配置信息。
这是一种引入多个协调依赖项（包括传递依赖项）的简单方法。
下面考查 Spring Boot 的 auto-configuration。

1.3.3 Spring Boot auto-configuration

Spring Boot 可自动对应用程序的各项功能提供相应的配置，这常见于大量的 Spring 应用程序中。auto-configuration 通过下列方式分析路径：
❑ 如果忘记了某项依赖关系，Spring Boot 将无法对其进行配置。
❑ 建议使用依赖关系管理工具。
❑ Spring Boot Parent 和 Starter 将对此予以简化。
❑ Spring Boot 将与 Maven、Gradle、Ant/Ivy 协同工作。
根据所添加的 JAR 依赖关系，Spring Boot 在 Spring 应用程序中提供了此类模块的自动配置功能，假设在 Spring 应用程序路径中加入了 JPA 启动程序依赖项，即 spring-boot-starter-data-jpa，Spring Boot 将自动把 JPA 配置至 Spring 应用程序中。当前，用户并未通过手动方式配置与 JPA 关联的任何数据库连接 Bean。类似地，如果需要加入诸如 HSQLDB 这一类内存数据库，则可将其（org.hsqldb）添加至 Spring 应用程序的类路径中，这将自动配置一个内存数据库。

Spring Boot 通过下列方式提供了自动配置功能：
- 首先，SpringBoot 类路径中的有效框架。
- 随后，Spring Boot 针对该应用程序查看现有的配置。

据此，Spring Boot 提供了所需的基本配置内容，进而配置基于相关框架的应用程序，这一过程称作 auto-configuration。

在作者编写的另一本书籍（*Spring 5 Design Patterns*）中，曾编写了一个与后端关联的应用程序，并通过 JDBC 访问一个关系型数据库。由于 Spring Framework 提供了 JdbcTemplate，因而需要在应用程序上下文中作为 Bean 注册该 JdbcTemplate，如下所示：

```
@Bean
public JdbcTemplate jdbcTemplate(DataSource dataSource) {
    return new JdbcTemplate(dataSource);
}
```

上述配置创建了一个 JdbcTemplate 的实例，并利用了一个 Bean 依赖项对其注入。因此，还需注册这一 DataSource Bean。下列代码显示了如何利用 DataSource Bean 配置 HSQL 数据库。

```
@Bean
public DataSource dataSource() {
    return new EmbeddedDatabaseBuilder()
        .setType(EmbeddedDatabaseType.HSQL)
        .addScripts('schema.sql', 'data.sql')
        .build();
}
```

上述配置使用 HSQL 嵌入式数据库创建一个 DataSource 实例，用于指定 SQL 脚本 schema.sql 和 data.sql。

可以看到，两个 Bean 方法定义并不复杂，但并不是应用程序逻辑内容中的一部分，这只是应用程序配置的一小部分。如果向同一应用程序中添加 Spring MVC，则需要注册另一个对应的 Bean 方法。对于每个 Spring 应用程序来说，此类方法基本相同，并于其中使用相同的模块。可以说，这是每个 Spring 应用程序中的样板代码。

简而言之，这一类配置（无论定义了何种内容）对于每个应用程序来说均是一种公共配置。理想状态下，不应针对每个应用程序加以编写。

Spring Boot 解决了公共配置这一类问题，并可自动配置这些公共配置 Bean 方法。具体来说，Spring Boot 根据应用程序类路径上的有效库自动配置。因此，如果需要在应用程序类路径上添加 HSQL 数据库，Spring Boot 将自动配置嵌入式 HSQL 数据库。

如果 Spring JDBC 库位于应用程序的类路径上，还将针对该应用程序配置一个 JdbcTemplate Bean，且无须以手动方式在 Spring 应用程序中配置此类 Bean。这些 Bean 将实现自动配置，并将其用于业务逻辑。Spring Boot 在开发人员一端减少了此类样板代码配置量。

1.3.4　启用 Spring Boot auto-configuration

Spring Boot 提供了 Spring Boot 注解，负责启用 auto-configuration 特性。该注解用于 Spring Boot 应用程序的主应用程序中。Spring Java 配置类上的@EnableAutoConfiguration 使得 Spring Boot 自动创建所需的 Bean，通常会根据类路径内容予以实现（也可方便地对此进行修改）。

下面的代码表示 Spring Boot 应用程序中的主应用程序启动器类：

```
@Configuration
@EnableAutoConfiguration
public class MyAppConfig {
   public static void main(String[] args) {
   SpringApplication.run(MyAppConfig.class, args);
   }
}
```

除此之外，Spring Boot 还针对该配置文件提供了一种快捷方式，即使用另一个注解@SpringBootApplication。

较为常见的方式是共同使用@EnableAutoConfiguration、@Configuration、@ComponentScan。考查下列更新后的代码：

```
@SpringBootApplication
public class MyAppConfig {
   public static void main(String[] args) {
   SpringApplication.run(MyAppConfig.class, args);
   }
}
```

在上述代码中，@ComponentScan 不包含任何参数，并扫描当前包及其子包。

> **注意：**
> Spring Boot 1.2 之后方对@SpringBootApplication 予以支持。

与代码相比，图 1.3 较好地解释了上述内容。

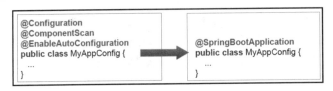

图 1.3

根据图 1.3 可知，@SpringBootApplication 注解涵盖了 3 个注解的功能，即 @EnableAutoConfiguration、@ComponentScan、@Configuration。

> **注意：**
> Spring Boot Starter 减少了构建的依赖关系；Spring Boot 自动配置则降低了 Spring 的配置内容。

如果希望排除某些模块的 auto-configuration，则可使用@SpringBootAnnotation 的 exclude 属性。考查下列代码：

```
@SpringBootApplication(exclude = {DataSourceAutoConfiguration.class,
HibernateJpaAutoConfiguration.class})
public class MyAppConfig {
   ...
}
```

在上述代码中可以看到，Spring Boot 应用程序仅将 DataSourceAutoConfiguration.class 和 HibernateJpaAutoConfiguration.class 视为自动配置。

图 1.4 解释了与 Spring Boot auto-configuration 特性相关的全部内容。

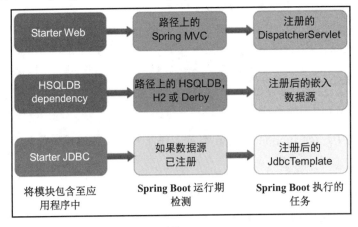

图 1.4

不难发现，图 1.4 中仅包含了 Spring 应用程序所需的模块。在运行期，Spring Boot 将在应用程序类路径上检查库。如果所需库未出现于应用程序的类路径上，Spring Boot 将针对应用程序配置所需 Bean 以及其他配置内容。用户无须担心 Spring Boot 应用程序中的模块配置问题。

下面将介绍另一个核心组件 Spring Boot CLI。

1.3.5 Spring Boot CLI

Spring Boot 提供了一种命令行工具，可用于快速编写 Spring 应用程序。通过 Spring Boot CLI，可运行 Groovy 脚本，与 Java 相比，Groovy 代码几乎不包含任何样板代码。

Spring Boot 文档中描述到：

"虽然无须使用 CLI 与 Spring Boot 协同工作，但这绝对是启动 Spring 应用程序的最快方式。"

Spring Boot 的 CLI 为开发人员提供了更多的空余时间，不必添加启动程序依赖项和自动配置，从而只专注于编写特定于应用程序的代码。在 Groovy 脚本 HelloController 中，我们已经看到了这一点；随后，可利用 Spring Boot CLI 运行该 Groovy 脚本。

Spring Boot CLI 是一种智能工具，其原因在于，在 Groovy 脚本中并不涉及导入语句行，而 Spring Boot CLI 却支持此类运行方式。读者可能会询问，对于依赖关系，情况又是如何？此处并未包含 Maven 或 Gradle，CLI 的智能体现于，它检测应用程序中所使用的类，同时了解应该为这些类使用哪些 starter 依赖关系。

当 Spring Boot 添加依赖项时，一系列的 auto-configuration 会启动并添加所需的 Bean 方法配置，这样应用程序就能够响应 HTTP 请求。

CLI 是 Spring Boot 中的一项可选内容，且只允许开发人员使用应用程序代码编写完整的应用程序，而不需要构建传统的项目。CLI 为 Spring 开发提供了强大的功能，同时又不失简单性。第 2 章将讨论如何设置 Spring Boot CLI。

接下来讨论 Spring Boot 构建模块的另一个核心组件，即 Spring Boot Actuator。该组件将生成一些与 Spring Boot 应用程序运行相关的反馈信息。

1.3.6 Spring Boot Actuator

许多框架均提供了应用程序开发工具，但 Spring Boot 不仅限于此，它还提供了一个生产环境的后期特性，进而可在生产期间使用 HTTP 端点或 JMX 监视 Spring 应用程序。

Spring Boot Actuator 是 Spring Boot 构建模块的最后一个核心组件。Spring Boot 构建模块的其他部分用于简化 Spring 的开发过程，相反，Spring Boot Actuator 则提供了运行期时检测应用程序内部状态的能力。Spring Boot Actuator 使用 HTTP 端点或 JMX 提供有关审计、指标和 Spring Boot 应用程序健康状况的数据。当应用程序被推入生产环境时，以帮助用户管理应用程序。

当在 Spring Boot 应用程序中安装了 Actuator 后，即会提供以下功能：

- 提供了配置于 Spring 应用程序上下文中全部 Bean 的详细信息。
- 提供了与 Spring Boot 的 auto-configuration 相关的详细信息。
- 确保全部环境变量、系统属性、配置属性和命令行参数针对当前应用程序均为有效。
- Actuator 可生成与内存应用、垃圾回收、Web 请求和数据源使用相关的各种指标。
- 提供了应用程序所处理的最近 HTTP 请求的跟踪信息。
- 提供了与 Spring Boot 中当前线程状态相关的信息。

Spring Boot Actuator 通过以下两种方式提供了列表信息：

- 使用 Web 端点。
- 通过 Shell 界面对其加以使用。

在第 3 章中将详细讨论 Spring Boot Actuator 的各项功能。

前面讨论了 Spring Boot 的全部构建模块，此类模块以各自的方式用于简化 Spring 应用程序的开发过程。下面将探讨如何设置 Spring Boot 工作区，进而开发第一个 Spring Boot 应用程序。

1.4 设置 Spring Boot 工作区

本节讨论如何设置 Spring Boot 工作区，进而生成 Spring Boot 应用程序。设置 Spring Boot 应用程序不需要特定的工具集成，读者可使用任意的 IDE 或文本编辑器。但 Spring Boot 2.0 至少需要以下内容：

- Java SDK v1.8 或更高。
- Spring Framework 5.0.0.RELEASE 或更高。
- Maven (3.2+)和 Gradle 4。
- Tomcat 8.5。也就是说，一个与 Servlet 3.0+兼容的容器。

接下来通过以下方式针对 Spring Boot 设置工作区。

- 利用 Maven 设置 Spring Boot。

❑ 利用 Gradle 设置 Spring Boot。

下面详细探讨如何利用 Maven 和 Gradle 设置 Spring Boot 应用程序。

1.4.1 利用 Maven 设置 Spring Boot

Spring Boot 兼容于 Apache Maven 3.2（或更高）。如果读者的机器上尚未安装 Java 8（或更高版本），可访问 Oracle 的官方网站 http://www.oracle.com/technetwork/java/javase/downloads/jdk8-downloads-2133151.html 下载 Java 8。

如果用户尚未安装 Maven，可访问 https://maven.apache.org/进行下载；Ubuntu 用户可运行 sudo apt-get install maven 进行安装。下列内容显示了 Spring Boot 与 org.springframework.boot groupId 间的依赖关系。

```xml
<?xml version="1.0" encoding="UTF-8"?>
<project xmlns="http://maven.apache.org/POM/4.0.0"
xmlns:xsi="http://www.w3.org/2001/XMLSchema-instance"
   xsi:schemaLocation="http://maven.apache.org/POM/4.0.0
http://maven.apache.org/xsd/maven-4.0.0.xsd">
    <modelVersion>4.0.0</modelVersion>

    <parent> <groupId>org.springframework.boot</groupId>
<artifactId>spring-boot-starter-parent</artifactId>
<version>2.0.2.RELEASE</version> <relativePath/> <!-- lookup parent
from repository --> </parent>
    <dependencies>
        <dependency>
<groupId>org.springframework.boot</groupId> <artifactId>spring-boot-
starter-web</artifactId>
    </dependency>

    </dependencies>
    ...
    ...
</project>
```

对于 Spring Boot 2.0 来说，.pom 文件可视为最小需求条件。

下面考查 Spring Boot 的 Gradle 设置。

1.4.2 利用 Gradle 设置 Spring Boot

如前所述，无论是 Maven 还是 Gradle，Java 8 是 Spring Boot 2.0 的最低需求条件。

当使用 Gradle 时，首先需要在机器上安装 Gradle 4 或更高版本，对应的下载地址为 www.gradle.org/。

接下来查看 Gradle Spring Boot 与 org.springframework.boot groupId 间的依赖关系文件。其中，build.gradle 文件如下所示：

```
buildscript {
  repositories {
      jcenter()
      maven { url 'http://repo.spring.io/snapshot' }
      maven { url 'http://repo.spring.io/milestone' }
  }
  dependencies {
      classpath 'org.springframework.boot:spring-boot-gradleplugin:2.0.0.M7'
  }
}
apply plugin: 'java'
apply plugin: 'org.springframework.boot'
apply plugin: 'io.spring.dependency-management'

jar {
  baseName = 'HelloWorld'
  version = '0.0.1-SNAPSHOT'
}

repositories {
   jcenter()
   maven { url "http://repo.spring.io/snapshot" }
   maven { url "http://repo.spring.io/milestone" }
}

dependencies {
   compile("org.springframework.boot:spring-boot-starter-web")
   testCompile("org.springframework.boot:spring-boot-starter-test")
}
```

上述 Gradle 文件包含了 Spring Boot 应用程序的最低需求条件。鉴于处理过程相同，用户可使用 Maven 或 Gradle，Spring Boot 将采用相同的处理过程创建应用程序。

下面尝试创建第一个 Spring Boot 应用程序，并查看如何利用 Boot Initializr 设置项目的结构。

1.5 开发第一个 Spring Boot 应用程序

下面将在 Java 中创建一个 Hello World REST 应用程序，同时生成一个简单的 REST 服务，并在请求时返回一个 Hello World 消息。在该应用程序中，将采用 Maven 构建项目。

读者可能已经注意到，即使创建一个简单的项目结构，仍会面临某些困难。例如，是否设置了配置文件、属性文件等；是否利用依赖关系构建了文件？从传统方式来看，当解决此类问题，并获得一种较为方便的项目构建方案时，开发人员往往会访问 Google 并搜索某些可行方案。

然而，随着 Spring Boot 的出现，情况也随之产生了变化。Spring Boot 团队为读者提供了一种项目结构解决方案，即 Spring Boot Initializr。

Spring Boot Initializr 针对所有与设置工作相关的问题提供了相应的解决方案，同时创建了更为传统的 Java 项目结构。

Spring Boot Initializr 是一个 Web 应用程序，并可创建一个 Spring Boot 项目结构，且遵循 Maven 或 Gradle 构建规范——这取决于菜单中的选项。但需要记住的是，Spring Boot Initializr 并不生成任何应用程序代码。Spring Boot Initializr 包含了多种使用方式，具体如下：

- 基于 Web 界面的 Spring Boot Initializr（对应网址为 https://start.spring.io）。
- 还可通过 IDE 使用 Spring Boot Initializr，例如 Spring Tool Suite（STS）和 IntelliJ IDEA。
- 使用 Spring Boot CLI。

第 3 章将讨论基于 Spring Boot CLI 的 Spring Boot Initializr。下面首先介绍前两种方式。

1.5.1 使用 Web 界面

Spring 团队发布了一个 Web 应用程序（对应网址为 https://start.spring.io），这也是最为简单的 Spring Boot 创建方式，同时也是一种较为直观的 Spring Initializr 应用方式。其中包含了全部菜单选项，读者可以在应用程序中加以选择和使用。

图 1.5 显示了 Spring Initializr 的主页。

可以看到，其中包含了多项需要填写的选项，如下所示。

- Project type：Maven 或 Gradle。
- Language：Java、Kotlin 或 Groovy。
- Spring Boot 版本。

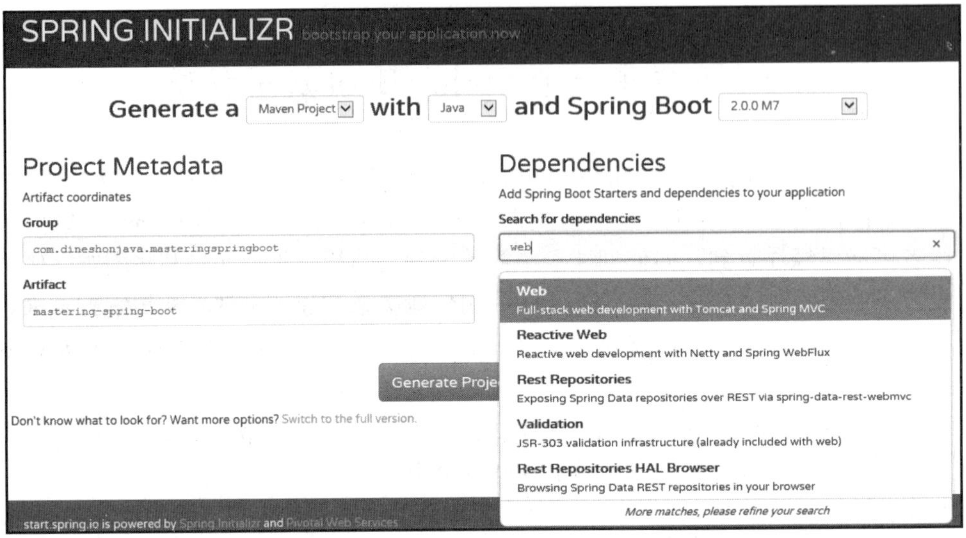

图 1.5

在 SPRING INITIALZR 主页中，表单左侧需要填写最小项目元数据，因而需要提供项目的 Group 和 Artifact。

当 SPRING INITIALZR 询问时，可填入简单的信息，并选择构建系统、所用语言以及 Spring Boot 的版本号。随后，根据菜单内容选择应用程序的依赖关系，并提供项目的 Group 和 Artifact。单击 Generate Project 按钮后，即可得到一个可执行的应用程序。

此处分别选取了 Spring Boot 2.0.2、下拉菜单中的 Maven，以及下拉菜单中的 Java 语言。随后，可按照下列方式指定项目的 Group 和 Artifact。

- ❑ Group：com.dineshonjava.masteringspringboot。
- ❑ Artifact：mastering-spring-boot。

下面讨论与 Web 界面相关的另一个问题。当单击 Web 界面下方的 Switch to the full version 超链接后，将会提供更多的选项，进而可选择更多内容。除此之外，还可指定版本和基础包名这一类额外的元数据。

在图 1.5 中，我们加入了项目描述、包名、包类型（JAR 或 WAR）；此外，还可进一步选择 Java 版本。随后单击表单中的 Generate Project 按钮，以使 Spring Initializr 生成项目。

Spring Initializr 将此作为一个 ZIP 文件予以提供，并命名为 Artifact 字段中的内容，并通过浏览器进行下载。在当前示例中，该 AIP 文件命名为 masteringspring-boot.zip。

解压该文件后，对应的项目结构如图 1.6 所示。

图 1.6

可以看到，当前项目中包含了较少的代码，同时生成了一组空目录。相应地，所生成的项目包含以下内容。

- ❑ pom.xml：Maven 构建规范。
- ❑ MasteringSpringBootApplication.java：包含 main()方法的类，用以引导当前应用程序。
- ❑ MasteringSpringBootApplicationTests.java：空的 JUnit 测试类，并通过 Spring Boot auto-configuration 加载一个 Spring 应用程序上下文。
- ❑ application.properties：一个空的属性文件，可以根据需要将配置属性添加到其中。
- ❑ static 目录：可以将任何要从 Web 应用程序提供的静态内容放置在其中，如 JavaScript、样式表、图像等。
- ❑ templates 目录：可放置显示模型数据的模板。

最后，将该项目导入 UDE 中。当采用 Spring Tool Suite IDE 时，可支持 Spring Boot 应用程序的创建操作，因而无须再次访问 Web 界面。

下面讨论如何利用 STS IDE 创建一个 Spring Boot 项目。

1.5.2 利用 STS IDE 创建 Spring Boot 项目

对于 Java 开发人员来说，Spring Tool Suite 是一个较为流行的 IED 工具之一，进而在此基础上开发 Spring 应用程序。如果机器上尚未安装 STS，可访问 http://spring.io/tools/sts 下载最新的版本。

选择 File→New→Spring Starter Project 命令，将在 STS 中创建一个新的 Spring Boot 应用程序。随后，STS 将弹出如图 1.7 所示窗口。

图 1.7

在图 1.7 中可以看到，用户将被询问相关信息（与 Spring Initializr 相同）。此处读者可填写相同的内容。

单击 Next 按钮，将显示如图 1.8 所示的第二个窗口。

单击 Finish 按钮后，将采用与 ZIP 文件中 Web 方案相同的目录结构和默认文件，在工作区中显示项目结构。

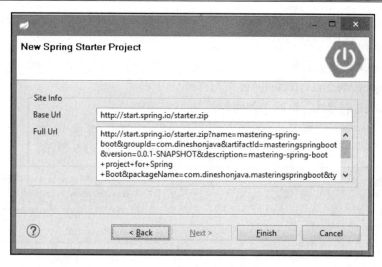

图 1.8

为了确保正常工作,还需连接至互联网上,其原因在于,STS 委托至 http://start.spring.io 处的 Spring Initializr 以生成当前项目。

至此,当前项目已被导入工作区内,接下来将创建相应的应用程序文件,例如控制器。

1.6 实现 REST 服务

简单的 REST 控制器的构建过程如下所示:

```
package com.dineshonjava.masteringspringboot.controller;

import org.springframework.web.bind.annotation.GetMapping;
import org.springframework.web.bind.annotation.RestController;

@RestController
public class HelloController {

    @GetMapping("/hello")
    String sayHello(){
        return "Hello World!!!";
    }
}
```

下面详细讨论这一小型 REST 控制器(HelloController)。

- @RestController 注解：表明这是一个控制器类，其结果写入响应体，且不希望显示视图。
- @GetMapping 注解：表示一个请求处理方法，同时也是@RequestMapping(method = RequestMethod.GET)的一种简写注解。
- sayHello()方法：返回一条问候消息。

在 STS IDE 中，选择 Run→Run As→Spring Boot Application 命令，即可利用嵌入式服务器并作为一个 Spring Boot 应用程序运行当前程序，如图 1.9 所示。

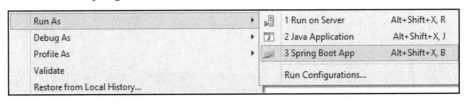

图 1.9

Spring Initialzr 将创建一个 main 应用程序启动类，如下所示：

```
package com.dineshonjava.masteringspringboot;

import org.springframework.boot.SpringApplication;
import org.springframework.boot.autoconfigure.SpringBootApplication;

@SpringBootApplication
public class MasteringSpringBootApplication {

    public static void main(String[] args) {
        SpringApplication.run(MasteringSpringBootApplication.class, args);
    }
}
```

这个小型类实际上是一个完全可操作的 Web 应用程序。下面来看看其中的一些细节内容。

- @SpringBootApplication：该注解通知 Spring Boot，当启动时，递归扫描数据包中的 Spring 组件，并对其进行注册。除此之外，还将通知 Spring Boot 启用 auto-configuration。其间，将根据类路径设置、属性设置中的内容以及其他因素自动创建 Bean。
- main()方法：这是一个简单的 public static void main()方法，以运行当前应用程序。
- SpringApplication.run()：SpringApplication 类负责创建 Spring 应用程序上下文；

run()方法将初始化 Spring 应用程序中的上下文。

下面运行 Spring Boot 应用程序，图 1.10 显示了控制台中的日志内容。

```
Console    Progress   Problems
mastering-spring-boot - MasteringSpringBootApplication [Spring Boot App] C:\Program Files\Java\jre1.8.0_151\bin\javaw.exe (19-Feb-2018, 10:55:31

  .   ____          _            __ _ _
 /\\ / ___'_ __ _ _(_)_ __  __ _ \ \ \ \
( ( )\___ | '_ | '_| | '_ \/ _` | \ \ \ \
 \\/  ___)| |_)| | | | | || (_| |  ) ) ) )
  '  |____| .__|_| |_|_| |_\__, | / / / /
 =========|_|==============|___/=/_/_/_/
 :: Spring Boot ::        (v2.0.0.M7)

2018-02-19 22:55:36.225  INFO 11820 --- [           main] c.d.m.MasteringSpringBootApplication
2018-02-19 22:55:36.225  INFO 11820 --- [           main] c.d.m.MasteringSpringBootApplication
2018-02-19 22:55:36.392  INFO 11820 --- [           main] ConfigServletWebServerApplicationContext
2018-02-19 22:55:39.483  INFO 11820 --- [           main] o.h.v.i.engine.ValidatorFactoryImpl
2018-02-19 22:55:40.069  INFO 11820 --- [           main] o.s.b.w.embedded.tomcat.TomcatWebServer
2018-02-19 22:55:40.097  INFO 11820 --- [           main] o.apache.catalina.core.StandardService
2018-02-19 22:55:40.101  INFO 11820 --- [           main] org.apache.catalina.core.StandardEngine
2018-02-19 22:55:40.137  INFO 11820 --- [ost-startStop-1] o.a.catalina.core.AprLifecycleListener
2018-02-19 22:55:40.367  INFO 11820 --- [ost-startStop-1] o.a.c.c.C.[Tomcat].[localhost].[/]
2018-02-19 22:55:40.367  INFO 11820 --- [ost-startStop-1] o.s.web.context.ContextLoader
2018-02-19 22:55:41.054  INFO 11820 --- [ost-startStop-1] s.w.s.m.m.a.RequestMappingHandlerMapping
2018-02-19 22:55:41.061  INFO 11820 --- [ost-startStop-1] s.w.s.m.m.a.RequestMappingHandlerMapping
2018-02-19 22:55:41.065  INFO 11820 --- [ost-startStop-1] s.w.s.m.m.a.RequestMappingHandlerMapping
2018-02-19 22:55:41.185  INFO 11820 --- [ost-startStop-1] o.s.w.s.handler.SimpleUrlHandlerMapping
2018-02-19 22:55:41.185  INFO 11820 --- [ost-startStop-1] o.s.w.s.handler.SimpleUrlHandlerMapping
2018-02-19 22:55:41.219  INFO 11820 --- [ost-startStop-1] o.s.w.s.handler.SimpleUrlHandlerMapping
```

图 1.10

在控制台日志中，可以看到多种信息，具体如下：

❑ 日志上方显示了 Spring Boot 标志以及 Spring Boot 版本。
❑ 通过创建 banner.txt 文件或者 banner.png 图像，并将其置入 src/main/resources/ 文件夹中，还可添加自己的 ASCII 标志。
❑ 嵌入式 Tomcat 服务器的服务器端口为 8080；此外，还可向 application.properties 文件中添加 server.port 属性，并自定义该端口，如下所示：

```
server.port= 8181
```

❑ 日志中还显示了应用程序所有可能的请求映射，如图 1.11 所示。

```
Mapped "{[/hello],methods=[GET]}" onto java.lang.String com.dineshonjava.masteringspringboot.controller.HelloController.sayHello()
Mapped "{[/error]}" onto public org.springframework.http.ResponseEntity<java.util.Map<java.lang.String, java.lang.Object>> org.springframework.boot.
Mapped "{[/error],produces=[text/html]}" onto public org.springframework.web.servlet.ModelAndView org.springframework.boot.autoconfigure.web.servlet
```

图 1.11

从图 1.11 中可以看出，应用程序运行于默认的嵌入式服务器上，且默认的服务器端口为 8080。下面在系统浏览器上对其稍作调整，如图 1.12 所示。

图 1.12

至此，我们创建了一个较为简单的 Hello World REST 应用程序，并将其运行于 Spring Boot 的 Tomcat 嵌入式服务器上。

下面考查 Spring Boot 2.0 中的新增特性。

1.7　Spring Boot 2.0 中的新特性

2014 年，Spring Boot 首次发布；2018 年，Spring Boot 推出了新的版本，并更新至 Spring Boot 2.0，其中包含了许多新特性。下面列出了一些较为重要的变化。

- 发布了许多新的数据包和 Starters，以实现更好的依赖关系管理。
- Spring Boot 2.0 支持 auto-configuration，从而减少了配置量。
- 通过 Actuator，引入了更好的日志记录机制。
- 软件质量测试和工具得到了进一步的完善，同时也带来了更好的用户体验。利用 spring-boot-devtools，用户可获得更完善的反馈信息。
- Spring Boot 2.0 仅支持 Java 8 及其更高版本，这也是支持 Java 9 的少数选项之一。
- Gradle 插件被 BootJar 和 BootWar 所替代。
- 依赖关系管理插件将不再被自动激活。
- 安全性得到了提升。
- 响应式模块包含了不同类型的最新 starter，例如 WebFlux。
- Actuator 升级后变化较大。以前，Actuator 仅支持 Spring MVC；但是在 2.0 版本中，Actuator 则是一个独立的组件。

Spring Boot 2.0 中涵盖了许多令人兴奋的新特性以及增强内容，在后续章节中，我们将通过具体示例展示这些新特性。

1.8　本章小结

本章简要介绍了 Spring Boot 提供的各项功能。其中，我们学习了 Spring Boot 如何简化 Spring 应用程序开发任务。其间涉及诸多核心组件，如 Spring Boot auto-configuration、Starters、Spring Boot CLI、Spring Boot CLI 和 Spring Boot Actuator。开发人员可以利用 Spring Boot Starter 的依赖性和 auto-configuration，进而只关注应用程序逻辑，而不是配置和构建依赖关系、库和版本管理，从而快速开发 Spring 应用程序。同时，auto-configuration 还显著降低了样板配置的代码量。

另外，本章还创建了一个十分简单的 Hello World REST 应用程序，并使用了基于 Web 的 Spring Initializr 和 Spring Tool Suite IDE。相应地，我们通过嵌入式 Tomcat 容器运行了该程序。

第 2 章将深入讨论 Spring Boot auto-configuration，及其在 Spring Boot 应用程序中的定制操作。

第 2 章　定制 auto-configuration

当修改每个模块中的 auto-configuration 时，Spring Boot 为读者提供了相对自由的选项，且并不会强制用户使用默认设置。本章将考查如何使用属性和 YML 文件修改 auto-configuration。

几天前，我的一个朋友购买了一辆汽车，厂商提供了相应的外部装饰可供客户选择，以使其看起来更像是一辆跑车。客户可更改颜色组合、大灯、轮胎、车门 LED 灯等。也就是说，车辆可根据客户的具体需求而配置。

另一方面，车辆的大多数模块无法更改，客户可通过自动配置方式予以购买。某些公司提供了自动配置方案，客户可直接订购车身的内部和外部颜色。汽车销售商一般会给出包含颜色定制的订单；否则，他们一般不会对车身颜色提供相关建议。

大多数车辆或销售商允许客户对所购买的车辆进行定制，因此，客户会购买到一辆配备默认配置的预置车辆。类似地，当用户与传统的 Spring 配置协同工作时，也具有对 Spring 配置完全可控的权力，这一点与购买车辆并指定相关特性十分类似。

Spring Boot auto-configuration 就像是在购买销售中的汽车，让 Spring Boot 处理细节要比在应用程序上下文中声明每个 Bean 容易得多。然而，Spring Boot auto-configuration 则更具灵活性，并可操控 auto-configuration 的使用方式。

在阅读完本章后，读者将了解如何通过显式配置和基于属性的细粒度配置体现其灵活性。

本章主要涉及以下主题：

- 理解 auto-configuration。
- 定制 Spring Boot。
- 修改 Spring Boot 的 auto-configuration。
- 使用属性外部化配置。
- 日志记录的调优。
- 使用 YAML 进行配置。
- 定制应用程序错误页面。

下面将对此加以逐一讨论。

2.1 理解 auto-configuration

根据模块及其关联库依赖关系，Spring Boot auto-configuration 针对 Spring 应用程序提供了自动配置操作。例如，如果在类路径中加入了嵌入式内存数据库 H2，则无须通过手动方式对与数据库（如 DataSource、JdbcTemplate 等）关联的任何 Bean 进行配置。在向应用程序类路径中加入了 H2 数据库依赖项后，Spring Boot 利用 auto-configuration 向用户提供 H2 数据库。

针对 Spring Framework 的每个模块，通过预写@Configuration 类，@Configuration 提供了强大的自动配置功能，但自动配置根据以下内容被激活：

- Spring 应用程序的类路径内容。
- 应用程序中设置的属性。
- 应用程序中已定义的 Bean。

Spring Framework 的@Profile 注解即是一个条件配置示例。Spring Boot 将这一思想提升到了一个新的层次，并在传统的 Spring Framework 上提供了一个 auto-configuration 层。这就是为什么 Spring Boot 本质上并不是一个独立的框架，它是一个 Spring Framework。

> **注意：**
> @Profile 可视为@Conditional 的一个特例。

注解@Conditional 的作用如下：

- 允许创建条件 Bean。仅在其他 Bean 存在（或不存在）时创建一个 Bean，如下所示：

```
@Bean
@ConditionalOnBean(name={"dataSource"})
public JdbcTemplate jdbcTemplate(DataSource dataSource) {
    return new JdbcTemplate(dataSource);
}
```

- 通过检测其他类的类型，注解@Conditional 可创建 Bean，如下所示：

```
@Bean
@ConditionalOnBean(type={DataSource.class})
public JdbcTemplate jdbcTemplate(DataSource dataSource) {
    return new JdbcTemplate(dataSource);
}
```

第 2 章 定制 auto-configuration

- @Conditional 注解下还包含了许多其他选项,如下所示:
  - @ConditionalOnClass。
  - @ConditionalOnProperty。
  - @ConditionalOnMissingBean。
  - @ConditionalOnMissingClass。

接下来讨论 Spring Boot 中的 auto-configuration 类。它是 spring-bootautoconfigure JAR 文件中 org.springframework.boot.autoconfigure 数据包内的预写 Spring 配置,如下所示:

```
@Configuration
public class DataSourceAutoConfiguration implements EnvironmentAware {
  ...
  @Conditional(...)
  @ConditionalOnMissingBean(DataSource.class)
  @Import(...)
  protected static class EmbeddedConfiguration { ... }
    ...
}
```

Spring Boot 定义了多个配置类,并在响应 Spring 应用程序类路径上的依赖项时被激活。

2.2 节将考查如何在 Spring 应用程序中定制 Spring Boot auto-configuration。

2.2 定制 Spring Boot

Spring Boot 可对 auto-configuration 予以全面操控。Spring Boot 配置的定制操作包含多个选项,如下所示:
- 在属性或 YAML 文件中设置 Spring Boot 的某些属性。
- 此外,还可亲自定义特定的 Bean,以使 Spring Boot 不再使用默认项。
- 显式地禁用某些配置。
- 改变依赖关系。

接下来将详细讨论上述 4 点内容,并考查如何在 Spring 应用程序中定制 Spring Boto 配置。

2.2.1 利用 Spring Boot 属性进行定制

Spring Boot 支持应用程序配置的定制行为,并可在不同的环境中使用同一应用程序,如模拟环境、生产环境等。Spring Boot 提供了多种定制方法，例如属性文件、YAML 文件、环境变量以及命令行参数外部化配置内容。

利用诸多属性，Spring Boot 可对 auto-configuration 进行修改。下面考查如何利用 application.properties 文件修改 Spring Boot 的属性值。默认状态下，Spring Boot 将在这些位置处查找 application.properties（按照下列顺序）：

- 工作目录的/config 子目录。
- 工作目录。
- classpath 中的 config 包。
- classpath 根。

我们可根据此类文件创建一个 PropertySource。Spring Boot 中涵盖了大量的配置属性。

下面考查 DataSource Bean 配置示例。在该示例中，将探讨如何控制或修改 Spring 应用程序中，Spring Boot 的 DataSource 默认配置。其中，较为典型的配置内容如下所示：

- 使用预定义属性。
- 修改底层数据源连接池的实现。
- 定义自己的 DataSource Bean。

这里首先查看属性文件中可配置的常见属性，并修改 DataSource Bean 的配置内容，如下所示：

```
# Connection settings

spring.datasource.url=
spring.datasource.username=
spring.datasource.password=
spring.datasource.driver-class-name=

# SQL scripts to execute

spring.datasource.schema=
spring.datasource.data=

# Connection pool settings

spring.datasource.initial-size=
spring.datasource.max-active=
spring.datasource.max-idle=
spring.datasource.min-idle=
```

可以看到，此处需要针对 DataSource Bean 定义确定自己的设置内容，例如 Connection

settings、SQL scripts to execute、Connection pool settings。但如果存在一个现有的池依赖关系，Spring Boot 在默认状态下将创建一个池化的 DataSource Bean。默认时，spring-boot-starter-jdbc 或 spring-boot-starterjpa starter 将被置入 tomcat-jdbc 连接池中；用户也可对此进行修改，并使用 Tomcat、HikariCP、Commons DBCP 1 和 2 这一类替代方案。

当采用 Spring Boot 属性时，下面考查另一个 Web 容器配置示例，对应的配置代码如下所示：

```
server.port=9000
server.address=192.168.11.21
server.session-timeout=1800
server.context-path=/accounts
server.servlet-path=/admin
```

接下来将考查在通过替换已生成的 Bean 后，如何修改 Spring Boot 应用程序中的 auto-configuration。

2.2.2 替换已生成的 Bean

通过在 Spring 应用程序中定义特定的 Bean，还可定制 Spring Boot auto-configuration。针对此类 Bean，Spring Boot 将不再使用默认的配置。

一般情况下，显式声明的 Bean 将禁用自动生成的 Bean，例如：

```
@Bean
public DataSource dataSource() {
    return new EmbeddedDatabaseBuilder().
        setName("AccountDB").build();
}
```

上述代码显式地定义了 DataSource Bean；DataSource Bean 配置将阻止 Spring Boot 创建默认的 DataSource。这里，Bean 的名称并不十分重要，并与 XML 配置、注解和/或 Java 配置协同工作。

接下来考查 Spring Boot 自动配置的另一种方式。

2.2.3 禁用特定的 auto-configuration 类

在任意时刻，如果不希望使用某些特定的 auto-configuration 类，或者对应类无法满足当前需求，则可对其加以禁用。对此，可采用@EnableAutoConfiguration 注解的 exclude 属性，对应示例如下所示：

```
@EnableAutoConfiguration(exclude=DataSourceAutoConfiguration.class)
public class ApplicationConfiguration {
    ...
}
```

上述代码片段使用了带有 exclude 属性的 @EnableAutoConfiguration 注解。DataSourceAutoConfiguration 类将根据当前的 auto-configuration 被执行。类似地，可定义一个需要执行的 auto-configuration 类列表。

> **注意**：
> 可在注解级别并使用相关属性定义所排除的内容。

下面讨论 Spring Boot 中另一个 auto-configuration 定制方面的内容。

2.2.4 修改库的依赖关系

Spring Boot 根据 starter 的 JAR 包含了 auto-configuration，这体现在 Spring 应用程序的类路径上。Spring Boot POM 包含了 starter 依赖关系，因此，可在 pom.xml 文件中设置相应的 Maven 属性，进而修改依赖项版本，如下所示：

```
<properties>
    <spring.version>5.0.0.RELEASE</spring.version>
</properties>
```

某些时候（例如既定版本中的 Bug，或者根据公司制定的相关策略），可对依赖关系的版本进行适当调整。鉴于事态会变得越发复杂，且无法对版本的传递性依赖关系进行有效的管理，因而一般情况下，应尽量避免修改应用程序中的依赖关系。

如果某些库并不适用于 Spring 应用程序，则可在 Spring 应用程序的类路径中对其予以排除。考查下列示例代码：

```
<dependency>
    <groupId>org.springframework.boot</groupId>
    <artifactId>spring-boot-starter-websocket</artifactId>
    <exclusions>
        <exclusion>
            <groupId>ch.qos.logback</groupId>
            <artifactId>logback-classic</artifactId>
        </exclusion>
    </exclusions>
</dependency>
```

```xml
<dependency>
    <groupId>org.slf4j</groupId>
    <artifactId>slf4j-log4j12</artifactId>
</dependency>
```

其中，从 spring-bootstarter-websocket starter 中排除了默认的 logback 库，并针对应用程序日志记录加入了 log4j 库。

接下来讨论与 Spring Boot 自定义配置相关的另一部分内容。

2.3 基于属性的配置外部化

针对调优操作，Spring Boot 提供了超过 1000 个属性，Spring Boot 文档中提供了详细的属性列表，对应网址为 https://docs.spring.io/spring-boot/docs/2.0.2.RELEASE/reference/mlsingle/#common-application-properties。我们可利用这些属性调整 Spring 应用程序的设置，并通过环境变量、Java 系统属性、JNDI、命令行参数或属性文件指定相关属性。然而，在修改此类属性时，Spring Boot 也会涉及一定的顺序，以防止在其上定义相同的属性。下面考查属性的评估顺序。

2.3.1 属性的评估顺序

属性的修改涉及以下评估顺序：
（1）主目录中，针对 Devtools 全局设置所定义的属性。
（2）测试时，针对@TestPropertySource 注解定义的属性。
（3）作为命令行参数的属性。
（4）根据 SPRING_APPLICATION_JSON 所定义的属性。
（5）包含 ServletConfig init 参数的属性。
（6）包含 ServletContext init 参数的属性。
（7）源自 java:comp/env 的 JNDI 属性。
（8）Java 系统属性。
（9）操作系统环境变量。
（10）属性文件——包括 application.properties 及其 YAML 变化版本。

上述内容体现了相应的优先顺序，这也意味着，如果将较高顺序优先级的属性设置于列表中，Spring 将覆写列表中优先级较低的同一属性。测试环境和命令行参数可覆写源自其他属性源的属性。

下面查看下列属性文件和 YAML 变化版本的衍化顺序：

（1）RandomValuePropertySource 类（该类将包含随机值的属性注入配置文件中）定义为 random.*。

（2）JAR 外部的配置应用程序属性。也就是说，应用程序运行目录的子目录/config（application-{profile}.properties 和 YAML 变体）。

> **注意：**
> 通过执行包含参数 Dspring.profiles.active=dev 的 JAR，或者设置 spring.profiles.active=dev 属性，可选择一个配置文件。

（3）JAR 外部的配置应用程序属性，但位于应用程序运行目录中（application-{profile}.properties 和 YAML 变体）。

（4）打包于 JAR 内部的配置应用程序属性，但位于名为 config 的包中（application-{profile}.properties 和 YAML 变体）。

（5）打包于 JAR 内部的配置应用程序属性，但位于类路径根部（application-{profile}.properties 和 YAML 变体）。

（6）位于 JAR 外部的应用程序属性。也就是说，在应用程序运行目录的/config 子目录中（application.properties 和 YAML 变体）。

（7）JAR 外部的应用程序属性，但位于应用程序运行目录中（application.properties 和 YAML 变体）。

（8）JAR 内部的应用程序属性，但位于名为 config 的包中（application.properties 和 YAML 变体）。

（9）JAR 内部的应用程序属性，但位于类路径的根部（application.properties 和 YAML 变体）。

（10）@Configuration 类上的@PropertySource 注解。

（11）默认属性（通过 SpringApplication.setDefaultProperties 加以指定）。

根据优先级顺序，当设置任意配置属性时，application-{profile}.properties 将会覆写 application.properties 文件中的同一属性（与 application-{profile}.properties 文件位于同一位置）。

再次强调，该列表定义为优先顺序表。也就是说，/config 子目录中的 application.properties 文件将覆写应用程序类路径上 application.properties 文件中的同一属性。

下面讨论如何自定义应用程序属性文件的名称（application.properties）。

2.3.2 重命名 Spring 应用程序中的 application.properties

Spring Boot 并不会强制我们仅使用包含 application.properties 名称的单一属性文件或

application.yml，同时支持该文件名的覆写操作。例如，可通过下列方式使用 myapp.properties：

```
package com.dineshonjava.masteringspringboot;

import org.springframework.boot.SpringApplication;
import org.springframework.boot.autoconfigure.SpringBootApplication;

@SpringBootApplication
public class MasteringSpringBootApplication {

    public static void main(String[] args) {
        System.setProperty("spring.config.name", "myapp");
        SpringApplication.run(MasteringSpringBootApplication.class, args);
    }
}
```

注意：

属性文件名须定义为 myapp，而非 myapp.properties。如果使用 myapp.properties，对应文件应命名为 myapp.properties.properties。

在上述代码中可以看到，其中使用了 myapp.properties 文件，而非 application.properties 文件。

接下来考查如何通过 Bean 创建外部应用程序属性，以及如何将 Spring 应用程序注册为属性文件。

2.4 外部配置应用程序属性

利用 Bean，Spring Boot 可创建应用程序属性的自定义配置信息，随后可将这一类 Bean 注册为 Spring Boot 属性，即使用@ConfigurationProperties。接下来，可通过 application.properties 或 application.yml 文件设置这些属性。

关于与属性的协同工作，Spring Boot 还提供了其他替代方案，进而可定义类型安全的 Bean，并验证应用程序的配置内容。下面查看针对容器 Bean 的@ConfigurationProperties 注解应用方式，如下所示：

- @ConfigurationProperties 注解将加载外部化的属性。
- 避免前缀重复。

❑ 数据成员自动从相应的属性中加以设置。

考查下列示例：

```
@Component
@ConfigurationProperties(prefix="accounts.client")
public class ConnectionSettings {
   private String host;
   private int port;
   private String logdir;
   private int timeout;
   ...
   // getters/setters
   ...
}
```

POJO 定义了 pplication.properties 文件中的下列属性：

```
accounts.client.host=192.168.10.21
accounts.client.port=8181
accounts.client.logdir=/logs
accounts.client.timeout=4000
```

我们可将这一类属性设置为环境变量；或者将其指定为命令行参数；抑或将其添加至可设置配置属性的任意位置处。

另外，不要忘记向 Spring 配置类中添加 @EnableConfigurationProperties——@ConfigurationProperties 注解并不会正常工作，除非添加了 @EnableConfigurationProperties 注解并对其加以启用。

配置类中的 @EnableConfigurationProperties 注解将指定并自动注入容器 Bean。考查下列配置类文件：

```
@Configuration
@EnableConfigurationProperties(ConnectionSettings.class)
public class AccountsClientConfiguration {
   // Spring initialized this automatically
   @Autowired
   ConnectionSettings connectionSettings;

   @Bean
   public AccountClient accountClient() {
       return new AccountClient(
           connectionSettings.getHost(),
           connectionSettings.getPort(),
```

```
            ...
        );
    }
}
```

通常情况下，该操作并无必要——Spring Boot auto-configuration 之后的所有配置类均以@EnableConfigurationProperties 进行注解。

2.5 基于日志记录的调优

日志对于应用程序运行期内的 Bug 的调试和分析来说十分重要。当与早期 Spring 框架协同工作时，需要在应用程序中显式地配置日志框架。但 Spring Boot 对多种日志框架提供了支持，并可在 Spring 应用程序中对日志机制进行定制和调优。默认状态下，Spring Boot 涵盖以下内容。

- SLF4J：日志门面（facade）。
- Logback：SLF4J 实现。

但作为一类最佳实践，应在应用程序中使用默认的日志机制，并在应用程序代码中使用 SLF4J 抽象层。Spring Boot 还支持其他日志框架，如 Java Util Logging、Log4J 和 Log4J2。按照下列方式添加一个依赖项，还可使用另一种日志框架。

```
<dependency>
    <groupId>org.springframework.boot</groupId>
    <artifactId>spring-boot-starter-websocket</artifactId>
    <exclusions>
        <exclusion>
            <groupId>ch.qos.logback</groupId>
            <artifactId>logback-classic</artifactId>
        </exclusion>
    </exclusions>
</dependency>
<dependency>
    <groupId>org.slf4j</groupId>
    <artifactId>slf4j-log4j12</artifactId>
</dependency>
```

根据上述代码可知，当前正在使用 log4j12，而非 logback 日志框架。下面考查如何在 Spring 应用程序化中配置日志框架。

默认时，Spring Boot 将日志内容输出至控制台中；除此之外，还可将其输出至轮转（rotating）文件中。对此，可在 application.properties 中指定某个文件或路径。考查下列配置内容：

```
# Use only one of the following properties
# absolute or relative file to the current directory
logging.file=accounts.log

# will write to a spring.log file
logging.path=/var/log/accounts
```

> 注意：
> 通过采用底层日志框架的配置文件，Spring Boot 还可配置日志。

前述内容讨论了如何在 Spring Boot 应用程序中自定义日志操作。下面将讨论属性文件的替代方案。

2.6 YAML 配置文件

在 Spring Boot 应用程序中，作为属性的一种替代方案，SpringApplication 类可自动支持 YAML。YAML 并不是一种标记语言，而是.properties 文件的一种替代方案，进而可在层次配置结构中定义属性。基于 YAML 的 Java 解释器称作 SnakeYAML，且须位于当前类路径上，并可通过 spring-boot-starters 自动添加至类路径上。

2.6.1 针对属性的 YAML

作为属性文件的一类替代方案，Spring Boot 支持基于属性的 YAML。对于层次化的配置数据来说，YAML 使用起来十分方便。Spring Boot 属性以分组方式加以组织，如服务器、数据库等。

考查下列属性。

- 在 application.properties 中：

```
database.host = localhost
database.user = admin
```

- 在 application.yml 中：

```
database:
   host: localhost
   user: admin
```

接下来讨论如何在单一 YAML 文件中定义多个属性。

2.6.2 单一 YAML 文件中的多个属性

YAML 文件可针对多个属性包含相应的配置信息。在单一 YAML 文件中，我们可定义多个属性。Spring Boot 提供了一个 spring.profiles 键，进而表明何时应用该文档。下列代码示例展示了如何在单一 YAML 文件中定义多项配置。

```
#Used for all profiles
logging.level:
    org.springframework: INFO

#'dev' profile only
---

spring.profiles: dev
database:
    host: localhost
    user: dev

#'prod' profile only

---
spring.profiles: prod
database:
    host: 192.168.200.109
    user: admin
```

在 application.yml 文件中，通过 spring.profile，我们针对 dev 和 prod 定义了数据库设置项。在该文件中，'---'表示为配置间的分隔符。

另外，如果 application.properties 和 application.yml 具有相同的优先级，application.yml 中的属性将覆写 application.properties 中的属性。

下面讨论如何在 Spring Web 应用程序中定制错误页面。

2.7 定制应用程序错误页面

在程序的编写过程中，即使是健壮的应用程序，错误也在所难免。因此，定制错误页面对于企业级应用程序来说十分重要。Spring Boot 应用程序提供了默认的错误页面，如图 2.1 所示。

图 2.1

针对既定状态码，若希望使用定制的错误页面，可向/error 文件夹中添加一个文件。通过使用静态 HTML、FreeMarker、Velocity、Thymeleaf、JSP 等，还可创建自定义的错误页面。对应文件的名称为实际的状态码或掩码。

在将 404 映射为静态 HTML 文件时，图 2.2 显示了对应的文件夹结构。

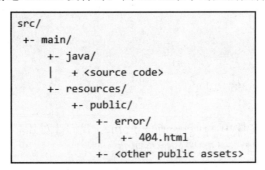

图 2.2

可以看到，/resource/public/error 目录下添加了自定义 404 错误页面（静态错误页面 404.html），对应的错误页面输出如图 2.3 所示。

作为自动配置的一部分，Spring Boot 现在显示一个定制的错误页面，而不是默认的 WhiteLabel 错误页面。

图 2.3

2.8 本章小结

  Spring Boot 可处理 Spring 应用程序中所需的样板代码配置。自动配置可被覆写或禁用；相应地，框架版本也可被覆写。通过采用属性/YAML 文件，Spring Boot 改善了 Spring 配置外部化机制。其中，可通过属性和 YAML 文件方便地覆写 Spring 的 auto-configuration 项。
  Spring Boot 提供了日志框架的调优机制，进而可从应用程序中排除某些默认的框架。此外，Spring Boot 还可对简单的 WhiteLabel 错误页面进行自动配置。
  第 3 章将讨论 Spring Cloud 以及 Spring CLI 的安装过程。

第 3 章　Spring CLI 和 Actuator

前述章节讨论了创建 Spring Boot 应用程序的多种方式，包括 Spring Boot Web 界面、STS IDE 和 Spring Boot CLI。本章将深入讨论 Spring Boot CLI，同时还将展示如何在机器中安装 Spring Boot CLI，以及如何通过 CLI 界面创建 Spring Boot 应用程序。

在阅读完本章后，读者能够更加方便地安装、使用 Spring Boot CLI，并理解如何通过 CLI 运行应用程序。此外，我们还将学习 Spring Boot 的生产环境特性，即 Actuator。Spring Boot Actuator 提供了多个端点，进而对生产环境中的应用程序加以考查。

本章主要涉及以下主题：

- 开始使用 Spring Boot CLI。
    - 安装 Spring Boot CLI。
- 使用 Spring Boot CLI Initializr。
- Spring Boot Actuator：
    - 获取应用程序信息。
    - 在应用程序中启用 Spring Boot 的 Actuator。
    - 分析 Actuator 的端点。
    - 显示配置细节内容。
    - 显示度量端点。
    - 显示应用程序信息。
    - 关闭应用程序。
    - 定制 Actuator 端点。
- Actuator 端点的安全性。
- 基于 Spring Boot 2.X 的 Actuator。

下面将对此加以逐一讨论。

3.1　使用 Spring Boot CLI

Spring Boot 提供了两个接口，即 ApplicationRunner 和 CommandLineRunner。

顾名思义，Spring Boot CLI 是另一个命令行原型设计工具，并以速度和简洁性而著称。然而，Spring 是一类 Java 应用程序框架，并常见于 Java 社区、Java 应用程序以及 Web 应用程序构建中。

Spring Boot 可方便地创建功能强大的 Spring 应用程序和服务。Spring Boot CLI 可辅助执行 Spring Boot 创建的应用程序和服务。Spring Boot CLI 不必与 Spring Boot IDE 协同使用；但若二者结合使用，将会提升 Spring 应用程序的执行速度。Spring Boot CLI 可独立存在，且不需要运行任何其他平台。

Spring Boot CLI 为开发 Spring 应用程序提供了一种有趣但非常规的方法。下面讨论如何安装 Spring Boot CLI，进而运行第 1 章中的示例代码。

3.1.1 安装 Spring Boot CLI

Spring 提供了多种方式可安装 Spring Boot CLI，具体如下：
- 从下载文件中手动安装。
- 利用 SDKMAN!进行安装。
- 利用 OSX Homebrew 进行安装。
- MacPorts 安装。
- 命令行安装。

接下来将对每种安装选项加以讨论。首先是从安装文件中手动安装 Spring Boot CLI。

3.1.2 从安装文件中手动安装 Spring Boot CLI

用户可从 Spring Framework 的官方网站中下载 Spring Boot CLI，如下所示：
- https://repo.spring.io/snapshot/org/springframework/boot/spring-bootcli/2.0.0.BUILD- SNAPSHOT/spring-boot-cli-2.0.0.BUILD-SNAPSHOT-bin.zip。
- https://repo.spring.io/snapshot/org/springframework/boot/spring-bootcli/2.0.0.BUILD- SNAPSHOT/spring-boot-cli- 2.0.0.BUILD-SNAPSHOT-bin.tar.gz。

上述站点提供了 CLI 的手动安装文件，在下载完毕后，其中包含一个名为 INSTALL.txt 的文本文件。该文件描述了 Spring Boot CLI 的安装步骤。简而言之，bin/directory 中包含了一个可执行的 Spring 脚本。其中，Spring.bat 适用于 Windows 用户，而 Spring 脚本则用于 UNIX 用户。

Spring Boot CLI 运行时需要使用到 Java JDK v1.8 或更高版本。另外，运行 CLI 并不需要使用到特定的环境变量。但是，可能需要设置 SPRING_HOME 以指向特定的安装；此外，还应向 PATH 环境变量中添加 SPRING_HOME/bin。

当测试是否成功地安装了 CLI 时,可运行下列命令:

```
spring --version
```

对应结果如图 3.1 所示。

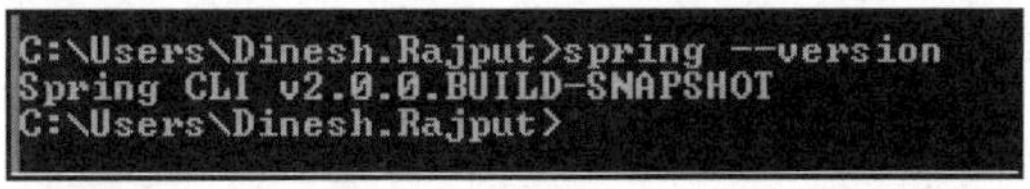

```
C:\Users\Dinesh.Rajput>spring --version
Spring CLI v2.0.0.BUILD-SNAPSHOT
C:\Users\Dinesh.Rajput>
```

图 3.1

图 3.1 在 Command Prompt 上显示了 Spring Boot CLI 的版本。

这也是一种较为简单、自然的 Spring Boot CLI 安装方式,且无须使用更多的配置。除此之外,Spring 社区还提供了安装 Spring Boot CLI 的其他方法,下面对此予以查看。

3.1.3　使用 SDKMAN!安装 Spring Boot CLI

第二种安装方法是使用 SDKMAN!,即软件开发工具包管理器,当需要处理多个二进制 SDK 版本(如 Groovy)时,可采用这种方法。对此,可访问 sdkman.io 获取 SDKMAN!,并于随后利用第一个链接中的命令安装 Spring Boot CLI。

对于 Linux 环境,可使用下列命令:

```
$ curl -s get.sdkman.io | bash
```

待 SDKMAN!安装完毕后,即可运行下列命令安装 Spring Boot CLI:

```
$ sdk install springboot
$ spring --version
```

3.1.4　利用 OSX Homebrew 安装 Spring Boot CLI

对于 Mac 用户,可使用 Homebrew 进行安装。Homebrew 是一个针对 macOS 的包管理系统,如下所示:

```
$ brew tap pivotal/tap
$ brew install springboot
```

Homebrew 将把 Spring 安装至/usr/local/bin 路径中。

1. MacPorts 安装

对于 Mac 机器,可设置 Spring Boot CLI 并使用 MacPorts,这也是 macOS X 较为流

行的安装程序之一。首先，可访问https://www.macports.org/并根据Mac版本安装MacPorts。待MacPorts安装完毕后，可通过以下方式安装Spring Boot CLI，如下所示：

```
$ sudo port install spring-boot-cli
```

MacPorts 将把 Spring Boot CLI 安装至/opt/local/share/java/spring-boot-cli 中，并在/opt/local/bin 中设置一个符号链接——这在安装 MacPorts 时已存在于系统路径中。另外，通过检查安装版本，还可进一步验证安装结果，如下所示：

```
$ spring -version
```

该命令将显示 Spring Boot 的版本号。

2. 命令行补齐方法

对于 Linux 操作系统，可采用命令行补齐方法。此处必须提供名为 Spring 的脚本，即系统范围内的初始化 bash。在 Debian 系统中，这一类脚本位于/shell-completion/bash 目录中。此外，该目录中的全部脚本可在初始化 Shell 时加以使用。

3.2 使用 Initializr

除此之外，还可使用 Spring Boot CLI 中的 Spring Initializr，并提供了启用开发环境的一些命令。其中，Spring Boot CLI 包含了一个 init 命令，进而创建一个 Spring Boot 应用程序结构，同时可作为 Spring Initializr 的客户端界面。下列命令通过 init 方法创建一个 Spring Boot 项目：

```
$ spring init
```

init 命令的输出结果如图 3.2 所示。

图 3.2

在图 3.2 中可以看到，这里生成了一个 demo.zip 文件，并保存至当前工作区中。当解压该项目文件时，将会看到包含 Maven pom.xml 构建规范的典型项目结构。随后，可下载包含 Maven 规范以及较少配置的项目，并对其进行测试。

第3章 Spring CLI 和 Actuator

实际上，如果希望使用 Spring MVC 创建一个 Web 应用程序，并使用 JPA 实现数据持久性，则可采用下列命令，其中包含了全部所需的应用程序依赖关系。

```
$ spring init -dweb, jpa
```

> **注意：**
> 可利用--dependencies 或-d 指定初始依赖关系。

上述命令同时生成了 demo.zip 文件，其中包含了相同的项目结构，同时也涵盖了作为 pom.xml 中依赖关系加以表示的、Spring Boot 的 Web 和 JPA 启动器，如图 3.3 所示。

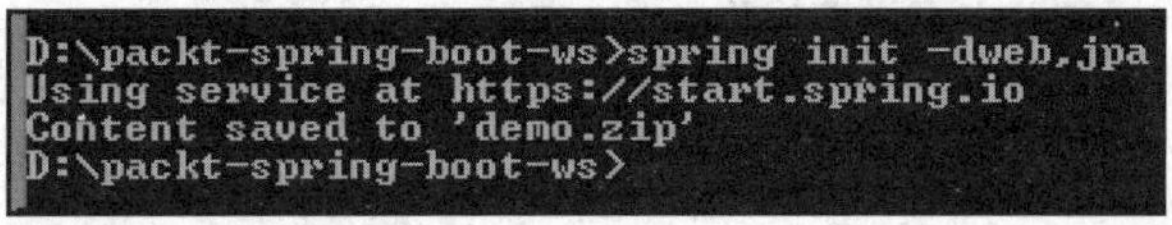

```
D:\packt-spring-boot-ws>spring init -dweb,jpa
Using service at https://start.spring.io
Content saved to 'demo.zip'
D:\packt-spring-boot-ws>
```

图 3.3

> **注意：**
> -d 和依赖项之间不要输入空格。

可以看到，此处并未定义任何构建规范；默认状态下包含了 Maven 构建规范。如果希望指定 Gradle 构建规范，则需要使用下列命令：

```
spring init -dweb,jpa --build gradle
```

该命令利用--build 参数将 Gradle 作为构建类型，如图 3.4 所示。

```
D:\packt-spring-boot-ws>spring init -dweb,jpa --build gradle
Using service at https://start.spring.io
Content saved to 'demo.zip'
D:\packt-spring-boot-ws>_
```

图 3.4

当前，demo.zip 文件保存至基于 Gradle 构建规范（而非 Maven）的工作目录中。此外，在默认条件下，基于 Maven 或 Gradle 构建规范的 demo.zip 项目将生成可执行的 JAR 文件。如果打算生成 WAR 而非 JAR，则可在下列命令中指定多个参数。

```
$ spring init -dweb,jpa --build gradle -p war
```

> **注意：**
> 也可采用--packaging 或-p 参数指定文件类型。

对应的输出结果如图 3.5 所示。

```
D:\packt-spring-boot-ws>spring init -dweb,jpa --build gradle -p war
Using service at https://start.spring.io
Content saved to 'demo.zip'
D:\packt-spring-boot-ws>
```

图 3.5

通过下列命令，还可了解其他参数的用途。

```
$ spring help init
```

对应结果如图 3.6 所示。

```
usage: spring init [options] [location]

Option                    Description
------                    -----------
-a, --artifactId          Project coordinates; infer archive
                          name (for example 'test')
-b, --boot-version        Spring Boot version (for example
                          '1.2.0.RELEASE')
    --build               Build system to use (for example
                          'maven' or 'gradle') (default: maven)
-d, --dependencies        Comma-separated list of dependency
                          identifiers to include in the
                          generated project
    --description         Project description
-f, --force               Force overwrite of existing files
    --format              Format of the generated content (for
                          example 'build' for a build file,
                          'project' for a project archive)
                          (default: project)
-g, --groupId             Project coordinates (for example 'org.
                          test')
-j, --java-version        Language level (for example '1.8')
-l, --language            Programming language (for example
                          'java')
-n, --name                Project name; infer application name
-p, --packaging           Project packaging (for example 'jar')
    --package-name        Package name
-t, --type                Project type. Not normally needed if
                          you use --build and/or --format.
                          Check the capabilities of the
                          service (--list) for more details
    --target              URL of the service to use (default:
                          https://start.spring.io)
-v, --version             Project version (for example '0.0.1-
                          SNAPSHOT')
-x, --extract             Extract the project archive. Inferred
                          if a location is specified without
                          an extension

examples:

    To list all the capabilities of the service:
        $ spring init --list

    To creates a default project:
        $ spring init

    To create a web my-app.zip:
        $ spring init -d=web my-app.zip

    To create a web/data-jpa gradle project unpacked:
        $ spring init -d=web,jpa --build=gradle my-dir
```

图 3.6

在 init 命令中，通过 --list 参数，还可进一步考查参数的选项，如下所示：

```
$ spring init -list
```

除了 Spring Boot CLI init 命令可用于创建 Spring 项目之外，Spring 社区还提供了 Web 界面、Spring Tool Suite 或 Spring Boot CLI 初始化 Spring Boot 项目。

其中，Spring Boot CLI 无须指定构建规范。CLI 从代码中获取提示信息，处理依赖关系并生成部署构件。Spring Boot CLI 可生成几乎完美的部署体验，并可消除所有的代码故障。

在安装结束后，即可运行简单的应用程序（参见第 1 章）。对此，需要使用相同的 Web 应用程序，即 app.groovy，如下所示：

```
@RestController
class HelloController {
   @GetMapping("/")
   String hello() {
       return "Hello World!!!"
   }
}
```

随后，将该文件保存为 app.groovy，并通过下列命令运行在 Shell 中运行当前应用程序。

```
$ spring run app.groovy
```

在浏览器中打开 http://localhost:8080/。如果输出结果为 Hello World，或者其他应用程序请求任务，即表明安装过程顺利完成。

在运行了上述命令后，考查如图 3.7 所示的显示结果。其中，控制台的第 1 行代码用于处理依赖关系，但当前应用程序并未定义依赖项。Spring Boot CLI 根据应用程序所编写的类自动处理依赖关系；但也可定义显式库依赖关系，即使用 @Grab 注解。下面考查应用程序中 HSQL 数据库的 @Grab 注解，并通过 Spring Boot CLI 运行该应用程序，如下所示：

```
@Grab("HSQL")
```

浏览器中的输出结果如图 3.8 所示。

可以看到，Spring Boot CLI 提供了快速的开发方式。

下面讨论另一个重要的特性，同时也是 Spring Boot 的核心组件。

图 3.7

图 3.8

3.3 Spring Boot Actuator

读者是否曾考虑过 Spring 应用程序在生产环境中的状况？例如，创建了多少个对象？内存使用率如何？如果框架允许参看全部数据信息，用户即可在生产环节中通过

HTTP 端点或 JMX 管理应用程序。据此，我们可了解应用程序的行为方式，并对其健康状态进行检测。

本节将介绍 Spring Boot 的一个核心组件 Actuator。Spring Boot Actuator 可监视生产环境下的某些特性，例如 Spring 应用程序的一些指标和健康状态。

Spring Boot Actuator 是 Spring Boot 的一个子项目，其中涉及较多的功能。利用 Spring Boot Actuator，用户可更加高效地控制应用程序的灵敏度和安全性。一旦启用了 Actuator，应用程序中的指标、输入流量以及数据库的状态监控将变得十分简单。Spring Boot Actuator 的主要优点体现在：它是一种生产级别的工具，用户无须实现其中的某些特性。

接下来讨论如何在 Spring 应用程序中启用这些生产环境中的特性。

3.3.1 在应用程序中启用 Spring Boot Actuator

当在应用程序中启用 Spring Boot Actuator 时，需要在包管理器中添加 Spring Boot Actuator 依赖关系，这也是在 Spring 应用程序中启用生产环境特性的最为简单的方式，即添加 starter 依赖项 spring-boot-starter-actuator。

在 Spring 应用程序中，下面将 Actuator 添加至 Maven 项目中。

```xml
<dependencies>
    <dependency>
        <groupId>org.springframework.boot</groupId>
        <artifactId>spring-boot-starter-actuator</artifactId>
    </dependency>
</dependencies>
```

上述 Maven 脚本将启用生产环境中的特性。下面考查如何启用包含 Gradle 项目的 Actuator。

考查下列声明内容：

```
dependencies {
    compile("org.springframework.boot:spring-boot-starter-actuator")
}
```

该 Gradle 脚本将启用 Spring 应用程序生产环境中的特性。

在启用了生产环境特性后，接下来讨论 Spring Boot Actuator 提供的端点。

3.3.2 分析 Actuator 的端点

Spring Boot Actuator 提供了多个 Web 端点，可监视处于运行状态下的应用程序，并可查看生产环境下应用程序的内部行为。Spring Boot Actuator 针对 Spring 应用程序提供了多个预定义端点,此外,还可加入自定义的端点,进而监视生产环境下的应用程序。

例如,健康的端点提供了基本的应用程序健康状态信息;除此之外,还可以了解 Bean 在 Spring 应用程序上下文中是如何连接在一起的,确定应用程序的有效环境属性,获取运行期指标的快照等。

如果应用程序通过 Spring Boot Actuator 进行配置,用户可方便地使用应用程序,并通过调用 HTTP 端点对其进行优化。Spring Boot Actuator 支持范围较广的 HTTP 端点,如下所示:

- Bean 详细信息。
- 日志记录详细信息。
- 配置详细信息。
- 健康状态详细信息。
- 版本详细信息。

在 Spring Boot Actuator 内建端点的基础上,Actuator 还可添加自己的端点,或者对现有的端点执行自定义操作。Spring Boot 针对某些 HTTP 端点设置了默认的敏感值,因而无法公开显示,这一类端点需要使用到密码或者用户名。

Spring Boot Actuator 可通过多种方式显示端点,但这取决于所使用的技术。一旦应用程序配置了 Spring Boot Actuator,即可提供多个 Actuator REST 端点。如果选择了 HTTP Web 端点,则可查看到如表 3.1 所示的端点。

表 3.1

REST 端点	描述
/actuator	它提供了一个发现平台来代替其他端点的页面。当启用 Actuator 时,需要在类路径上设置 Spring HATEOS。默认状态下,Actuator 包含了敏感数据,因而需要使用到密码或用户名;或者由于 Web 安全性被禁用,因而 Actuator 也处于禁用状态
/auditevents	全部审计信息和事件均包含于该端点中
/autoconfig	针对应用程序中所用的自动配置,提供了自动配置报告
/beans	显示了配置于应用程序中的所有 Bean。对于 Spring 中配置的应用程序,Bean 十分重要,同时也是在 Spring IoC 容器中可被初始化、组装和管理的对
/configprops	显示了 config 属性的细节信息
/dump	用于转储线程
/env	显示了 Spring 中可配置环境的不同属性
/flyway	可辅助查看数据库迁移结果

续表

REST 端点	描述
/health	显示了应用程序健康状态信息。健康状态信息包括安全性、连接的身份验证,以及应用程序身份验证的消息细节
/info	应用程序信息
/loggers	可以此显示或更改应用程序中不同日志记录器的配置
/liquibase	查看 liquibase 的迁移结果
/metrics	显示应用程序的指标信息
/mappings	显示应用程序中整个请求映射路径的队列
/shutdown	可通过更为优雅的方式关闭程序。默认状态下,Spring Boot 该项处于禁用状态。用户可在必要时对其加以启用
/trace	显示跟踪数据(时间戳、头信息等),其中涉及 100 个最新的 HTTP 请求

表 3.1 显示了多个 Web 端点;相应地,可将此类端点分组至以下 3 个类别中:

- ❑ 配置端点。
- ❑ 指标端点。
- ❑ 应用程序信息端点。

下面考查如何显示这些端点,以便深入了解应用程序的配置信息。考虑到端点可能会包含敏感信息,因而在其显示过程中应谨慎处理。Spring Boot 将通过 JMX 公开所有启用的端点,但只显示 HTTP 上的 health 和 info 端点。

3.3.3 显示配置细节

Spring Boot Actuator 提供了某些端点,可显示 Spring 应用程序配置的细节信息。这些端点提供了所有已配置 Bean 的详细信息,以及在填充 Spring 应用程序上下文时自动配置所做的决策。下面查看一下应用程序 Spring 上下文最重要的端点,即/beans 端点。该端点返回 JSON 形式的信息,如下所示:

```
[
{
context: "application",
parent: null,
beans:
[
{
bean: "springBootActuatorApplication",
scope: "singleton",
```

```
type:
"com.dineshonjava.sba.SpringBootActuatorApplication$$EnhancerBySpring
CGLIB$
$ee8dc6d9",
resource: "null",
dependencies: [ ]
},
{
bean:
"org.springframework.boot.autoconfigure.internalCachingMetadataReader
Factory",
scope: "singleton",
type:
"org.springframework.core.type.classreading.CachingMetadataReaderFactory",
resource: "null",
dependencies: [ ]
},
{
bean: "loginService",
scope: "singleton",
type: "com.dineshonjava.sba.LoginService",
resource: "file [D:/packt-spring-boot-ws/SpringBootActuator/target/classes/
com/dineshonjava/sba/LoginService.class]",
dependencies:
[
"counterService"
]
},
{
bean: "myCustomEndpoint",
scope: "singleton",
type: "com.dineshonjava.sba.MyCustomEndpoint",
resource: "file [D:/packt-spring-boot-ws/SpringBootActuator/target/classes/
com/dineshonjava/sba/MyCustomEndpoint.class]",
dependencies: [ ]
},.....
```

不难发现，在/beans 端点的 JSON 数据中，应用程序中的全部配置 Bean 均包含了与其相关的下列信息。

- ❑ Bean：表示为 Spring 应用程序中配置 Bean 的名称或 ID。
- ❑ Dependencies：表示为 Bean ID 列表。

- Scope：Bean 的范围。
- Type：Bean 的 Java 类型。

/beans 显示了配置在应用程序中的所有 Bean。Bean 对于在 Spring 上配置的应用程序来说十分重要，同时也是在 Spring IoC 容器中被初始化、组装和管理的对象。/autoconfig 端点提供了自动配置报告。Spring Boot 自动配置构建于 Spring 条件配置之上。另外，Spring Boot 提供了多个包含 @Conditional 注解的配置类。该 @Conditional 注解决定 Bean 是否应被自动配置。下面考查 /autoconfig 端点提供的下列 JSON 数据。

```
{
positiveMatches:
{
AuditAutoConfiguration#auditListener:
[
{
condition: "OnBeanCondition",
message: "@ConditionalOnMissingBean (types:
org.springframework.boot.actuate.audit.listener.AbstractAuditListener;
SearchStrategy: all) found no beans"
}
],
AuditAutoConfiguration#authenticationAuditListener:
[
{
condition: "OnClassCondition",
message: "@ConditionalOnClass classes found:
org.springframework.security.authentication.event.AbstractAuthenticati
onEvent"
},
{
condition: "OnBeanCondition",
message: "@ConditionalOnMissingBean (types:
org.springframework.boot.actuate.security.AbstractAuthenticationAudit
Listener; SearchStrategy: all) found no beans"
}
..........
],
negativeMatches:
{
CacheStatisticsAutoConfiguration:
[
{
```

```
condition: "OnBeanCondition",
message: "@ConditionalOnBean (types:
org.springframework.cache.CacheManager; SearchStrategy: all) found no beans"
}
],
CacheStatisticsAutoConfiguration.CaffeineCacheStatisticsProviderConfig
uration:
[
{
condition: "OnClassCondition",
message: "required @ConditionalOnClass classes not found:
com.github.benmanes.caffeine.cache.Caffeine,org.springframework.cache.
caffeine.CaffeineCacheManager"
},
{
condition: "ConditionEvaluationReport.AncestorsMatchedCondition",
message: "Ancestor
'org.springframework.boot.actuate.autoconfigure.CacheStatisticsAutoCon
figuration' did not match"
}
],.....
}
```

上述 JSON 内容表示为/autoconfig 的输出结果，该 JSON 分为两部分，即 positiveMatches 和 negativeMatches。其中，negativeMatches 下的数据表示存在一个条件，进而确定是否配置 Bean。positiveMatches 则表示将获取某个条件以确定 Spring Boot 是否应自动配置 Bean。

下面考查另一个配置端点/env，该端点显示了 Spring 中所有可配置环境的不同属性，如下所示：

```
{
profiles: [ ],
server.ports: {
local.server.port: 8080
},
commandLineArgs: {
spring.output.ansi.enabled: "always"
},
servletContextInitParams: { },
systemProperties: {
.....
sun.boot.library.path: "C:Program FilesJavajre1.8.0_151bin",
```

```
java.vm.version: "25.151-b12",
java.vm.vendor: "Oracle Corporation",
java.vendor.url: "http://java.oracle.com/",
java.rmi.server.randomIDs: "true",
path.separator: ";",
java.vm.name: "Java HotSpot(TM) 64-Bit Server VM",
file.encoding.pkg: "sun.io",
user.name: "Dinesh.Rajput",
com.sun.management.jmxremote: "",
java.vm.specification.version: "1.8",
sun.java.command: "com.dineshonjava.sba.SpringBootActuatorApplication --
spring.output.ansi.enabled=always",
java.home: "C:Program FilesJavajre1.8.0_151",
sun.arch.data.model: "64",
sun.desktop: "windows",
sun.cpu.isalist: "amd64"
},
systemEnvironment: {
.....
LOCALAPPDATA: "C:UsersDinesh.RajputAppDataLocal",
PROCESSOR_LEVEL: "6",
FP_NO_HOST_CHECK: "NO",
USERDOMAIN: "TIMESGROUP",
LOGONSERVER: "\TGNOIFCTYDC01",
JAVA_HOME: "C:Program FilesJavajdk1.8.0_121",
SESSIONNAME: "Console",
APPDATA: "C:UsersDinesh.RajputAppDataRoaming",
USERNAME: "Dinesh.Rajput",
ProgramFiles(x86): "C:Program Files (x86)",
VBOX_MSI_INSTALL_PATH: "C:Program FilesOracleVirtualBox",
CommonProgramFiles: "C:Program FilesCommon Files",
.....
},
applicationConfig: [classpath:/application.properties]: {
endpoints.health.enabled: "true",
endpoints.health.id: "health",
management.port: "8080",
info.app.description: "This is my first Working Spring Actuator Examples",
info.app.version: "0.0.1-SNAPSHOT",
endpoints.info.id: "info",
endpoints.metrics.id: "metrics",
endpoints.metrics.sensitive: "false",
```

```
endpoints.metrics.enabled: "true",
security.user.name: "admin",
management.security.enabled: "true",
security.user.password: "******",
management.context-path: "/",
info.app.name: "Spring Boot Actuator Application",
endpoints.health.sensitive: "false",
security.basic.enabled: "true",
endpoints.info.enabled: "true",
endpoints.info.sensitive: "false"
}
}
```

下面讨论端点如何显示应用程序的各项指标。

3.3.4 显示指标端点

Spring Boot Actuator 可查看处于运行状态下的应用程序中的某些参数, 例如应用程序内存状况(有效或释放)。下列代码显示了/metrics 示例端点中的内容。

```
{
mem: 308564,
mem.free: 219799,
processors: 4,
instance.uptime: 3912392,
uptime: 3918108,
systemload.average: -1,
heap.committed: 254976,
heap.init: 131072,
heap.used: 35176,
heap: 1847808,
nonheap.committed: 54952,
nonheap.init: 2496,
nonheap.used: 53578,
nonheap: 0,
threads.peak: 25,
threads.daemon: 23,
threads.totalStarted: 29,
threads: 25,
classes: 6793,
classes.loaded: 6793,
classes.unloaded: 0,
```

```
gc.ps_scavenge.count: 8,
gc.ps_scavenge.time: 136,
gc.ps_marksweep.count: 2,
gc.ps_marksweep.time: 208,
httpsessions.max: -1,
httpsessions.active: 0,
gauge.response.beans: 20,
gauge.response.env: 16,
gauge.response.autoconfig: 14,
gauge.response.unmapped: 1,
counter.status.200.beans: 2,
counter.login.failure: 2,
counter.login.success: 10,
counter.status.200.autoconfig: 2,
counter.status.401.unmapped: 3,
counter.status.200.env: 2
}
```

可以看出，/metrics 端点提供了大量的信息。

接下来通过/health 端点查看应用程序的健康状况，如下所示：

```
{
  status: "UP",
  diskSpace:
  {
    status: "UP",
    total: 290391584768,
    free: 209372835840,
    threshold: 10485760
  }
}
```

上述代码展示了与 Spring 应用程序健康状况相关的信息。除了基本的健康状态之外，代码中还包含了磁盘空间，以及应用程序所用数据库的状态。

接下来讨论如何通过/info 端点显示应用程序信息。

3.3.5 显示应用程序信息

在 Spring Boot 中，Actuator 还可通过/info 端点显示应用程序信息。如果向/info 端点生成 GET 请求调用，默认状态下将会返回空的 JSON 内容，即{}。

空 JSON 意味着，Spring Boot 并未对应用程序提供默认信息。/info 端点可为 Spring

应用程序提供向客户端或公众公开的任何信息。相应地，可向 application.properties 或 application.yml 的该端点中添加与应用程序相关的任何信息，如下所示：

```
application.properties

info.app.name=Spring Boot Actuator Application
info.app.description=This is my first Working Spring Actuator Examples
info.app.version=0.0.1-SNAPSHOT
info.helpline.email=admin@dineshonjava.com
info.helpline.phone=0120-000001100

application.yml
info:
   app:
        name: Spring Boot Actuator Application
        description: This is my first Working Spring Actuator Examples
        version: 0.0.1-SNAPSHOT
   helpline:
        email: admin@dineshonjava.com
        phone: 0120-000001100
```

在上述示例中，我们希望提供与当前应用程序相关的某些信息，例如 /info 端点响应中的应用程序的 name、description、version、email 和 helpline。随后，可请求 /info 端点，进而得到下列响应内容：

```
{
 helpline:
{
  email: "admin@dineshonjava.com",
  phone: "0120-00000110"
},
app:
{
  description: "This is my first Working Spring Actuator Examples",
  version: "0.0.1-SNAPSHOT",
   name: "Spring Boot Actuator Application"
  }
}
```

据此，Spring Boot Actuator /info 端点向应用程序外部展示了与该程序相关的一些信息，此类信息可供调用者参考。

接下来考查如何利用 Actuator 的端点来关闭应用程序。

3.3.6 关闭应用程序

利用/shutdown 端点,可关闭当前应用程序。但在默认状态下,该端点将处于禁用状态。因此,首先需要启用/shutdown 端点,随后通过下列方式加以使用:

```
endpoints.shutdown.enabled=true
```

下列代码显示了利用 application.yml 文件启用该端点:

```
endpoints:
   shutdown:
        enabled: true
```

下列代码将调用/shutdown 端点:

```
POST http://localhost:8080/shutdown
```

上述代码可视作一个 POST 请求,并返回下列响应内容:

```
{
    "message": "Shutting down, bye..."
}
```

/shutdown 端点可关闭应用程序,因而需要谨慎使用该端点。

Spring Boot Actuator 涉及了在生产环境中运行应用程序所需考虑的大部分问题。但百密一疏,这也是 Spring Boot 为何支持自定义 Actuator 端点的原因。

下面考查如何自定义 Spring Boot Actuator 的端点。

3.3.7 自定义 Actuator 端点

通过 Spring 属性,还可自定义 Actuator 端点。对此,端点可通过以下几种方式进行自定义:

- ❑ 启用/禁用端点。
- ❑ 敏感性。
- ❑ 修改端点 ID。
- ❑ 编写自定义的健康状态指示器。
- ❑ 创建自定义端点。
- ❑ 更多的定制行为。

当在应用程序中定制属性时,可启用或禁用某个端点、将敏感性设置为 true 或 false

并自定义其 ID。除此之外，还可采用全局方式自定义所有端点，或者对某些端点生成特例。下面考查如何定制 Actuator。

1. 启用或禁用端点

默认状态下，在 Spring Boot 中，除了/shutdown 之外，所有的端点均处于启用状态，但也可禁用某些端点。另外，也可在必要时启用/shutdown 端点。

在 application.properties 文件中，对应操作如下所示：

```
endpoints.shutdown.enabled=true
```

在 application.yml 文件中，对应操作如下所示：

```
endpoints:
  shutdown:
      enabled: true
```

类似地，还可通过下列方式禁用其他端点：

```
endpoints._endpoint-id.enabled = false
```

在 application.yml 文件中，对应操作如下所示：

```
endpoints:
  _endpoint-id:
      enabled: false
```

这里，假设希望禁用/health 端点，在 application.properties 文件中，需要设置下列属性：

```
endpoints.health.enabled=true
```

在 application.yml 文件中，对应操作如下所示：

```
endpoints:
  health:
      enabled: false
```

另外，还可一次性地禁用全部端点，也就是说，在 application.properties 文件中将下列属性设置为 false。

```
endpoints.enabled=false
```

在 application.yml 文件中，对应操作如下所示：

```
endpoints:
  enabled: false
```

可以看到，所有的端点均处于禁用状态。必要时，通过设置 endpoints._endpoint-id.enabled = true，可再次启用某些特定的端点。

2. 修改端点 ID

在表 3.1 中，每个 Actuator 端点均包含一个 ID，并可作为 REST 服务调用该端点。例如，/health、/metrics、/beans 端点分别作为 ID 包含了健康状态信息、指标信息以及 Bean。但是，我们也可修改此类 ID，并针对应用程序设置所希望的数值，如下所示：

```
endpoints.endpoint-id.id=new_id
```

例如，当修改/health 端点的 ID 时，需要将其修改为发送至/status 的 GET 请求。在 application.properties 文件中，对应操作如下所示：

```
health.id = status
```

在 application.yml 文件中，对应操作如下所示：

```
health:
    id: status
```

随后，可通过自定义端点/status 检测当前应用程序的健康状态信息，其工作方式与/health 端点保持一致。

3. 修改 Actuator 端点的敏感性

默认状态下，大多数 Actuator 端点均为敏感性端点；Spring Boot Actuator 中的所有默认端点均自动设置为敏感性端点。因此，对于安全隐患，端点可通过默认的属性予以保护。相关内容包括应用程序属性文件中的用户名、密码和角色。然而，如果端点未包含敏感性信息，可将其敏感性设置为 false，如下所示：

```
endpoints._endpoint-id.sensitive = false
```

在 application.yml 文件中，对应操作如下所示：

```
endpoints:
  _endpoint-id:
        sensitive: false
```

如果端点设计某些敏感信息，还可再次将其设置为 true。

例如，下列代码将/health 端点的敏感值设置为 false：

```
endpoints.health.sensitive=false
```

在 application.yml 文件中，对应操作如下所示：

```
endpoints:
  health:
      sensitive: false
```

当前，无须任何身份安全验证即可访问/health 端点。

Spring Boot Actuators 也支持创建自己的端点，并采用自己的配置和实现内容。对此，全部所需工作即是实现端点接口并重载其中的方法。

4. 编写自定义健康状态指示器

Spring Boot Actuator 可针对应用程序编写自定义健康状态指示器。Actuator 默认的 /health 端点提供了与应用程序健康状态和磁盘空间相关的信息，如下所示：

```
{
  status: "UP",
  diskSpace: {
      status: "UP",
      total: 290391584768,
      free: 209125543936,
      threshold: 10485760
  }
}
```

在上述 JSON 数据中，针对磁盘或数据库的健康状态报告这一类公共需求，/health 端点指示器返回了默认的健康状态指示器——我们可注册实现了 HealthIndicator 接口的 Bean；同时需要提供 health()方法实现，并返回一个 Health 响应结果。这里，Health 响应应包含某种状态，并包含某些可显示的附加细节信息（可选）。下列代码显示了 HealthIndicator 的实现过程。

```
package com.dineshonjava.sba;

import org.springframework.boot.actuate.health.Health;
import org.springframework.boot.actuate.health.HealthIndicator;
import org.springframework.stereotype.Component;
import org.springframework.web.client.RestTemplate;

@Component
public class DineshonjavaHealth implements HealthIndicator{

    @Override
    public Health health() {
        try {
```

```
            RestTemplate rest = new RestTemplate();
            rest.getForObject("https://www.dineshonjava.com",
            String.class);
            return Health.up().build();
        } catch (Exception e) {
            return Health.down().build();
        }
    }
}
```

在上述代码中，我们设置了一个自定义健康状态指示器，进而检测链接应用程序站点 https://www.dineshonjava.com 的健康状态，并返回一个包含该站点健康状态的响应结果，如下所示：

```
{
    status: "UP",
    dineshonjavaHealth: {
        status: "UP"
    },
    diskSpace: {
        status: "UP",
        total: 290391584768,
        free: 209125003264,
        threshold: 10485760
    }
}
```

DineshonjavaHealth 类重载了 HealthIndicator 接口中的 health()方法，并简单地采用了 Spring 的 RestTemplate 执行对 https://www.dineshonjava.com 页面的 GET 请求。如果一切正常，则返回一个 Health 对象，表明 Dineshonjava 为 UP；否则将抛出一个异常并返回一个 Health 对象，表明 Dineshonjava 为 DOWN。如果 https://www.dineshonjava.com 为 DOWN，将会返回下列响应结果：

```
{
    status: "DOWN",
    dineshonjavaHealth: {
        status: "DOWN"
    },
    diskSpace: {
        status: "UP",
        total: 290391584768,
        free: 209124999168,
```

```
        threshold: 10485760
    }
}
```

不难发现，当前状态为 DOWN，但也可添加与这一故障相关的、更为丰富的细节信息，并通过 Health 构造器上的 withDetail() 方法访问该站点，如下所示：

```
return Health.down().withDetail("reason", e.getMessage()).build();

Let's see the response of the /health endpoint again.
{
    status: "DOWN",
    dineshonjavaHealth: {
        status: "DOWN",
        reason: "I/O error on GET request for
"https://www.dineshonjava.com": www.dineshonjava.com; nested exception
is java.net.UnknownHostException: www.dineshonjava.com"
    },
    diskSpace: {
        status: "UP",
        total: 290391584768,
        free: 209124995072,
        threshold: 10485760
    }
}
```

在此基础上，还可加入更为丰富的细节内容（无论是成功还是故障），即调用 Health 构造器类的 withDetail() 方法。

接下来讨论如何创建一个自定义端点。

3.3.8　创建一个自定义端点

Actuator 针对应用程序提供了多个端点，但通过实现 EndPoint 接口，Spring Boot Actuator 还支持创建自定义端点。考查下列示例：

```
package com.dineshonjava.sba;

import java.util.ArrayList;
import java.util.List;

import org.springframework.boot.actuate.endpoint.Endpoint;
import org.springframework.stereotype.Component;
```

第 3 章 Spring CLI 和 Actuator

```java
@Component
public class MyCustomEndpoint implements Endpoint<List<String>>{

    @Override
    public String getId() {
        return "myCustomEndpoint";
    }

    @Override
    public List<String> invoke() {
        // Custom logic to build the output
        List<String> list = new ArrayList<>();
        list.add("App message 1");
        list.add("App message 2");
        list.add("App message 3");
        list.add("App message 4");
        return list;
    }
    @Override
    public boolean isEnabled() {
        return true;
    }

    @Override
    public boolean isSensitive() {
        return true;
    }
}
```

其中，MyCustomEndpoint 实现了 EndPoint 接口，并重载了 4 个方法：getId()、invoke()、isSensitive()和 isEnabled()方法。其中，getId()方法返回端点 ID 或名称。据此，即可访问/myCustomEndpoint。下面考查下列响应所返回的内容：

```
[
"App message 1",
"App message 2",
"App message 3",
"App message 4"
]
```

invoke()方法返回一条应用程序消息——从该自定义端点公开的任何内容。isEnabled()方法用于启用应用程序端点；isSensitive()方法则用于设置该端点的敏感性。

Spring Boot Actuator 包含了多种自定义方式。Spring Boot 支持自定义全部 Actuator，这也体现了 Spring Boot 自有的特性。

一些 Actuator 端点会显示一些敏感信息，需要在某些违规操作中对此类端点予以保护。Spring Boot 可实现这一功能，下面将讨论端点的安全性。

3.4　Actuator 端点的安全性

Actuator 的端点为调用者提供了与 Spring 应用程序相关的许多信息。但是，如果将某些信息向调用者公开，则会面临某些安全性问题。例如，/shutdown 端点可在生产环境中关闭应用程序。因此，如果将其公开与众，该端点对于应用程序来说将十分危险。类似地，Spring Boot Actuator 中的许多端点同样会暴露一些敏感信息，因而需要对其提供安全防范，且仅供经验证后的调用者使用。对此，可采用 Spring Security 以确保 Actuator 端点处于安全状态。

虽然 Spring Boot 并不会以我们的名义执行任何安全措施，但它确实提供了一个 RequestMatchers，并以此结合 Spring Security 加以使用。在 Spring Boot 应用程序中，这意味着作为构建依赖关系添加 Security Starter，让安全自动配置负责锁定应用程序，包括 Actuator 端点。

针对 Spring Security，下列代码添加了 Starter 依赖项。

```
<dependency>
    <groupId>org.springframework.boot</groupId>
    <artifactId>spring-boot-starter-security</artifactId>
</dependency>
```

这将使所有的 Actuator 端点处于安全状态。除此之外，还可通过以下方式禁用基本的安全项。在 application.properties 文件中：

```
security.basic.enabled=false
```

在 application.yml 文件中：

```
basic:
        enabled: false
```

上述配置仅保留了更加安全的敏感性 Actuator 端点，同时使其余端点处于开放状态以供访问。

通过定义默认的安全属性，可对敏感性端点提供安全保障，例如 application.properties

文件中的 username、password、role，如下所示：

```
security.user.name=admin
security.user.password=secret
management.security.role=SUPERUSER
```

上述配置使 Actuator 端点处于安全状态。如果对此类端点进行调用，将会询问 username 和 password。也就是说，未经授权，将无法访问这一类 Actuator 端点。

Spring Boot 的自动配置提供了 Spring Security 配置；除此之外，还可自定义 Spring Security 配置，以锁定某些危险的 Actuator 端点，如/shutdown；或者针对特定的角色提供此类 Actuator 端点。

下面考查 Spring Boot 2.0 中的一些变化内容。

3.5 Spring Boot 2.x 中的 Actuator

Spring Boot Actuator 的新版本，即 2.x Actuator，引入了更加简化的模型、扩展的功能和更好的默认设置。在这一版本中，出于简单考虑，安全模型与应用程序之间实现了集成，并加入了更多的 HTTP 请求和响应、Java API。此外，最新版本还支持 CRUD 的读写模型。

Actuator 2.x 定义了可扩展的模型，具有可插拔特征且不再依赖 MVC。因此，我们可使用 MVC 和 Web Flux。在新版本中，默认状态下，端点将处于禁用状态。对此，若希望启用端点，则可采用如下方式：

```
management.endpoints.web.expose = *.
```

或者，如果不希望启用所有的端点，可简单地列出希望启用的端点，其他端点则保持不变。默认状态下，所有的 Actuator 端点将设置在/actuator 路径中。

Spring Boot 2.x Actuator 还引入了一些内建端点，具体如下。

- ❑ /conditions：重命名后的 auto-config。
- ❑ /Prometheus：等同于 metrics，但支持 Prometheus 服务器。
- ❑ Scheduledtasks：该端点提供了应用程序中每项调度任务的细节内容。
- ❑ /sessions：使用 Spring Sessions 的 HTTP 会话列表。
- ❑ /threaddump：该端点将转储线程信息。

Spring Boot 2.x Actuator 也采用了与之前类似的方式操控端点，用户可对其进行自定义，但自定义方法中引入了一些变化——2.x Actuator 支持 CRUD 操作，而不再仅是读、写行为。另外，还可通过具体的配置和实现方式向现有的端点中添加新的端点。

Spring Boot Actuator 可方便地操控和管理应用程序。

3.6　本章小结

本章介绍了 Spring Boot CLI 及其安装步骤。Spring Boot CLI 提供了简单、快速的 Spring Boot 应用程序开发方式，利用 CLI，可运行基于 Groovy 语言的 Spring Boot 应用程序，并以较少的代码故障开发 Spring 应用程序。另外，Spring Boot CLI 还可自动处理多种依赖库，并利用 Gradle @Grab 注解显式地声明依赖关系，且无须通过 Maven 或 Gradle 定义构建规范。

通过基于 Web 的 Spring Boot CLI，本章还运行了一个简单的 Hello World REST 应用程序。

本章还讨论了处于生产环境下的 Spring 应用程序。针对于此，Spring Boot 提供了一个该环境下的特性，即 Spring Boot Actuator。Actuator 包含了多个端点，我们可通过基于 Web 的 REST 服务、远程 Shell 和 JMX 客户端监视这些端点。此外，还可对这一类 Actuator 端点执行自定义操作。

第 4 章将讨论 Spring Cloud 和相关配置操作。

第 4 章 Spring Cloud 和配置操作

第 3 章讨论了 Spring Boot CLI 的安装过程，以及基于 CLI 的应用程序的构建和执行过程。Spring Boot CLI 旨在提供无代码故障的、快速的应用程序实现。此外，我们还学习了 Spring Boot 生产环境特性，即 Actuator。Actuator 涵盖了所有生产操作环节中的各项指标，以及应用程序在生产阶段中的健康状态。

本章将介绍 Spring Boot 中的另一个扩展组件——Spring Cloud，包括其用途、构建原生云应用程序时 Spring Cloud 的解决方案，以及分布式环境下所处理的常见问题。

在阅读完本章后，读者将理解如何配置 Spring Cloud 服务器，以及基于分布式应用程序的客户端。

本章主要涉及以下主题：
- ❑ 原生云应用程序架构。
- ❑ 微服务架构。
  - ➢ 优点。
  - ➢ 面临的挑战。
- ❑ Spring Cloud 简介。
- ❑ Spring Cloud 应用。
- ❑ 基于 Spring Cloud 的项目。
- ❑ 开启 Spring Cloud 之旅。
  - ➢ Spring Cloud 配置管理。
  - ➢ 实现 Spring Cloud 配置服务器。
  - ➢ 实现 Spring Cloud 配置客户端。

接下来将对此加以逐一讨论。

4.1 原生云应用程序架构

正如马克·安德森所说，软件正在吞噬世界。因此，软件也是每项业务的主要支柱之一。顶尖企业的创新主要体现在以下共同特点：
- ❑ 软件的速度。

- 服务的可用性。
- 软件的可伸缩性。
- 针对所有设备的软件的用户体验,例如计算机设备和移动设备。

云计算是软件创新的主要发展方向之一;为软件提供原生云解决方案和架构是许多顶级公司所采取的创新之一。云计算采用弹性方式提供按需存储的资源和网络解决方案,这一类服务包括 Amazon Web 服务、谷歌云和 Microsoft Azure。

采用原生云应用程序架构包含诸多优势,并可解决常见的可伸缩性、持久性和可用性问题。以下是原生云应用程序架构的一些常见应用场合:

- 应用程序的速度。
- 安全性和可靠性。
- 软件的可伸缩性。
- 应用程序的监测机制。
- 故障隔离和容错机制。

鉴于分布式特征和可伸缩性,应用程序应遵循原生云模式,且应设置为横向伸缩模式,而非纵向伸缩。其中,微服务架构便是横向伸缩应用程序架构示例之一。用户可在有限的上下文环境中创建许多小型应用程序或服务,而不是创建单一的大型应用程序。原生云模式提供了最佳的资源利用方案;如果应用程序需要使用到相关资源,它会根据需要弹性地提供资源,否则需要释放这些零利用率的资源。

> **注意:**
>
> 横向伸缩意味着,可根据具体需求向现有的应用程序中添加资源,且无须对该应用程序做任何修改。在纵向伸缩中,则需要改变应用程序的架构。

如果希望创建应用程序,那么,在初始设计阶段,则需要关注原生云应用程序架构的关键特性。下列内容列出了原生云应用程序的关键特征。

- 十二要素应用程序:针对优化后的应用程序的一组模数,旨在改善应用程序的速度、安全和可伸缩性方面的设计方案。
- 微服务:根据微服务模式,可创建独立、无关的服务,例如在不影响其他业务服务的前提下对其进行部署。
- 自助服务敏捷的基础设施:这与云平台和基础设施相关,使得开发团队可在某个应用程序和服务抽象层上进行操作。
- 基于 API 的协作:定义了多个微服务间服务-服务间的交互行为。
- 抗脆弱性:这与响应性有关,意味着当增加系统负载时(例如激增的流量、速度和规模），系统能够提升其响应能力，进而增加系统的安全性。

上述内容可视为基于云的应用程序的最佳实践。Spring Cloud 则在此基础上进一步发扬了这种风格。下面将讨论原生云应用程序的特征之一，即微服务架构。

4.1.1 微服务架构

微服务并不是一个新鲜的事物，这一名词是在 2005 年由 Peter Rodgers 博士提出的，最初被称为基于 SOAP 的微 Web 服务。术语微服务表示将大型软件转化为多个组成部分，每个组成部分强调特定的业务点。与应用范围较为广泛的现有单体应用程序相比，微服务类似于包含特定目标的、较小范围内的小型服务。

因此，微服务将单体应用程序划分为较小的微服务，并作为单一业务目标管理、部署此类微服务。对于开发人员来说，此类分布式服务间的通信是一项较为困难的任务。使用 Spring Cloud 可简化这些分布式服务间的集成操作。

当今，各个行业每天或每周都在致力于新的功能实现和创新行为，不断地将应用程序扩展到更大的规模。各种系统之间的复杂性和耦合性使得更改应用程序中的任何内容都变得非常困难。因此，无论变化的大小，负责不同模块的团队必须考虑对应用程序各个部分间的影响。

图 4.1 显示了在未采用微服务架构时单体应用程序的示意图。

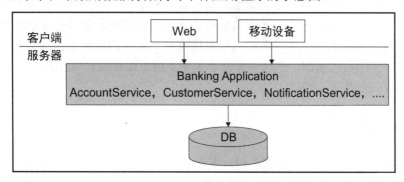

图 4.1

不难发现，图 4.1 中显示了基于单体架构的 Banking Application（未采用微服务），这是一种一体化的应用程序。也就是说，所有模块均位于单一应用程序中，如 AccountService、CustomerService 和 NotificationService。

假设打算调整 CustomerService，对此，应确保其他模块的推送和账户服务不会受到其架构设计的影响。

下面将单体应用程序根据当前模型划分为独立的组成部分，同时利用微服务架构予以构建，如图 4.2 所示。

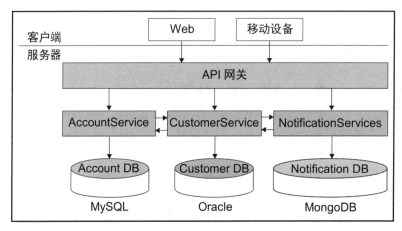

图 4.2

不难发现，这里采用了基于微服务的架构构建 Banking Application。其中，主应用程序被分解为一组子应用程序集，即微服务。

当 Spring 核心概念应用于应用程序架构中时，Spring 支持应用程序组件间事务的分离，例如松散耦合（更改后的效果处于隔离状态）和紧密内聚（代码执行单个定义良好的任务）。类似地，微服务具有相同的优点，即应用程序协作服务之间的松散耦合，并可以独立地更改这些服务。微服务的另一个优点则是紧密的内聚性，这意味着应用程序服务可处理单个的数据视图，这也称作有界上下文或域驱动设计（DDD）。

下面考查微服务架构的优点。

4.1.2 微服务的优点

当在应用程序中采用微服务架构时，其优点主要表现在以下几个方面：
- 代码库较小且易于维护。
- 独立组件的可伸缩性。
- 技术多样化。用户可使用多种混合库、框架、数据存储和语言。
- 故障隔离。组件故障不会影响到整个系统。
- 可较好地支持小型、并行开发团队。
- 独立的部署。
- 精简团队的同时降低开销。

微服务架构包含了诸多优点，且大多数集中在可靠性和敏捷性方面。此外，微服务架构也面临着一些调整，下面将对此加以讨论。

4.1.3 微服务面临的挑战

虽然微服务架构包含了许多优点，但同时也面临着某些挑战任务，其中包括以下方面：

- 服务间难以实现完整的一致性，例如多个处理过程中的 ACID 交易的维护。
- 分布式系统通常难以调试和跟踪。
- 涉及较多的端到端测试。
- 应用程序的开发和部署方式。
- 服务间的通信和服务间的调用。

此外，还存在与微服务基础设施相关的一些挑战性任务，其中，多个处理过程作为单一业务单元整体工作。考虑到分布式系统的特征，问题主要集中于如表 4.1 所示的几个方面。

表 4.1

困　　难	解 决 方 案
多个微服务间如何彼此发现	服务发现
如何确定所用的服务实例	客户端加载平衡
特定的微服务未予响应	故障隔离
如何控制微服务的访问，例如提供安全措施和速率限制	服务安全
多个微服务彼此间如何通信	消息传输机制

可以看到，微服务和分布式系统面临着诸多挑战，但 Spring Boot 可简化微服务应用。除此之外，Spring Cloud 也对此提供了相应的解决方案。通过自动配置操作，Spring Cloud 使得分布式微服务的开发过程更具实践性。

Spring Boot 可简化微服务的开发过程，其中包括以下方面：

- 利用 Spring Boot 可创建多个微服务。
- 通过 RestController 显示资源。
- 通过 RestTemplate 使用远程服务。

Spring Cloud 的主要功能体现在：持续部署、滚动升级新版本代码、在产生故障时的快速回滚，以及同时运行同一服务的多个版本。下面将对 Spring Cloud 展开详细讨论。

4.2 Spring Cloud 简介

Spring 开发团队在 Spring 框架上提供了 Spring Boot，通过模块上的自动配置操作简化了 Spring 应用程序的开发。Spring Boot 表示为 Spring Core Framework 的扩展；相应地，Spring Cloud 也是 Spring Boot 的扩展，并提供了多个库且强调多种原生云模式。Spring Cloud 对 Spring Boot 的扩展主要体现在，通过多个库改善应用程序的工作机制（添加至类路径中）。在开始阶段，可以尝试使用基本的默认行为；随后，我们可设计或扩展自定义代码。

Spring Cloud 是 Spring 研发团队发布的大型项目，其下还包含了诸多子项目。作为 Spring 子项目的集合，它提供了针对原生云模式的解决方案。其中，问题主要来自应用程序规模、流量的增长，或者是平台发生了变化（例如移至移动平台）。如前所述，微服务是针对原生云问题的解决方案之一。

Spring Cloud 为编码人员提供了较大的余地，进而可快速整合分布式系统中的部分常规模式（例如配置管理、断路器、路由、微代理和控制总线）。通过 Spring Cloud，编码人员可简单、快速地设置基于分布式系统的应用程序和配置内容，其中包括特定的工作站、主服务器以及其他平台，如 Cloud Foundry。

4.2.1 云和微服务程序的构造块

基于应用程序的架构，Spring Cloud 可视为云和微服务的构造块，并针对 Spring 原生云提供了平台支持。下面列出了原生云服务所需的构造块。

- 平台支持和 IaaS：访问特定的平台信息和 Cloud Foundry、AWS、Heroku 中的服务。
- 微服务基础设施：提供了有效的服务，例如服务发现、配置服务器和监测机制。其中存在多个开源项目可供使用，如 Netfilx OSS 和 HashiCorp Consul。
- 动态云重配置：可针对服务创建分布式配置。针对多种应用程序和环境的分布式配置的构建和服务，Spring Cloud Config 提供了客户端和服务器解决方案。
- 云工具箱：Spring Cloud 提供了多种云工具，如 Spring Cloud Security、Spring Cloud CLI、Spring Cloud Stream。其中，Spring Cloud Security 针对安全服务和控制访问提供了安全措施；Spring Cloud Stream 则用于消息传输机制和基于事件的云应用程序；Spring Cloud CLI 主要负责在 Groovy 中快速地创建应用程序。
- 数据获取：该 Spring Cloud 构造块用于微服务信息管道中的数据流，如 Spring

Cloud Data Flow 和 Spring Cloud Modules。
- Spring Boot Style Starter：Spring Cloud 是 Spring Boot 的扩展，因此，原生云应用程序需要使用到 Spring Boot 以实现正常工作。

图 4.3 显示了云和微服务源程序的全部构造块。

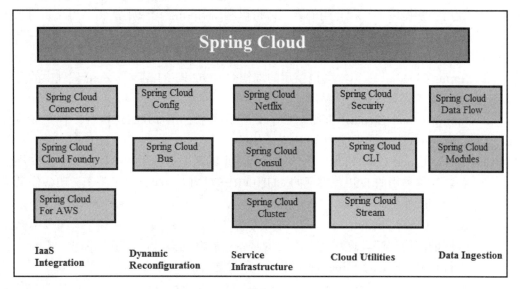

图 4.3

在图 4.3 中可以看到，Spring Cloud 关联了多个子项目。Spring Cloud 针对每种原生云问题提供了相应的解决方案。下面查看与 Spring Cloud 关联的主要项目。

- Spring Cloud Config：由 Git 存储库集中支持的外部配置管理。其中，配置资源表述了 Spring 环境；必要时，也可用于非 Spring 应用程序。
- Spring Cloud Bus：用于将服务实例和服务与分布式消息一起连接的事件总线。这有助于在分组中传递状态变化（例如配置更改事件）。
- Spring Cloud Netflix：整合和混合不同的 Netflix OSS 段（segment），如 Eureka、Hystrix、Zuul、Archaius 等。
- Spring Cloud Cluster：包含了有状态模式，抽象的领导选举（leadership election）能力，以及针对 Zookeeper、Redis、Hazelcast、Consul 的应用。
- Spring Cloud Consul：基于 Hashicorp Consul 的服务公开和设计管理。
- Cloud Foundry：将应用程序与 Cloud Foundry 进行整合。生成服务实现，进而简化执行 SSO 和 OAuth2 数据资源，同时还将生成 Cloud Foundry 代理服务。
- Spring Cloud Foundry Service Broker：构建代理服务的开始阶段，用于处理 Cloud

Foundry 管理服务。
- Spring Cloud Connectors：使处于不同阶段的 PaaS 应用程序能够轻松地与后端运行的服务（如数据库和消息代理，以前称为 Spring Cloud 的项目）相关联。
- 亚马逊 Web 服务的 Spring Cloud：简单地与 Amazon Web 服务提供的主机混合使用。它提供了一种有用的方法，可以利用 Spring 习惯用法和 API（如消息传递 API）与 AWS 的给定服务协作。程序员可以在不考虑基础或支持的情况下，围绕便利的服务构建应用程序。
- Spring Cloud Security：为调整后的堆栈 OAuth2 REST 客户、Zuul 代理中的身份验证或确认头传输提供帮助。
- Spring Cloud Sleuth：Spring Cloud 应用程序的分布式跟踪机制，且完美地与 Zipkin、HTrace 和日志（如 ELK）相结合。
- Spring Cloud Data Flow：为当前运行期上的微服务应用程序提供原生云安排服务。简单易用的 DSL、直观的 GUI 和 REST-API 一起解决了基于微服务信息管道的一般性组织问题。
- Spring Cloud Stream：小型的、基于事件的微服务结构，可快速整合与外部框架关联的应用程序。这也是一类较为基本的启发式模型，使用 Apache Kafka 或 RabbitMQ 在 Spring Boot 应用程序之间发送和获取消息。
- Spring Cloud 中的 Stream App Starter：表示 Spring Boot 启动器，在与外部框架结合使用时将得到进一步的增强。
- Spring Cloud Task：一个相对短暂的微服务框架，用于快速构建执行有限信息处理措施的应用程序。
- Spring Cloud Zookeeper：Apache Zookeeper 服务发现和配置。
- Spring Cloud Starter：Spring Boot 风格的 Starter 操作，以简化 Spring Cloud 客户的依赖管理（在 Angel.SR2 之后停止）。
- Spring Cloud CLI：Spring Boot 插件，并在 Groovy 中快速生成 Spring Cloud 应用程序。
- Spring Cloud Contract：处理开发人员所需的客户驱动的契约方法。
- Spring Cloud Gateway：是一种针对 Project Reactor 的灵敏可编程开关。

4.2.2 Spring Cloud 应用

取决于具体应用，Spring Cloud 包含了多个模块，同时也存在 Spring Cloud 所支持的多个用例，例如云集成、动态重配置、服务发现、安全和数据获取。稍后还将深入讨论微服务支持方面的内容,例如服务发现以及客户端负载平衡。

下列内容显示了典型的 Spring Cloud 用例以及扩展系统:
- 分布式配置。
- 服务注册。
- 服务发现。
- 智能路由。
- 分布式消息传输机制。
- 负载平衡。
- 断路器。
- 领导选取和集群状态。
- 全局锁。
- 服务-服务调用 。

接下来将讨论与 Spring Cloud 相关的配置问题,并查看如何利用 Spring Cloud Config 配置一个分布式系统。

4.3 配置 Spring Cloud 应用程序

原生云应用程序的主要问题之一是分布式服务间的维护和分布配置。开发人员一般会花费大量的时间配置每个与特定环境相关的配置项,在横向服务伸缩时期,需要再次重新配置相关服务。Spring Cloud 针对原生云问题提供了一个模块或子项目,称作 Spring Cloud Config。

Spring Cloud Config 是 Spring Cloud 生态系统中的一个子项目,并提供了服务器和客户端解决方案,进而在多种环境和分布式系统中存储和服务分布式配置。

外部配置管理由 Git 集中支持。配置数据资源描述了对应的 Spring 环境;必要时,也可供非 Spring 应用程序加以使用。我们可以创建外部配置,也可以在中央位置使用现有配置,例如 Git 版本控制。Spring Cloud Config 针对配置的创建和应用提供了支持,具体如下:
- Spring Cloud Config Server。
- Spring Cloud Config Client。

该配置与 Spring 应用程序实现了良好的匹配,针对任意环境和编程语言,可通过 Environment、PropertySource 或@Value 对其加以使用。在持续部署(CD)管道中,Spring 应用程序从部署阶段移至测试阶段,并对生产环境进行测试。我们可以在所有环境中方便地对配置内容进行管理，同时还可确保 Spring 应用程序在每处包含各项资源，这在迁移时必不可少。

默认状态下，Spring Cloud Config Server 使用 Git 实现，同时还可方便地支持配置环境的标记版本。此外，我们还可方便地添加可替代的实现方案，并利用 Spring 配置予以插入。

下面尝试处理配置问题，将所有的配置内容累积值单一的 Git 存储库中，并将其连接至管理某项配置的某个应用程序上（针对全部应用程序）。除此之外，还将尝试设置一个简单的实现方案。

4.4 创建配置生成器——Spring Cloud Config Server

本节讨论如何创建一个基于 Git 的 Spring Cloud Config Server，并将其用于简单的 REST 应用程序服务器中。

对此，可访问 http://start.spring.io，选取 Maven and Spring Boot 2.0.2.RELEASE，并将 Artifact 设置为 cloud-config-app。此外，还可针对 Config Server 选取依赖关系并添加该模块。随后，生成该应用程序，并可利用事先配置的项目下载 ZIP 文件。

下列依赖关系将在全部项目之间共享：

```xml
<parent>
    <groupId>org.springframework.boot</groupId>
    <artifactId>spring-boot-starter-parent</artifactId>
    <version>2.0.2.RELEASE</version>
    <relativePath/> <!-- lookup parent from repository -->
</parent>

<properties>
    <project.build.sourceEncoding>UTF-8</project.build.sourceEncoding>
    <project.reporting.outputEncoding>UTF-8</project.reporting.output Encoding>
    <java.version>1.8</java.version>
    <spring-cloud.version>Finchley.BUILD-SNAPSHOT</spring-cloud.version>
</properties>

<dependencies>
    <dependency>
        <groupId>org.springframework.cloud</groupId>
        <artifactId>spring-cloud-config-server</artifactId>
    </dependency>
```

```xml
</dependencies>

<dependencyManagement>
    <dependencies>
        <dependency>
            <groupId>org.springframework.cloud</groupId>
            <artifactId>spring-cloud-dependencies</artifactId>
            <version>${spring-cloud.version}</version>
            <type>pom</type>
            <scope>import</scope>
        </dependency>
    </dependencies>
</dependencyManagement>
```

在上述 Maven POM 配置文件中，我们使用了 Spring Cloud 版本序列的 Finchley.BUILD-SNAPSHOT 版本。该版本序列针对所有关联的模块管理依赖关系，这可在 <dependencyManagement> 标签中看到。此处针对 cloud-config-app 应用程序添加了 spring-cloud-config-server 模块。在设置了依赖关系管理之后，下面尝试实现 Cloud Config Server。

4.5 实现 Cloud Config Server

本节将实现应用程序的主类，其中涵盖了多个特定的注解。此处，@SpringBootApplication 将包含所有的默认和所需的配置；另一个注解@EnableConfigServer 将把应用程序转换为一个配置服务器，如下所示：

```java
package com.dineshonjava.cloudconfigapp;

import org.springframework.boot.SpringApplication;
import org.springframework.boot.autoconfigure.SpringBootApplication;
import org.springframework.cloud.config.server.EnableConfigServer;

@SpringBootApplication
@EnableConfigServer
public class CloudConfigApplication {
    public static void main(String[] args) {
        SpringApplication.run(CloudConfigApplication.class, args);
    }
}
```

这将作为一个配置服务器启用当前应用程序。但在默认状态下，该服务器端口为

8080。当然，我们可修改这一默认的端口配置，但需要提供 Git URI，这提供了相应的版本控制配置内容。下面查看 application.properties 文件。

4.5.1 配置 application.properties 文件

此处将使用 application.properties 文件，如下所示：

```
server.port=8888
spring.application.name=cloud-config
spring.cloud.config.server.git.uri=file://${user.home}/app-config-repo
```

可以看出，此处配置了 3 个属性，即 server.port、spring.application.name 和 spring.cloud.config.server.git.uri。其中，${user.home}/app-config-repo 表示为一个包含 YAML 和属性文件的 Git 存储库。

❶ 注意：

对于 Windows 环境，需要使用额外的 /，即 file:///；而在 Unix 环境下，则需要使用 file://。

接下来探讨如何在本地及其上构建本地 Git 存储库。

4.5.2 创建 Git 存储库作为配置存储

下列代码示例创建了一个 Git 存储库：

```
$ cd $HOME
$ mkdir app-config-repo
$ cd app-config-repo
$ git init .
$ echo 'user.role=Dev' > application-dev.properties
$ echo 'user.role=Admin' > application-prod.properties
$ git add .
$ git commit -m 'Initial commit for application properties'
```

通过观察可知，根据具体的需求条件，我们可添加多个配置文件。

记住，针对 Git 存储库使用本地文件系统仅用于测试；在生产环境中，则采用服务器托管配置存储库。

下面通过命令行方式运行配置应用程序，并输入 mvn spring-boot:run。服务器提供的基于 Git 的配置 API 将通过下列路径进行查询：

```
/{application}/{profile}[/{label}]
/{application}-{profile}.yml
/{label}/{application}-{profile}.yml
/{application}-{profile}.properties
/{label}/{application}-{profile}.properties
```

对于参数化的环境资源，需要理解下列变量：

- ❑ 变量{application}映射为客户端上的 spring.application.name 属性值。
- ❑ {profile}映射为客户端上的 spring.profiles.active 属性值。
- ❑ {label}引用了 Git 分支名称、提交 ID 和标记。

通过使用上述 URI 可获取配置内容，下面尝试对其中的一部分内容进行检索。

假设我们的配置客户端在分支主服务器的开发配置文件下运行，如下所示：

```
/{application}/{profile}[/{label}]
```

前述模式的对应示例如下所示：

```
http://localhost:8888/cloudconfig/dev/master
```

对应输出结果如图 4.4 所示。

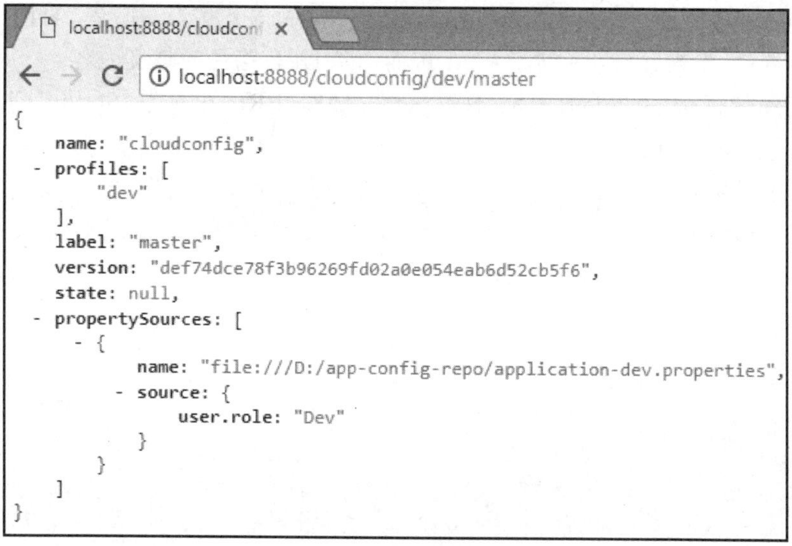
localhost:8888/cloudcon
localhost:8888/cloudconfig/dev/master
{
name: "cloudconfig",
- profiles: [
"dev"
],
label: "master",
version: "def74dce78f3b96269fd02a0e054eab6d52cb5f6",
state: null,
- propertySources: [
- {
name: "file:///D:/app-config-repo/application-dev.properties",
- source: {
user.role: "Dev"
}
}
]
}

图 4.4

这里通过下列 URI 检索当前配置。

```
/{application}-{profile}.yml
```

上述模式的对应示例如下所示:

```
http://localhost:8888/cloudconfig-dev.yml
```

在图 4.5 中可以看到,我们可从云配置应用程序中获取此类配置内容。

图 4.5

当前通过前缀文件使用了本地存储库,这是一种简单、快速的 Git 存储库应用方式,且无须使用服务器。在该模式下,云服务器应用程序在本地 Git 存储库上操作,且无须对其进行克隆。但是,如果需要通过高可用性扩展 Cloud Config Server,则需要使用中央远程 Git 存储库,而不是直接使用本地 Git 存储库(使用 ssh 协议或 HTTP 协议)。这种共享的文件系统存储库可被克隆,并可作为缓存将其用作本地工作副本。

HTTP 资源的{label}参数体现了存储库实现的映射。这里,Git 标记意味着提交 ID、分支名称或标签。因此,如果 Git 分支在名称中包含了一个"/",那么,HTTP 中的标记将通过下画线"_"被解析,而非"/",进而消除 URL 路径的歧义内容。

下面使用带有{application}占位符的 Git 存储库 URL 来配置 Spring Cloud Config Server 应用程序,如下所示:

```
spring.cloud.config.server.git.uri=https://github.com/dineshonjava/{application}
```

类似地,.yml 文件中的配置如下所示:

```
spring:
    cloud:
  config:
      server:
        git:
          uri: https://github.com/dineshonjava/{application}
```

可以看到,上述配置基于"每个应用程序一个 repo"的策略。

如果希望在 Spring Cloud 服务器应用程序中使用多个组织,那么,可采用下列配置:

```
spring:
    cloud:
```

第 4 章　Spring Cloud 和配置操作

```
      config:
    server:
      git:
        uri: https://github.com/{application}
```

因此，可在{application}参数中使用"(_)"并配置多个组织，例如{application}，这将在请求时作为 dineshonjava(_)application 予以提供。

4.6 利用模式配置多个存储库

利用应用程序和配置名称的匹配模式，Spring Cloud Config 还支持多个存储库的配置。该模式可通过多种方式进行配置，例如逗号分隔的、包含通配符的{application}/{profile}名称列表。

下列模式配置用于匹配多个存储库。

```
spring:
  cloud:
    config:
      server:
        git:
          uri: https://github.com/dineshonjava/app-config-repo
          repos:
            dev:
              pattern:
                - '*/development'
                - '*/staging'
              uri:
https://github.com/dineshonjava/development/app-config-repo
            staging:
              pattern:
                - '*/qa'
                - '*/production'
              uri:
https://github.com/dineshonjava/staging/app-config-repo
```

其中根据当前模式配置了多个存储库，例如'*/development'、'*/staging'和'*/qa'、'*/production'。https://github.com/dineshonjava/development/app-config-repo Git URI 用于'*/development'、'*/staging' URL 模式；https://github.com/dineshonjava/staging/app-config-repo Git URI 则用于'*/qa'、'*/production' URL 模式。

默认状态下，当首次请求配置时，服务器将克隆远程存储库。此外，还可进行适当配置并在启动时克隆 Git 存储库（令 cloneOnStart 属性为 true），如下所示：

```yaml
spring:
  cloud:
    config:
      server:
        git:
          uri: https://github.com/dineshonjava/app-config-repo
          repos:
            dev:
              pattern:
                - '*/development'
                - '*/staging'
              cloneOnStart: true
              uri: https://github.com/dineshonjava/development/app-config-repo
            staging:
              pattern:
                - '*/qa'
                - '*/production'
              cloneOnStart: false
              uri: https://github.com/dineshonjava/staging/app-config-repo
```

在上述配置文件中，服务器在启动时克隆了 dev's app-config-repo，并于随后接收任意请求。另一个存储库在启动时则未执行克隆操作，服务器在首次请求时克隆了 app-config-repo。

4.6.1 身份验证

假设远程存储库需要基本的授权验证进而对其进行访问。对此，需要设置配置文件中的 username 和 password 属性，如下所示：

```yaml
spring:
  cloud:
    config:
      server:
        git:
          uri: https://github.com/dineshonjava/app-config-repo
          username: arnav
          password: sweety
```

这里，username 和 password 用于 Git 远程存储库。如前所述，Spring Cloud Config Server

将远程 Git 存储库复制到本地副本。在一段时间以后，由于大量的测试和开发，存储库的本地副本将变得很"脏"。因此，Spring 还支持 Git 存储库中的强制拉取（force-pull）。

4.6.2 force-pull 属性

默认状态下，force-pull 属性设置为 false。当然，也可将其设置为 true，以避免本地存储库变"脏"。考查下列配置：

```yaml
spring:
 cloud:
  config:
   server:
    git:
     uri: https://github.com/dineshonjava/app-config-repo
     username: arnav
     password: sweety
     force-pull: true
```

接下来将讨论如何实现 Spring Cloud Config Client 应用程序。

4.7 创建 Spring Cloud 客户端

本节将创建一个 Spring Boot 应用程序，连接服务器后将利用中央配置服务器读取外部属性源。因此，对于客户端项目来说，需要针对 springcloud-starter-config 和 spring-boot-starter-web 模块添加下列 Maven 配置：

```xml
<dependencies>
<dependency>
<groupId>org.springframework.cloud</groupId>
<artifactId>spring-cloud-starter-config</artifactId>
</dependency>
<dependency>
<groupId>org.springframework.boot</groupId>
<artifactId>spring-boot-starter-web</artifactId>
</dependency>
</dependencies>
```

接下来定义一个客户端类，即包含一个 GET 方法映射的简单的 REST 控制器，如下所示：

```
package com.dineshonjava.cloudconfigclient;

import org.springframework.beans.factory.annotation.Value;
import org.springframework.web.bind.annotation.GetMapping;
import org.springframework.web.bind.annotation.PathVariable;
import org.springframework.web.bind.annotation.RestController;

@RestController
public class ConfigClientController {
   @Value("${user.role}")
    private String role;
   @GetMapping("/profile/{name}")
   public String getActiveProfile(@PathVariable String name){
         return "Hello "+name+"! active profile name is "+role;
   }
}
```

其中，REST 控制器类包含了一个请求处理程序，以及一个 one 属性。该属性通过 @Value 进行注解，填充${user.role}值，并从 http://localhost:8888/处的 Cloud Config Server 中被读取。但该属性须置于名为 bootstrap.properties 的资源文件中，其原因在于，该文件在应用程序启动之前即被载入。下面查看 bootstrap.properties 文件的配置内容，如下所示：

```
spring.application.name=config-client
spring.profiles.active=dev
spring.cloud.config.uri=http://localhost:8888
```

此处设置了应用程序名称、当前配置文件，以及针对 Spring Cloud 服务器应用程序的连接信息。

假设 Spring Cloud Config Server 应用程序须进行安全配置，那么，还需要包含 username 和 password，进而访问 Config Server 应用程序。下列代码显示了包含安全配置的 bootstrap.properties 文件。

```
spring.application.name=config-client
spring.profiles.active=dev
spring.cloud.config.uri=http://localhost:8888
spring.cloud.config.username=root
spring.cloud.config.password=s3cr3t
```

在添加了安全配置以访问 Config Server 之后，下面运行客户端应用程序，并查看 REST 服务的输出结果，如下所示：

```
package com.dineshonjava.cloudconfigclient;

import org.springframework.boot.SpringApplication;
import org.springframework.boot.autoconfigure.SpringBootApplication;

@SpringBootApplication

public class CloudConfigClientApplication {

    public static void main(String[] args) {
        SpringApplication.run(CloudConfigClientApplication.class, args);
    }
}
```

图 4.6 显示了调用 http://localhost:8080/profile/Dinesh REST 后的输出结果。

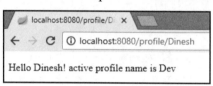

图 4.6

在图 4.6 中，用户的角色将从 Spring Cloud Config Server 中读取。

4.8 本章小结

本章讨论了原生云应用程序及其架构方面的问题。此外，本章还介绍了微服务架构，并将单体应用程序分解为独立的应用程序组成部分，进而强调有界上下文。Spring Cloud 针对原生云所涉及的诸多问题提供了相应的解决方案。

在本章中，我们创建了一个配置服务器，并提供了 Git 存储库到客户端应用程序之间的一组配置文件。其中，我们学习了 Spring Cloud 配置服务，以及如何构建和使用配置服务。

另外，本章还通过 Spring Cloud Config 探讨了配置服务及其解决方案，进而存储环境中的配置，并通过简单的点到点服务调用检索配置内容。

第 5 章将讨论 Eureka Client，以及针对服务发现的服务器。

第 5 章　Spring Cloud Netflix 和 Service Discovery

本章将讨论 Spring Cloud Netflix 和基于 Eureka 的 Service Discovery。第 4 章曾介绍了原生云应用程序架构以及与该模式相关的各种问题，以及 Spring Cloud 针对云应用程序的配置管理所提供的解决方案。Spring Cloud 提供了 Spring Cloud Config 模块，这对于管理分布式应用程序十分有用，例如微服务。

除此之外，第 3 章还实现了 Spring Cloud Config 服务器应用程序，同时针对该 Cloud Config 服务器创建了一个客户（使用者）。本章将进一步考查 Spring Cloud 针对多个分布式服务间通信的支持。

本章主要涉及以下主题，以使读者能够更好地理解基于 Eureka 的 Service Discovery：

- Spring Cloud Netflix 简介。
- 微服务架构中的 Service Discovery。
- 实现 Service Discovery——Eureka Server：
  - 作为 Discovery Service Server 启用 Eureka Server。
- 实现 Service Discovery——Eureka Client：
  - 利用 Eureka 注册客户端。
  - 使用 REST 服务。
  - 使用 EurekaClient。
  - 使用 DiscoveryClient。
  - 基于 Netflix Ribbon 的客户端负载平衡。
  - 使用 registry-aware 客户端、Spring Cloud Netflix FeignClient。

下面将对此逐一进行考查。

5.1　Spring Cloud Netflix 简介

Spring Cloud Netflix 是 Spring Cloud 的一个核心子项目，该项目通过 Spring Boot 的自动配置提供了 Netflix OSS 和 Spring Boot 应用程序之间的集成。通过 Spring Cloud 注解，

可构建对象分布式应用程序；此类注解将针对分布式系统启用 Netflix 组件。Netflix OSS 针对分布式应用程序提供了多个组件，如 Service Discovery（Eureka）、Circuit Breaker（Hystrix）、Intelligent Routing（Zuul）和 Client-Side Load Balancing（Ribbon）。本章大量内容将会涉及客户端 Service Discovery、通过 Spring Cloud Netflix Eureka 将服务注册至 Discovery 服务器等操作。

如前所述，分布式原生云系统是由驻留在不同服务器上的多项服务所构建的。对于基于云的应用程序，Netflix 提供了 Eureka 服务器，并可视作 Discovery Service 服务器和客户端。其中服务器 Discovery Service 可将服务注册至 Eureka 云服务器上；客户端 Service Discovery 使得服务间彼此通信，且无须对主机名和端口进行硬编码。注册后的服务需要向注册中心发送信号，以通知这些服务的存在。

利用 Netflix Eureka，可注册多个服务，以及注册某项服务的多个实例。相应地，这些注册服务实例可充当服务器，并将其状态复制到连接的对等客户端。Netflix Eureka 通过负载平衡算法管理服务实例的请求。客户端检索服务注册中心的所有连接实例列表，并使用负载平衡算法将负载分发到这些实例中，这也是 Client Side Load Balancing（Ribbon）所执行的任务。

当然，这也可视为该处理过程的一个缺点，因为所有客户机都必须实现特定的逻辑来与 Eureka 的这个固定点进行交互，并且在实际请求之前需要额外的网络往返过程。

下面尝试实现服务器端的服务注册中心（Eureka Server），同时实现一个 REST 服务，并将其自身在该注册中心（Eureka Client）进行注册，具体如下：

❑ 实现 Service Discovery——Eureka Server。
❑ 实现 Service Discovery——Eureka Client。

本章主要讨论针对微服务方面的支持，即 Service Discovery。接下来将讨论微服务项目中 Service Discovery 方面的内容。

5.2 微服务架构中的 Service Discovery

在微服务架构中，服务彼此连接过程中可能会使用到各种协议。但是，这些服务如何发现彼此间的存在呢？

另外，某个服务可能包含多个实例。因此，如果运行多个实例，状况又当如何？对此，考查图 5.1。

可以看到，存在两个服务运行于微服务应用程序中，即 Account Service 和 Customer

Service。Account Service 请求 Customer Service 以获取 JSON 格式的客户记录。同时，两项服务均包含自身的数据库访问，分别为 Account DB 和 Customer DB。除此之外，考虑到高可用性和吞吐量，Customer Service 包含了多个运行实例，以使其更具弹性。这里的问题是，Account Service 如何调用 Customer Service？哪一个实例将被最终调用？

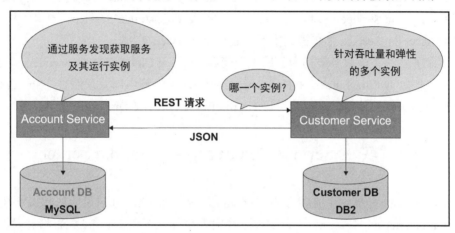

图 5.1

为了回答上述问题，Service Discovery 应运而生，并负责处理此类问题。在此基础上，考查图 5.2。

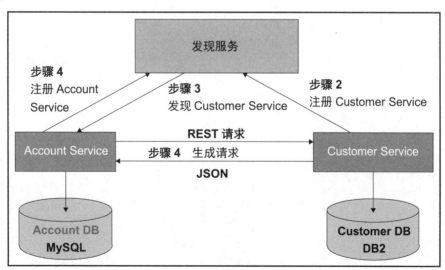

图 5.2

其中，发现服务器用于注册微服务，并在使用微服务时进行咨询，具体工作流程如下所示：

（1）Account Service 利用 Eureka Discovery Server 对其自身进行注册。
（2）同样，Customer Service 也利用 Eureka Discovery Server 对其自身进行注册。
（3）Account Service 咨询 Discover Server 以发现 Customer Service。
（4）Account Service 知晓被调用的 Customer Service 实例。

发现服务解决了微服务架构中的原生云问题。Spring Cloud 支持 Service Discovery 的多种实现，例如 Netflix Eureka 和 Hashicorp Consul。当隐藏内部复杂性时，Spring Cloud 简化了此类服务器的使用。本章将讨论 Netflix Eureka Service Discovery 及其实现。

5.3 实现 Service Discovery——Eureka Server

本节将实现针对服务注册中心的 Eureka Server。对此，可向对应依赖关系中添加 spring-cloud-starter-eureka-server，该操作过程较为简单。下列 Maven 配置将针对服务注册中心筹建 Eureka 服务器。

5.3.1 Maven 构建配置文件

考查 pom.xml 文件中的下列配置内容。

```xml
<parent>
    <groupId>org.springframework.boot</groupId>
    <artifactId>spring-boot-starter-parent</artifactId>
    <version>2.0.2.RELEASE</version>
    <relativePath/> <!-- lookup parent from repository -->
</parent>

<properties>
    <project.build.sourceEncoding>UTF-8</project.build.sourceEncoding>
    <project.reporting.outputEncoding>UTF-8</project.reporting.outputEncoding>
    <java.version>1.8</java.version>
    <spring-cloud.version>Finchley.M7</spring-cloud.version>
</properties>

<dependencies>
```

```xml
<dependency>
    <groupId>org.springframework.cloud</groupId>
    <artifactId>spring-cloud-starter-netflix-eurekaserver</artifactId>
</dependency>

<dependency>
    <groupId>org.springframework.boot</groupId>
    <artifactId>spring-boot-starter-test</artifactId>
    <scope>test</scope>
</dependency>
</dependencies>

<dependencyManagement>
    <dependencies>
        <dependency>
            <groupId>org.springframework.cloud</groupId>
            <artifactId>spring-cloud-dependencies</artifactId>
            <version>${spring-cloud.version}</version>
            <type>pom</type>
            <scope>import</scope>
        </dependency>
    </dependencies>
</dependencyManagement>
```

如果应用程序为 build.gradle 项目，则需要考查 build.gradle 文件。

5.3.2　Gradle 构建配置文件

考查下列配置内容：

```
apply plugin: 'java'
apply plugin: 'eclipse'
apply plugin: 'org.springframework.boot'
apply plugin: 'io.spring.dependency-management'

group = 'com.dineshonjava'
version = '0.0.1-SNAPSHOT'
sourceCompatibility = 1.8

repositories {
    mavenCentral()
```

```
    maven { url "https://repo.spring.io/snapshot" }
    maven { url "https://repo.spring.io/milestone" }
}

ext {
    springCloudVersion = 'Finchley.M7'
}

dependencies {
    compile('org.springframework.cloud:spring-cloud-starter-netflix-eurekaserver')
    testCompile('org.springframework.boot:spring-boot-starter-test')
}

dependencyManagement {
    imports {
        mavenBom "org.springframework.cloud:spring-clouddependencies:${springCloudVersion}"
    }
}
```

通过 pom.xml Maven 配置文件和 build.gradle Gradle 配置文件，我们利用 org.springframework.cloud 分组和 spring-cloud-starter-netflix-eureka-server 工件 ID 添加了 starter。该 starter 向服务注册中心提供了与 Netflix Eureka 服务器相关的自动配置。

但在默认状态下，Eureka 服务器并未开启。因此，需要在 Spring Boot 主应用程序类中（采用@SpringBootApplication 进行注解）通过@EnableEurekaServer 注解启用 Eureka 服务器。

5.3.3 启用 Eureka 服务器作为 Discovery Service 服务器

考查下列 Spring Boot 中的 main 应用程序类，如下所示：

```
package com.dineshonjava.eurekaserver;

import org.springframework.boot.SpringApplication;
import org.springframework.boot.autoconfigure.SpringBootApplication;
import org.springframework.cloud.netflix.eureka.server.EnableEurekaServer;

@SpringBootApplication
@EnableEurekaServer
```

```
public class EurekaServerApplication {

  public static void main(String[] args) {
        SpringApplication.run(EurekaServerApplication.class, args);
  }
}
```

当运行上述 main 应用程序类时，将启用 Eureka Server。该服务器包含了 UI 主页，同时还针对/eureka/*下的一般功能包含了 HTTP API 端点。默认时，每个 Eureka 服务器也是一个 Eureka 客户端。因此，还可将 registerWithEureka 设置为 false，以禁用这一默认的 Eureka 服务器客户端注册中心。

考查下列 Eureka 服务器的 application.yml 文件：

```
server:
  port: 8761

eureka:
  instance:
    hostname: localhost
  client:
    registerWithEureka: false
    fetchRegistry: false
    serviceUrl:
      defaultZone:
http://${eureka.instance.hostname}:${server.port}/eureka/
```

这里，application.yml 定义为一个配置文件，进而配置 YAML 格式的属性。server.port 属性定义了 Eureka 服务器端口；此处，该应用程序端口配置为 8761，同时也是 Eureka 服务器的默认端口。另外，这里还将 Eureka 服务器实例的主机名配置为 localhost。由于当前应用程序应为一个服务器，因而须通知内建 Eureka 客户端不要进行自身的注册。同时，serviceUrl 指向了与本地实例相同的主机。

最后，可在浏览器中访问 http://localhost:8761，并查看 Eureka 所显示的仪表盘，如图 5.3 所示。

当前尚不存在任何注册后的服务实例，稍后将对此加以讨论。此时仅可看到一些基本的指示器，例如状态和健康指示器。

接下来讨论如何创建一个 Eureka 客户端和 REST 服务，并将该服务在注册中心服务器上进行注册。

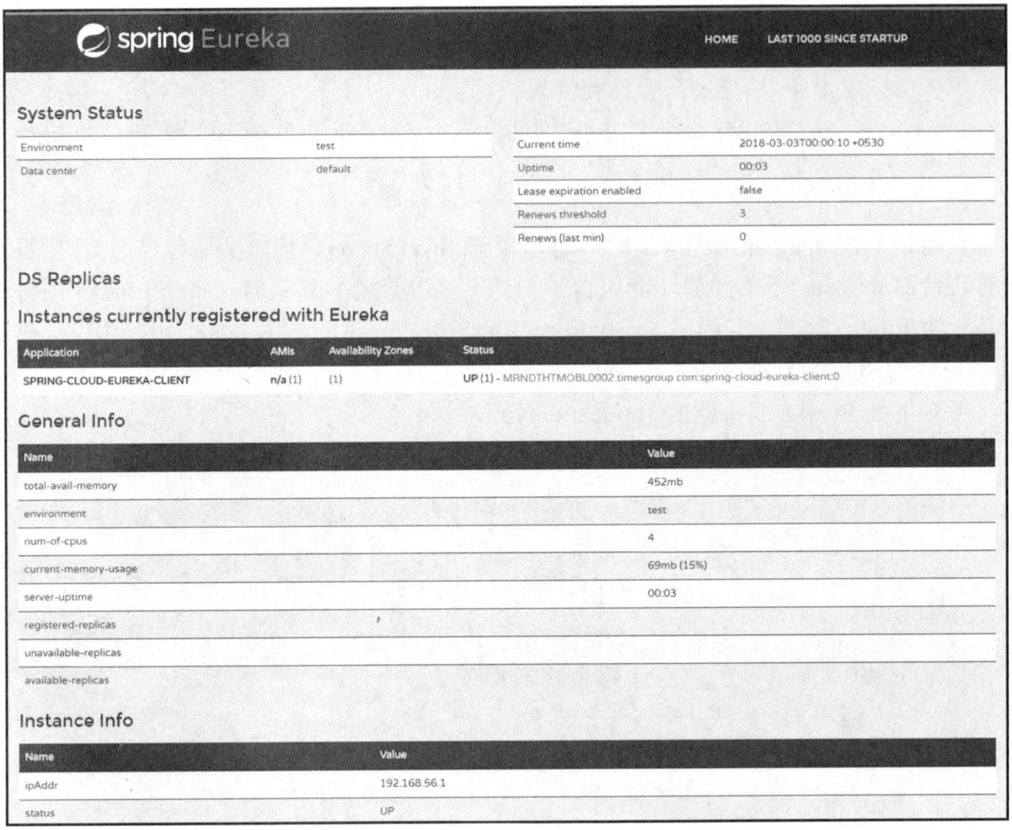

图 5.3

5.4 实现 Service Discovery——Eureka 客户端

Service Discovery 是微服务架构中的核心模式之一。Spring Cloud 通过 Netflix OSS Eureka 提供了 Service Discovery 功能。相应地，Eureka 表示为 Cloud Service Discovery Server 和 Client。在前述内容中，我们讨论了如何实现 Netflix Service Discovery 服务器，本节将实现 Netflix Service Discovery 客户端。

5.4.1 添加 Maven 依赖关系配置

当在项目中实现 Eureka Client 时，需要通过 org.springframework.cloud 分组和 id spring-cloud-starter-netflix-eureka-client 包含 Spring Cloud Starter。除此之外，还应在 pom.xml

文件中包含 spring-boot-starter-web、实现 REST 控制器、创建简单的 REST 服务并通过 Eureka Discovery Server 进行注册。考查下列 Maven 配置文件：

```xml
<parent>
    <groupId>org.springframework.boot</groupId>
    <artifactId>spring-boot-starter-parent</artifactId>
    <version>2.0.2.RELEASE</version>
    <relativePath/> <!-- lookup parent from repository -->
</parent>

<properties>
    <project.build.sourceEncoding>UTF-8</project.build.sourceEncoding>
    <project.reporting.outputEncoding>UTF-8</project.reporting.outputEncoding>
    <java.version>1.8</java.version>
    <spring-cloud.version>Finchley.M7</spring-cloud.version>
</properties>

<dependencies>
    <dependency>
            <groupId>org.springframework.boot</groupId>
            <artifactId>spring-boot-starter-web</artifactId>
    </dependency>
    <dependency>
            <groupId>org.springframework.cloud</groupId>
            <artifactId>spring-cloud-starter-netflix-eurekaclient</artifactId>
    </dependency>

    <dependency>
            <groupId>org.springframework.boot</groupId>
            <artifactId>spring-boot-starter-test</artifactId>
            <scope>test</scope>
    </dependency>
</dependencies>

<dependencyManagement>
    <dependencies>
        <dependency>
            <groupId>org.springframework.cloud</groupId>
            <artifactId>spring-cloud-dependencies</artifactId>
            <version>${spring-cloud.version}</version>
            <type>pom</type>
            <scope>import</scope>
```

```
        </dependency>
    </dependencies>
</dependencyManagement>
```

其中添加了两项依赖关系,分别对应于 Spring Web 模块和 Spring Cloud Netflix Eureka 客户端。除此之外,还可将该应用程序选为 Gradle 项目。下面考查 build.gradle 文件配置。

5.4.2 Gradle 构建配置

考查下列配置内容:

```
apply plugin: 'java'
apply plugin: 'eclipse'
apply plugin: 'org.springframework.boot'
apply plugin: 'io.spring.dependency-management'

group = 'com.dineshonjava'
version = '0.0.1-SNAPSHOT'
sourceCompatibility = 1.8

repositories {
   mavenCentral()
   maven { url "https://repo.spring.io/snapshot" }
   maven { url "https://repo.spring.io/milestone" }
}

ext {
   springCloudVersion = 'Finchley.M7'
}

dependencies {
   compile('org.springframework.boot:spring-boot-starter-web')
   compile('org.springframework.cloud:spring-cloud-starter-netflix-eurekaclient')
   testCompile('org.springframework.boot:spring-boot-starter-test')
}

dependencyManagement {
   imports {
        mavenBom "org.springframework.cloud:spring-clouddependencies:${springCloudVersion}"
   }
}
```

该文件包含了 Spring Web 模块和 Spring Cloud Netflix Eureka 客户端模块的依赖关系。接下来利用 Eureka 注册客户端。

5.5 利用 Eureka 注册客户端

利用 Eureka 注册客户端意味着客户端需要提供自身的元信息，例如包含端口的主机名、健康状态指示器 URL 以及主页。另外，每个服务实例将向 Eureka 服务器发送消息；如果 Eureka 未通过配置时间表接收该消息，对应实例一般将从注册中心处被移除。

下面定义一个 main 应用程序类，并针对该客户端应用程序采用@SpringBootApplication 进行注解。默认状态下，Spring Discovery Client 处于禁用状态，因而需要通过@EnableDiscoveryClient 或@EnableEurekaClient 予以启用。下列内容显示了 Eureka 客户端示例代码：

```
package com.dineshonjava.eurekaclient;

import org.springframework.boot.SpringApplication;
import org.springframework.boot.autoconfigure.SpringBootApplication;
import org.springframework.cloud.netflix.eureka.EnableEurekaClient;

@SpringBootApplication
@EnableEurekaClient
public class EurekaClientApplication {

    public static void main(String[] args) {
        SpringApplication.run(EurekaClientApplication.class, args);
    }
}
```

接下来创建一个 REST 服务，并通过 Eureka 服务器进行注册，如下所示：

```
package com.dineshonjava.eurekaclient;

import org.springframework.web.bind.annotation.GetMapping;
import org.springframework.web.bind.annotation.RestController;

@RestController
public class HelloController {
  @GetMapping("/hello")
    public String greeting() {
```

```
        return "Hello to the Dineshonjava from EurekaClient!";
    }
}
```

下面针对该客户端应用程序以 application.yml 文件形式创建一个应用程序配置，如下所示：

```
spring:
  application:
    name: spring-cloud-eureka-client

server:
  port: 80

eureka:
  client:
    serviceUrl:
      defaultZone: ${EUREKA_URI:http://localhost:8761/eureka}
  instance:
    preferIpAddress: true
```

该配置文件包含了 Spring 应用程序名称，并可在注册应用程序列表中唯一地识别客户端。除此之外，文件中还设置了服务器端口 80。当然，我们也可令 Spring Boot 选择一个随机端口——稍后将利用其名称访问对应服务。最后，还需要通知客户端注册中心所处的具体位置。

接下来运行客户端应用场合，并再次在浏览器中访问 http://localhost:8761。在 Eureka Dashboard 中，可以看到客户端的注册状态，如图 5.4 所示。

由图 5.4 可以看到，其中包含了一个 REST 服务注册实例。该注册服务名称为 SPRING-CLOUD-EUREKA-CLIENT，这一点可以在配置文件的应用程序名称选项中看到。另外，还可设置 home-page-url、health-check-url、statuspage-url-path，如下所示：

```
spring:
  application:
    name: spring-cloud-eureka-client

server:
  port: 80

eureka:
  client:
    service-url:
      default-zone: ${EUREKA_URI:http://localhost:8761/eureka}
```

第 5 章 Spring Cloud Netflix 和 Service Discovery

```
instance:
  prefer-ip-address: true
  status-page-url-path: https://${eureka.instance.hostName}/info
  health-check-url: https://${eureka.instance.hostName}/health
  home-page-url: https://${eureka.instance.hostName}/
```

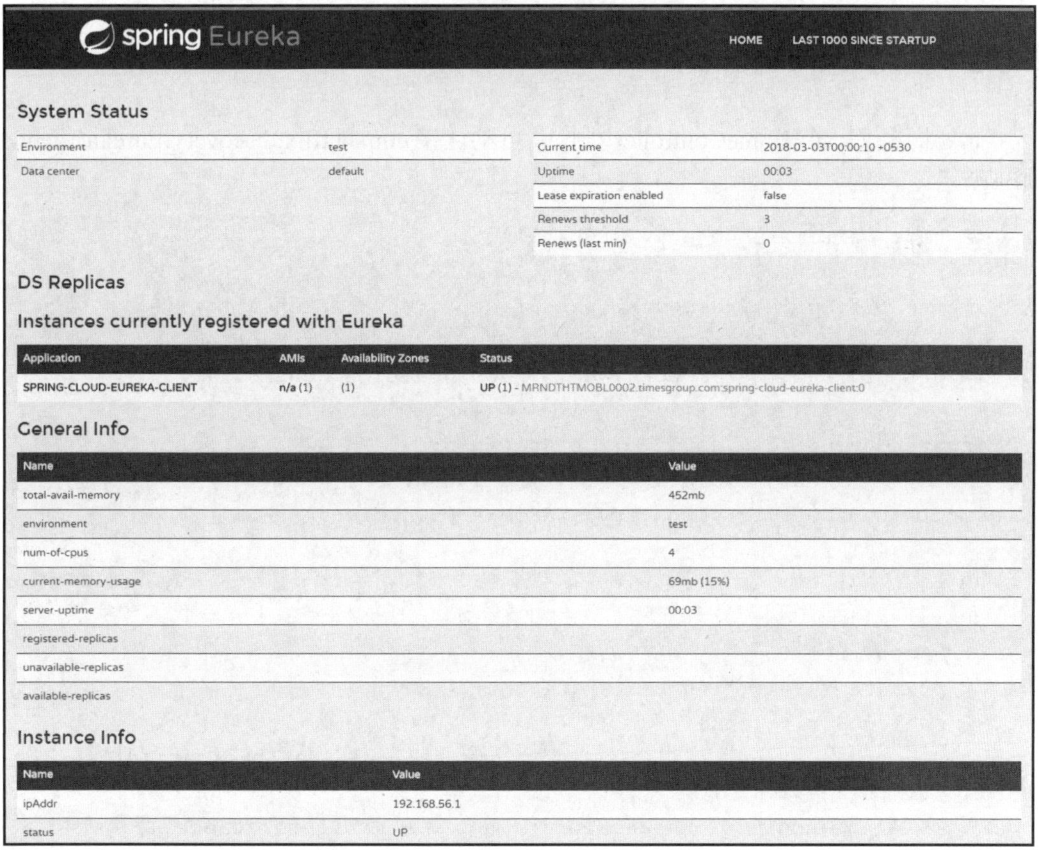

图 5.4

Eureka 在内部为状态和主页注册这些属性,并为状态和主页发布一个不安全的 URL。在上述配置文件中，我们显式地重载了这些属性，以确保 HTTP 协议的安全。${eureka.instance.hostName} 属性将从 eureka.instance 属性下定义的主机名中予以解析。另外，还可通过环境变量（例如 eureka.instance.hostname=${HOST_NAME}）在运行期内设置主机名。

下面使用注册于 Eureka 服务器上的微服务。

5.5.1 使用 REST 服务

本节将通过多种方式使用托管于 Eureka Server 上的 REST 服务。下面通过 com.netflix.discovery.EurekaClient 创建一个使用 REST 服务的 Web 应用程序。

5.5.2 使用 EurekaClient

此处将定义一个 HomeController 类，并自动连接 com.netflix.discovery.EurekaClient，如下所示：

```
package com.dineshonjava.eurekaclient;

import org.springframework.beans.factory.annotation.Autowired;
import org.springframework.web.bind.annotation.GetMapping;
import org.springframework.web.bind.annotation.Controller;

import com.netflix.appinfo.InstanceInfo;
import com.netflix.discovery.EurekaClient;
import com.netflix.discovery.shared.Application;

@Controller
public class HomeController {
   @Autowired
   private EurekaClient eurekaClient;
   public String serviceUrl() {
       Application application = eurekaClient.getApplication("spring-cloudeureka-client");
       InstanceInfo instanceInfo = application.getInstances().get(0);
       String hostname = instanceInfo.getHostName();
       int port = instanceInfo.getPort();
       // we can find many information related to the instance
       return instanceInfo.getHomePageUrl();
   }
   ...
}
```

此处将 EurekaClient 置入控制器中，据此，可作为 Application 对象并通过服务名称接收服务信息。

> **注意：**
> 建议不要在@PostConstruct 或@Scheduled 方法中使用 EurekaClient，其原因在于，它在 SmartLifecycle 中被初始化（phase=0）。最早的可用状态则位于更高阶段的 SmartLifecycle 中。

默认时，EurekaClient 针对 HTTP 通信使用 Jersey。但是，可从 Maven 依赖项中排除 Jersey，从而避免使用 Jersey。Spring Cloud 将自动配置 Spring 的 org.springframework.web.client.RestTemplate 模板。同时，Spring Cloud 还提供了本地 Netflix EurekaClient 的替代方案。因此，如果不打算使用本地 Netflix EurekaClient，Spring Cloud 还将支持 Feign 和 RestTemplate，二者均采用逻辑 Eureka 服务标识符，而非物理 URL。

1. 使用 DiscoveryClient

对于 REST 服务的使用，Spring Cloud 还提供了 org.springframework.cloud.client.discovery.DiscoveryClient。DiscoveryClient 与 Netflix 间并无关联，只是针对发现客户端提供了一个简单的 API。考查下列示例代码：

```
package com.dineshonjava.eurekaclient;
import java.net.URI;
import java.util.List;
import org.springframework.beans.factory.annotation.Autowired;
import org.springframework.cloud.client.ServiceInstance;
import org.springframework.cloud.client.discovery.DiscoveryClient;
import org.springframework.web.bind.annotation.GetMapping;
import org.springframework.web.bind.annotation.Controller;
@Controller
public class HelloController {
@Autowired
private DiscoveryClient discoveryClient;
public URI serviceUrl() {
List<ServiceInstance> list = discoveryClient.getInstances("spring-cloudeureka-client");
if (list != null && list.size() > 0 ) {
return list.get(0).getUri();
}
return null;
}
...
}
```

上述示例采用了 DiscoveryClien 获取实例的 URL，根据对应的 URL，可利用 Spring 的 RestTemplate 使用当前 REST 服务。

鉴于当前这一类客户端将返回与 Eureka 注册服务相关的信息，因而不宜采用 EurekaClient 或 DiscoveryClient。最终，需要利用 RestTemplate 或 HttpClient 调用此类服务。通过显式方式，我们还需要对此类服务的加载予以管理。针对于此，Spring Cloud Netflix Ribbon 可用于管理加载行为，并可视为 Cloud 应用程序中的负载平衡器。

本章将探讨微服务架构上与客户端负载平衡相关的一些细节内容。之前曾采用 Service Discovery 实现了服务间的通信和获取，接下来将讨论基于 Neflix Ribbon 的客户端负载平衡。

2．基于 Neflix Ribbon 的客户端负载平衡

客户端负载平衡用于平衡微服务的输入负载——每项服务一般会作为多个实例被部署。因此，对于容错和负载共享，如何决定使用哪一个服务实例？

客户端负载平衡实现提供了一种方式可在多个实例间分配负载。其间，Discovery Server 将负责返回多个实例的相关位置。这里，多个实例仅用于弹性和负载共享，但客户端只需要选择服务的一个实例。因此，Spring Cloud Netflix Ribbon 将针对客户端负载平衡机制提供多种算法。此外，Spring 还提供了一个智能 RestTemplate。

Spring 的 RestTemplate 是一个智能客户端，可调用在 Eureka 服务器上注册的微服务，并可自动集成两个 Netflix 工具，例如 Eureka Service Discovery 和 Ribbon 客户端负载平衡器。同时，Eureka 将返回全部有效实例的 URL。相应地，Ribbon 负责决定可用的最优服务。通过@LoadBalanced 注解，可注入负载均衡的 RestTemplate。此外，Spring Cloud 提供了@LoadBalanced 注解，其中包含了内建的 Service Discovery 以及负载平衡机制。通过使用注册后的微服务的逻辑服务名，Service Discovery 可视为一类自动查询操作。

下列代码显示了针对 Ribbon 的 Maven 依赖关系：

```
<dependencies>
...
<dependency>
<groupId>org.springframework.boot</groupId>
<artifactId>spring-boot-starter-web</artifactId>
</dependency>
<dependency>
<groupId>org.springframework.cloud</groupId>
<artifactId>spring-cloud-starter-netflix-eureka-client</artifactId>
</dependency>
<dependency>
<groupId>org.springframework.cloud</groupId>
<artifactId>spring-cloud-starter-netflix-ribbon</artifactId>
</dependency>
```

第 5 章 Spring Cloud Netflix 和 Service Discovery

```
...
</dependencies>
```

可以看到，spring-cloud-starter-netflix-ribbon starter 将向应用程序添加 Ribbon 库，其中包含了已添加的 starter，进而创建一个 Web 应用程序，并将该程序作为一项服务注册于 Eureka，例如 springboot-starter-web 和 spring-cloud-starter-netflix-eureka-client。

Ribbon 是一个客户端负载平衡器，并可全面操控 HTTP 和 TCP 客户端。相应地，RestTemplate 将被自动配置进而使用 Ribbon。当创建一个负载平衡的 RestTemplate 时，可生成一个@Bean RestTemplate，并使用@LoadBalanced 标识符，如下所示：

```
package com.dineshonjava.ribbonclient;
import org.springframework.boot.SpringApplication;
import org.springframework.boot.autoconfigure.SpringBootApplication;
import org.springframework.cloud.client.loadbalancer.LoadBalanced;
import org.springframework.cloud.netflix.eureka.EnableEurekaClient;
import org.springframework.context.annotation.Bean;
import org.springframework.web.client.RestTemplate;
@SpringBootApplication
@EnableEurekaClient
public class RibbonClientApplication {
public static void main(String[] args) {
SpringApplication.run(RibbonClientApplication.class, args);
}
@Bean
@LoadBalanced
public RestTemplate restTemplate() {
return new RestTemplate();
}
}
```

这里，main 应用程序类针对 RestTemplate 定义了一个 Bean。如果希望在应用程序中使用 RestTemplate，则需要针对 RestTempplate 定义一个 Bean 方法，其原因在于，RestTempplate Bean 不再通过自动配置创建，且需要通过独立的应用程序加以创建。

下面利用该 RestTempplate 生成一项服务，并调用利用 Eureka 注册的该项服务，如下所示：

```
package com.dineshonjava.ribbonclient.service;
import org.springframework.beans.factory.annotation.Autowired;
import org.springframework.cloud.client.loadbalancer.LoadBalanced;
import org.springframework.stereotype.Service;
import org.springframework.web.client.RestTemplate;
@Service
```

```
public class HelloServiceClient {
@Autowired
@LoadBalanced
RestTemplate restTemplate;
public String sayHello(){
return restTemplate.getForObject("http://SPRING-CLOUD-EUREKA-CLIENT/hello",
String.class);
}
}
```

可以看到，这里自动载入了负载平衡的 RestTemplate 以调用服务。RestTemplate 是一个 HTTP 客户端的高层实现，并公开了多个方法以调用服务，但对应方法需要一个 URI。相应地，URI 须使用一个作为服务名的虚拟主机名，而非主机名。

下面考查应用程序配置类 application.yml，如下所示：

```
spring:
  application:
    name: spring-cloud-ribbon-client

server:
  port: 8181

eureka:
  client:
    service-url:
      default-zone: ${EUREKA_URI:http://localhost:8761/eureka}
  instance:
    prefer-ip-address: true
```

上述配置文件将应用程序名定义为 spring-cloud-ribbon-client，将服务器端口定义为 8181，其他配置内容与之前相比保持不变。

利用 http://localhost:8761/打开浏览器，并运行客户端应用程序，对应结果如图 5.5 所示。

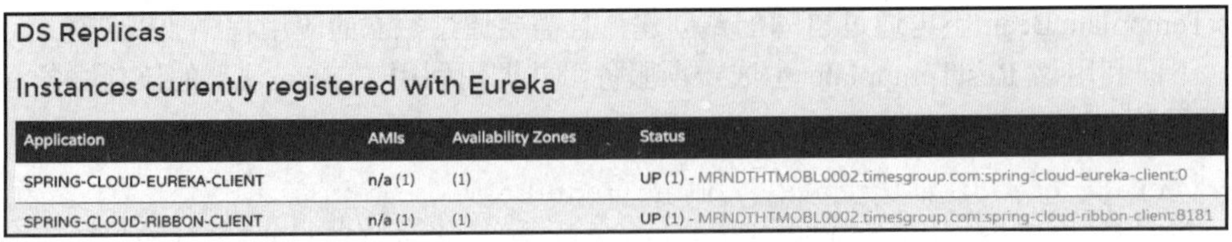
DS Replicas

Instances currently registered with Eureka

Application	AMIs	Availability Zones	Status
SPRING-CLOUD-EUREKA-CLIENT	n/a (1)	(1)	UP (1) - MRNDTHTMOBL0002.timesgroup.com:spring-cloud-eureka-client:0
SPRING-CLOUD-RIBBON-CLIENT	n/a (1)	(1)	UP (1) - MRNDTHTMOBL0002.timesgroup.com:spring-cloud-ribbon-client:8181

图 5.5

图 5.5 所示的 Eureka Dashboard 中显示了两项服务，且分别注册为 SPRING-CLOUD-

EUREKA-CLIENT 和 SPRING-CLOUD-RIBBON-CLIENT。

随后，在浏览器中访问 http://localhost:8181/say-hello，对应结果如图 5.6 所示。

图 5.6

其中，RestTemplate 调用 Eureka 注册的 SPRING-CLOUD-EUREKA-CLIENT 服务，进而得到"Hello to the Dineshonjava from EurekaClient!"字符串。

Spring Cloud 还支持内部实现了负载平衡功能的另一个客户端。下面将对此加以讨论，这里不需要获取关于服务实例（如 URI）的信息，只需给出应用程序名称即可。

5.5.3 Feign Client

本节将考查一个与 Feign Client 相关的简单示例，第 8 章还将对此加以深入讨论。Feign Client 是一个基于接口的 discovery-aware RestTemplate，进而实现端点间的通信。此外，Feign Client 还是一个注册服务器感知的客户端，并被用作 Discovery-server-aware RestTemplate，使用带有服务端点的接口进行通信。相应地，此类接口将在运行期自动实现。注意，Spring Cloud Netflix Feign Client 使用了 services-names，而非 service-urls。

注意：

Feign 已经使用了 Ribbon。因此，如果正在使用@FeignClient，这里将不会产生任何冲突。

下面查看一个与 Feign Client 相关的简单示例。首先在应用程序上设置 Feign Client。对此，需要在 pom.xml 上添加下列依赖关系：

```
<dependencies>
    <dependency>
        <groupId>org.springframework.boot</groupId>
        <artifactId>spring-boot-starter-web</artifactId>
    </dependency>
    <dependency>
        <groupId>org.springframework.cloud</groupId>
        <artifactId>spring-cloud-starter-netflix-eurekaclient</artifactId>
    </dependency>
```

```xml
    <dependency>
        <groupId>org.springframework.cloud</groupId>
        <artifactId>spring-cloud-starter-openfeign</artifactId>
    </dependency>

</dependencies>
```

其中向 pom.xml 文件添加了 4 个 Maven 依赖关系，分别是 spring-cloud-starter-openfeign、spring-cloud-starternetflix-eureka-client、spring-boot-starter-web 和 spring-boot-starter-thymeleaf。其中，spring-cloud-starter-openfeign 提供了 Feign client。下面查看下列 Feign Client 接口：

```java
package com.dineshonjava.feignclient.service;

import org.springframework.cloud.openfeign.FeignClient;
import org.springframework.web.bind.annotation.GetMapping;

@FeignClient("spring-cloud-eureka-client")
public interface HelloServiceClient {
    @GetMapping("/hello")
    String sayHello();
}
```

在当前示例中，该接口定义了一个包含@GetMapping 注解的方法。此外，该接口还采用了一个包含 spring-cloud-eureka-client 服务名的@FeignClient 注解加以标注。鉴于 Spring 将在运行期内执行，因而此时无须实现该接口。但需要记住，仅当启用了 Spring Cloud Netflix Feign Client 后，@FeignClient 注解方可正常工作，即使用配置类（通过@Configuration 加以注解）上的@EnableFeignClients 注解。

```java
package com.dineshonjava.feignclient;

import org.springframework.boot.SpringApplication;
import org.springframework.boot.autoconfigure.SpringBootApplication;
import org.springframework.cloud.netflix.eureka.EnableEurekaClient;
import org.springframework.cloud.openfeign.EnableFeignClients;

@SpringBootApplication
@EnableEurekaClient
@EnableFeignClients
public class FeignClientApplication {

    public static void main(String[] args) {
```

```
        SpringApplication.run(FeignClientApplication.class, args);
    }
}
```

可以看到，main 应用程序通过 3 个注解予以标注，即@SpringBootApplication、@EnableEurekaClient 和@EnableFeignClients。其中，@SpringBootApplication 用于与 Spring Cloud 关联的自动配置；@EnableEurekaClient 用于将该应用程序注册为 Eureka 服务器的一项服务；最后，注解@EnableFeignClients 用于启用 Spring Cloud 应用程序的 Netflix Feign 模块。

下面创建一个应用程序控制器类，并将 Feign Client 接口自动连接至该控制器上，如下所示：

```
package com.dineshonjava.feignclient.controller;

import org.springframework.beans.factory.annotation.Autowired;
import org.springframework.stereotype.Controller;
import org.springframework.ui.ModelMap;
import org.springframework.web.bind.annotation.GetMapping;

import com.dineshonjava.feignclient.service.HelloServiceClient;

@Controller
public class HelloWebController {
    @Autowired
    HelloServiceClient helloServiceClient;
    @GetMapping("/say-hello")
    String sayHello(ModelMap model){
        model.put("message", helloServiceClient.sayHello());
        return "hello";
    }
}
```

这里，Web 控制器定义了一个请求处理方法，即 sayHello()。该方法将利用 Feign Client （即 HelloServiceClient）返回的消息填充模型对象，并从 REST 服务中获取数据。此处，starter 的依赖关系（如 springboot-starter-web 和 spring-boot-starter-thymeleaf）用于显示一个视图。

针对当前 Web 应用程序示例，对应视图如下所示：

```
<!DOCTYPE html>
<html xmlns:th="http://www.thymeleaf.org">
    <head>
```

```
        <title>Say Hello Page | Dineshonjava.com</title>
    </head>
    <body>
        <h2 th:text="${message}"/>
    </body>
</html>
```

这表示为 thymeleaf 视图文件,进而显示当前视图以及控制器返回的消息值。

.yml 配置文件与之前相同,当前示例针对配置文件采用了 .yml 格式。因此,该文件等同于 REST 服务所用的文件,唯一的差别在于应用程序名称和服务器端口。具体如下:

```yaml
spring:
  application:
    name: spring-cloud-feign-client

server:
  port: 8080

eureka:
  client:
    service-url:
      default-zone: ${EUREKA_URI:http://localhost:8761/eureka}
    instance:
      prefer-ip-address: true
```

运行该应用程序将显示 Eureka Dashboard,如图 5.7 所示。

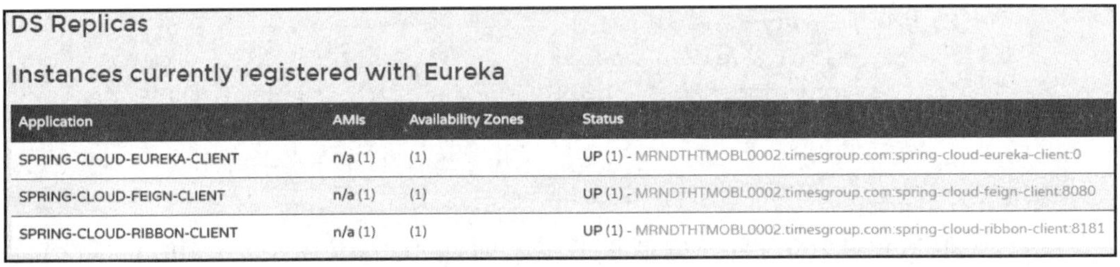

图 5.7

图 5.7 中显示了利用 Eureka 服务器注册的 3 项服务,即 SPRING-CLOUD-EUREKA-CLIENT、SPRING-CLOUD-FEIGN-CLIENT 和 SPRING-CLOUD-RIBBON-CLIENT。

在上述示例运行完毕后,打开浏览器并访问 http://localhost:8080/say-hello,对应结果如图 5.8 所示。

图 5.8

5.6 本章小结

本章讨论了微服务架构及其优缺点、所面临的挑战任务、如何利用相关 Spring Cloud 模块处理此类问题，如 Discovery Service 和客户端负载平衡机制。

另外，本章还通过 Spring Netflix Eureka 服务器实现了一个服务注册中心，并以此注册某些 Eureka 客户端。同时，我们还利用 EurekaClient 和 Feign Client 实现了多个客户端应用程序。Feign Client 通过 service-name 处理 Discovery Service 问题，且在默认状态下支持负载平衡机制。这意味着，当采用 Feign Client 访问 Eureka 注册的服务时，无须显式地添加 Ribbon 进而管理多个服务实例间的加载问题。

通过 Feign Client 和注册中心，可方便地定位和使用 REST 服务，即使对应位置发生变化。

第 6 章将考查并实现一个 RESTful 微服务示例。

第 6 章 构建 Spring Boot RESTful 微服务

本章将尝试构建一个 RESTful 原子微服务，并通过 Spring Cloud 和 Spring Data 在内存数据库（如 HSQL 或 H2）上执行 CRUD 操作。该服务针对 Eureka Server 的服务发现注册而启用（参见第 5 章），并通过 bootstrap.yml 和 application.yml 配置该服务。

第 5 章讨论了微服务架构及其优点和所面临的挑战。除此之外，我们还学习了 Eureka Server 和 Eureka Client，并利用 Eureka Server 注册客户端。在本章中，我们将尝试通过 Spring Boot 和在 Spring Cloud 创建一个微服务示例。

在阅读完本章后，读者将能够较好地理解微服务以及简单微服务的构建方式。本章主要涉及以下主题。

- ❑ 基于 Spring Boot 的微服务。
- ❑ 简单的微服务示例：
  - ➢ Spring Data 简介。
  - ➢ bootstrap.yml 和 application.yml 简介。
- ❑ 开发简单的微服务示例。
- ❑ 创建 Discovery Server：
  - ➢ @EnableEurekaServer。
- ❑ 创建微服务（生产者）：
  - ➢ @EnableEurekaClient。
  - ➢ @EnableDiscoveryClient。
  - ➢ @RestController。
- ❑ 创建微服务使用者。
- ❑ @SpringBootApplication 和 @SpringCloudApplication。

下面将对此逐一加以讨论。

6.1 基于 Spring Boot 的微服务

如前所述，微服务架构可将大型系统分解为多个协作组件。对此，Spring Framework 提供了松散耦合的组件（在组件级别）；类似地，基于 Spring Boot 的微服务也提供了处理级别上的、松散耦合的组件。

这里，我们将把一个单体应用程序分解为多个较小的微服务，并在有界上下文中将每项服务作为单一职责进行部署。

当采用 Spring Boot 的自动配置时，可方便地创建多项微服务。Spring Boot 提供了可添加至微服务应用程序中的 starter，并可利用内嵌容器进行部署。

Spring Cloud 将 Spring Boot 扩展至原生云微服务领域，同时使分布式微服务开发更具操作性。这也体现了 Spring Boot 在构建微服务应用程序时的真正威力。此外，Spring Boot 还支持原生云应用程序的分布式配置。

接下来查看 Spring Boot 和 Spring Cloud 应用程序中不同配置文件的应用位置。

6.1.1 bootstrap.yml 和 application.yml 简介

在 Spring Boot 应用程序中，对应的配置文件为 application.properties 或 application.yml。其中，application.yml 配置文件涵盖了与应用程序相关的配置项，如服务器端口、JPA 配置以及数据源配置。

对于 Spring Cloud 应用程序，多个微服务中需要使用到某些设置内容。具体来说，Spring Cloud 应用程序需要使用到以下两种类型的配置文件：

- ❏ Bootstrap 应用程序配置文件（bootstrap.yml）。
- ❏ 应用程序配置文件（application.yml）。

默认状态下，Bootstrap 属性具有较高的添加优先级，因此无法被本地配置所覆盖。bootstrap.yml（或 bootstrap.properties）文件将在 application.yml（或 application.properties）文件之前被加载。另外，Bootstrap 应用程序配置文件类似于 application.yml 文件，但会在应用程序上下文的 Bootstrap 阶段被加载。

bootstrap.yml 文件一般用于 Spring Cloud Config Server 应用程序中。正如第 4 章所做的那样，可在 bootstrap.yml 文件内指定 spring.application.name 和 spring.cloud.config.server.git.uri，并添加某些加密/解密信息。父 Spring ApplicationContext（也称作 Bootstrap Application Context）将加载 Bootstrap 应用程序配置文件 bootstrap.yml。

Spring Cloud 应用程序通常从 Spring Cloud Config Server 中加载配置数据。因此，当加载 URL 和其他链接配置信息时，例如密码和加密/解密信息，首先需要使用到相应的 Bootstrap 配置内容。针对于此，须采用文件 bootstrap.yml 来置入用于加载实际配置数据的配置项。

考查下列 bootstrap.yml 文件示例：

```
spring:
  application:
```

```
    name: foo
cloud:
  config:
    uri: ${SPRING_CONFIG_URI:http://localhost:8888}
```

在上述 Bootstrap 配置文件中，一般包含两种属性，例如配置服务器的位置 spring.cloud.config.uri，以及应用程序名称 spring.application.name。因此，在 Spring Cloud 应用程序启动阶段，将生成一个 HTTP 调用并从 Config Server 中加载这些属性。

当然，也可完全禁用 Bootstrap 处理过程，即 spring.cloud.bootstrap.enabled=false。

接下来考查一个简单的微服务示例。

6.1.2　简单的微服务示例

本节将讨论一个基于 Spring Boot 和 Spring Cloud 的微服务示例。在第 5 章中，曾介绍了包含 3 个微服务的 Bank 应用程序示例，即 AccountService、CustomerService 和 Notification Service。

图 6.1 显示了缺少微服务架构的情况下，包含上述 3 个模块的单体应用程序的示意图。

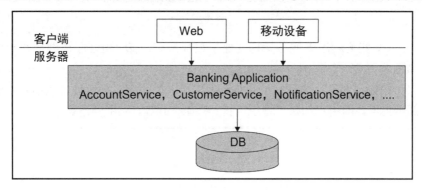

图 6.1

在图 6.1 中，Banking Application 包含了 3 个模块，分别是 AccountService、CustomerService 和 NotificationService。其中，AccountService 负责管理银行系统中的客户数量，例如开户、获取账户细节信息、升级账户细节信息和注销账户。

下面将这一单体应用程序根据 AccountService、CustomerService 和 NotificationService 模块分解为多个独立部分，且彼此间各自进行处理。据此，可单独部署每项服务，且不会妨碍到其他服务。这里，作用范围更加微观，也就是说，仅关注一个任务单元，而不是太多项任务。根据微服务架构，图 6.2 显示了银行系统示意图。

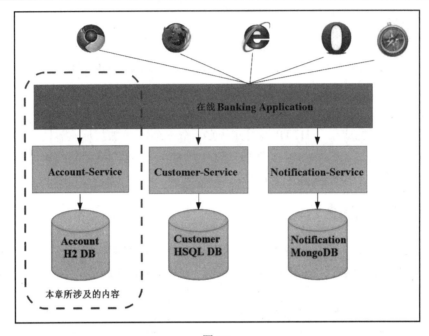

图 6.2

在图 6.2 中,我们利用微服务架构创建了银行系统,该应用程序被划分为一组子应用程序,即微服务。

接下来讨论如何通过最简单的子系统逐步构建大型系统。相应地,当前仅实现大型系统的一小部分内容,即用户的账户系统。图 6.3 显示了当前应用程序化中的众多模块之一。

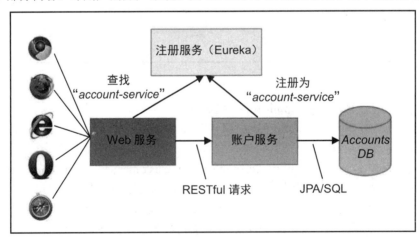

图 6.3

第6章 构建 Spring Boot RESTful 微服务

针对 Banking 应用程序中的某个模块，下面开始创建 AccountService 微服务。Web 应用程序将生成请求，并通过 RESTful API 访问源自 AccountService 中的数据。对此，需要添加一项发现服务，以便其他处理过程可彼此发现。

最后，还将创建一个账户资源，并利用相应的 URI 和 HTTP 方法公开多项 RESTful 资源，具体如下。

- 检索所有账户：@GetMapping("/account")。
- 获取额定账户的细节信息：@GetMapping("/account/{accountId}")。
- 删除某个账户：@DeleteMapping("/account/{accountId}")。
- 创建新账户：@PostMapping("/account")。
- 更新账户细节信息：@PutMapping("/account/{accountId}")。

可以看到，上述 URI 针对账户微服务提供了全部 CRUD 操作。

1. 创建发现服务

下面开始创建发现服务。如前所述，发现服务可处理原生云应用程序中的以下问题：

- 服务间如何彼此发现？
- 如果同时运行某项服务的多个实例，将会发生什么情况？

图 6.4 对此类问题进行了描述（第 5 章曾对此有所分析）。

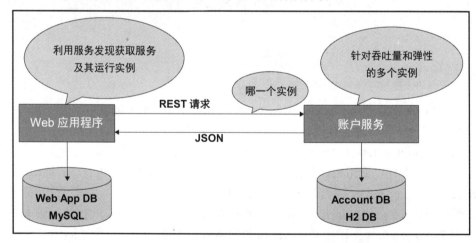

图 6.4

下列代码显示了发现服务所需的 Maven 依赖关系。

```
<parent>
    <groupId>org.springframework.boot</groupId>
    <artifactId>spring-boot-starter-parent</artifactId>
```

```xml
    <version>2.0.2.RELEASE</version>
    <relativePath/> <!-- lookup parent from repository -->
</parent>

<properties>
    ...
    <spring-cloud.version>Finchley.M8</spring-cloud.version>
</properties>

<dependencies>
    <dependency>
        <groupId>org.springframework.cloud</groupId>
        <artifactId>spring-cloud-starter-netflix-eurekaserver</artifactId>
    </dependency>
</dependencies>

<dependencyManagement>
    <dependencies>
        <dependency>
            <groupId>org.springframework.cloud</groupId>
            <artifactId>spring-cloud-dependencies</artifactId>
            <version>${spring-cloud.version}</version>
            <type>pom</type>
            <scope>import</scope>
        </dependency>
    </dependencies>
</dependencyManagement>
```

上述 Maven 配置项与 Finchley.M8 版本一同包含至 Spring Cloud 中。在该版本中，将管理 Spring Cloud 所需的所有传递依赖项。

当前，spring-cloud-starter-eureka-server 依赖项出现于 Maven 构造配置文件中（pom.xml）。据此，应用程序将作为 Eureka Server 予以启动。不难发现，spring-cloud-starter-eureka-server starter 视为 Spring Cloud 项目中的一部分内容，并使用最新的 Spring Cloud 版本序列（当前为 Finchley.M8）管理其他云依赖关系的 Maven 依赖项版本。

在针对 Eureka Server 添加了 starter 依赖关系后，还需要添加一个 Eureka Server 注册中心。这是一个非常简单和常规的 Spring Boot 应用程序，除了@SpringBootApplication 之外还需要一个附加注解。该注解被添加后将启用当前服务的注册中心。因此，可使用 Spring Cloud 的@EnableEurekaServer 注解创建、启用 Eureka 注册中心服务器。当前应用程序可与这一注册中心进行通信并进行自身注册。

第 6 章 构建 Spring Boot RESTful 微服务

下列代码创建了一个发现注册服务，经启用后将对微服务进行注册。

```
package com.dineshonjava.eurekaserver;

import org.springframework.boot.SpringApplication;
import org.springframework.boot.autoconfigure.SpringBootApplication;
import org.springframework.cloud.netflix.eureka.server.EnableEurekaServer;

@SpringBootApplication
@EnableEurekaServer
public class EurekaServerApplication {

    public static void main(String[] args) {
        SpringApplication.run(EurekaServerApplication.class, args);
    }
}
```

上述代码定义了一个较为简单的 Spring Boot 应用程序类，仅通过利用 @EnableEurekaServer 注解入口点类即可方便地创建 Eureka Server。该类仅在实现注册服务时加以使用。

这里使用了以下两个注解：
- @SpringBootApplication。
- @EnableEurekaServer。

其中，@SpringBootApplication 注解启用应用程序并加载与 Spring Cloud 相关的自动配置；@EnableEurekaServer 注解启用后将当前应用程序作为 Eureka Server 启动。

在 application.properties 或 application.yml 文件中，针对服务器应用程序，考查下列基本的配置项。

```
server:
  port: 8761

eureka:
  instance:
    hostname: localhost
  client:
    registerWithEureka: false
    fetchRegistry: false
    serviceUrl:
      defaultZone: http://${eureka.instance.hostname}:${server.port}/eureka/
```

在上述配置中，当 Eureka Server 应用程序启动时，将监听服务器端口 8761 上的注册操作。在启动时，全部微服务将利用 Eureka Server 进行自身注册，即调用运行于服务器端口 8761 上的 Eureka Server 应用程序。其他服务或 Web 应用程序可查询 Eureka Server，进而可发现其他注册后的服务。访问 http://localhost:8761，将显示如图 6.5 所示的 Eureka Dashboard。

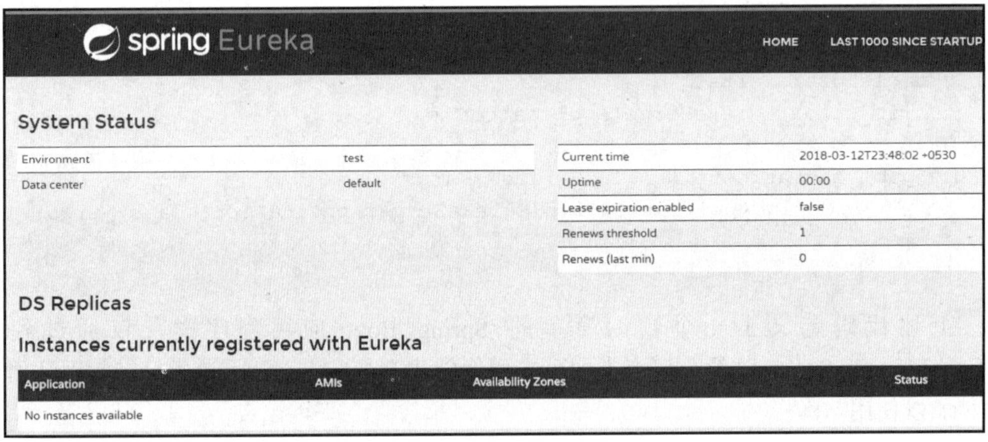

图 6.5

在图 6.5 中可以看到，Eureka Server 当前处于平滑的运行状态，但并不存在 Eureka 注册的相关实例。

在创建并启动了服务注册中心后，下面开始创建一个客户端。该客户端利用 Eureka 注册服务器进行自身注册，并使用 Spring Cloud 的 DiscoveryClient 或 EurekaClient 显示自身的注册内容（通过主机和端口）。

2．创建微服务（生产者）

下面尝试创建一个微服务 account-service，该微服务利用注册服务或者发现服务（包含逻辑名 account-service）对其自身进行注册。

首先需要添加所需的 Maven 依赖关系，并再次使用 spring-cloud 版本序列对版本进行管理，如下所示：

```
<properties>
    ...
    <spring-cloud.version>Finchley.M8</spring-cloud.version>
</properties>

<dependencies>
```

```xml
    <dependency>
        <groupId>org.springframework.boot</groupId>
        <artifactId>spring-boot-starter-data-jpa</artifactId>
    </dependency>
    <dependency>
        <groupId>org.springframework.boot</groupId>
        <artifactId>spring-boot-starter-web</artifactId>
    </dependency>
    <dependency>
        <groupId>org.springframework.cloud</groupId>
        <artifactId>spring-cloud-starter-netflix-eurekaclient</artifactId>
    </dependency>
    <dependency>
        <groupId>com.h2database</groupId>
        <artifactId>h2</artifactId>
        <scope>runtime</scope>
    </dependency>
</dependencies>

<dependencyManagement>
    <dependencies>
        <dependency>
            <groupId>org.springframework.cloud</groupId>
            <artifactId>spring-cloud-dependencies</artifactId>
            <version>${spring-cloud.version}</version>
            <type>pom</type>
            <scope>import</scope>
        </dependency>
    </dependencies>
</dependencyManagement>
```

上述 Maven 配置针对@EnableEurkaClient（而非@EnableDiscoveryClient 注解）包含了 spring-cloud-starter-netflix-eurekaclient 依赖项。另外，还可使用注解@EnableDiscoveryClient 并通过注册服务器注册该项服务。同时，该配置还分别包含了 spring-bootstarter-data-jpa dependency 依赖项（创建 Spring Data JPA 存储库）、springboot-starter-web（创建@RestController）以及 h2 内存存储库，进而保存与账户应用程序相关联的数据。

下列代码显示了 Spring Boot 应用程序 accountservice 的 main 类。

```
package com.dineshonjava.accountservice;

import org.springframework.boot.SpringApplication;
import org.springframework.boot.autoconfigure.SpringBootApplication;
```

```
import org.springframework.cloud.netflix.eureka.EnableEurekaClient;

@SpringBootApplication
@EnableEurekaClient
public class AccountServiceApplication {

  public static void main(String[] args) {
        SpringApplication.run(AccountServiceApplication.class, args);
  }
}
```

上述 main 应用程序类采用@SpringBootApplication 和@EnableEurekaClient 进行注解。其中，@SpringBootApplication 用于 Spring Boot 自动配置（之前已对此有所介绍）；@EnableEurekaClient 则用于激活 Netflix EurekaClient 实现。

另外，还可利用@Configuration 类上的@EnableDiscoveryClient 注解，或者@SpringBootApplication 入口点类启用发现服务。相应地，@EnableDiscoveryClient 将激活 Netflix Eureka DiscoveryClient 实现。

Discovery Service 存在多种实现，如 Eureka、Consul 和 Zookeeper。当前示例显式地使用了@EnableEurekaClient，且仅当 spring-cloud-starter-netflix-eureka-client 依赖项在应用程序类路径上有效时，@EnableEurekaClient 方为有效，且仅适用于 Eureka。另外，还可使用@EnableDiscoveryClient，它位于 spring-cloud-commons 中，并选择类路径上的实现。实际上，注解@EnableEurekaClient 和@EnableDiscoveryClient 之间并无差别，二者保持一致。

下面利用一组配置项创建配置文件 application.properties（或 application.yml），如下所示：

```
spring:
  application:
    name: account-service

server:
  port: 6060

eureka:
  client:
    ervice-url:
      default-zone: ${EUREKA_URI:http://localhost:8761/eureka}
    instance:
      prefer-ip-address: true
```

其中，应用程序名为 account-service，且服务器端口为 6060。这将通知应用程序 Eureka Server 在哪里使用 account-service 逻辑服务名称注册自己。

接下来启用 account-service，并利用 Eureka 发现服务进行注册，如图 6.6 所示。

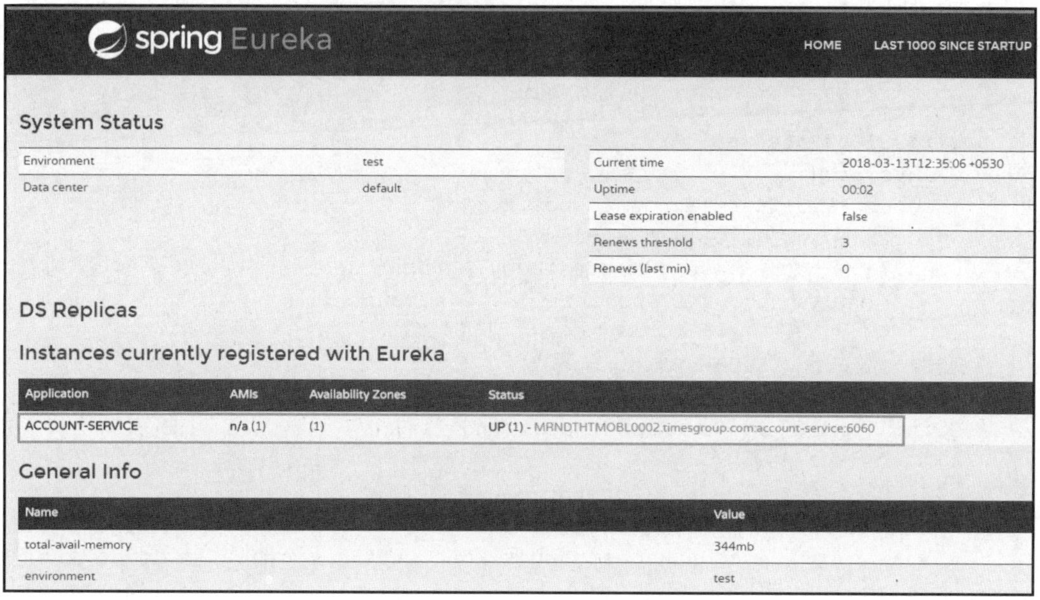

图 6.6

在图 6.6 中，ACCOUNT-SERVICE 利用 Eureka 发现服务进行注册（位于 Instances currently registered with Eureka 下方）。

通过自身注册，@EnableEurekaClient 注解将应用程序 account-service 置入 Eureka 实例和一个客户端中（在图 6.6 中可以看到这一点），以便访问或查询其他注册后的服务。相应地，我们可控制此类实例的行为，同时还可查看其健康状态，即利用 eureka.instance.* 配置键配置某些设置项。

接下来查看当前服务的其他类。之前曾利用@RestController 注解创建了一个 REST 控制器，这里将使用该注解创建 REST 控制器以处理 RESTful API 调用，如下所示：

```
package com.dineshonjava.accountservice.controller;
import java.util.List;
import org.springframework.beans.factory.annotation.Autowired;
import org.springframework.web.bind.annotation.DeleteMapping;
import org.springframework.web.bind.annotation.GetMapping;
import org.springframework.web.bind.annotation.PathVariable;
import org.springframework.web.bind.annotation.PostMapping;
```

```java
import org.springframework.web.bind.annotation.PutMapping;
import org.springframework.web.bind.annotation.RequestBody;
import org.springframework.web.bind.annotation.RestController;

import com.dineshonjava.accountservice.domain.Account;
import com.dineshonjava.accountservice.repository.AccountRepository;

@RestController
public class AccountController {
    @Autowired
    AccountRepository accountRepository;
    @PostMapping(value = "/account")
    public Account save (@RequestBody Account account){
        return accountRepository.save(account);
    }
    @GetMapping(value = "/account")
    public Iterable<Account> all (){
        return accountRepository.findAll();
    }
    @GetMapping(value = "/account/{accountId}")
    public Account findByAccountId (@PathVariable Integer accountId){
        return accountRepository.findAccountByAccountId(accountId);
    }
    @PutMapping(value = "/account")
    public Account update (@RequestBody Account account){
        return accountRepository.save(account);
    }
    @DeleteMapping(value = "/account")
    public void delete (@RequestBody Account account){
        accountRepository.delete(account);
    }
    ...
}
```

REST 控制器包含了多个请求处理方法以执行 CRUD 操作。其中，save() 请求处理方法将创建一个新账户；all() 方法则可读取全部账户；update() 处理方法用于更新已有的账户（包含既定的账户 ID）；另外，delete() 处理方法将删除一个账户。

AccountController REST 控制器包含了一个 AccountRepository 属性，该存储库是利用 Spring Data JPA 的 CrudRepository 接口扩展得到的接口。稍后将对 Spring Data 加以介绍。另外，该存储库使用 H2 数据库存储与账户相关的所有信息。关于账户服务应用程序，读者可访问 GitHub 获取完整示例。

下面查看下列 URI 是否被账户微服务的 REST 控制器所公开。
- 创建新的账户：@PostMapping("/account")。
- 读取所有账户：@GetMapping("/account")。
- 获取特定账户的细节信息：@GetMapping("/account/{accountId}")。
- 更新账户细节信息：@PutMapping("/account/{accountId}")。
- 删除账户：@DeleteMapping("/account")。

上述端点供 Web 应用程序加以使用，进而访问账户微服务。

下面尝试创建微服务使用者。

3. 创建微服务使用者

当使用 RESTful 微服务时，首先需要创建一个使用者 Web 应用程序，该应用程序将使用到 RESTful 服务端点。Spring 提供了多种方式使用微服务，但在 Web 应用程序中，我们将使用 RestTemplate 类。RestTemplate 类可向 RESTful 服务器发送 HTTP 请求，并以多种格式获取数据，如 JSON 和 XML。

数据格式取决于 Web 应用程序类路径中是否存在编组（marshalling）类。如果类路径中包含了 Jackson JARS，那么 Web 应用程序将支持 JSON 格式。类似地，如果 JAXB JARS 出现于类路径中，Web 应用程序还将支持 XML 格式。

在 Web 应用程序中，WEB-APPLICATION 组件取决于后端微服务（ACCOUNT-SERVICE）。通过采用逻辑服务名（而不是对微服务的位置进行硬编码），该应用程序将与账户微服务进行通信；该 Web 应用程序将请求 Eureka 解析微服务的主机和端口。

考查当前 Web 应用程序的 main 程序，如下所示：

```
package com.dineshonjava.webapplication;

import org.springframework.boot.SpringApplication;
import org.springframework.boot.autoconfigure.SpringBootApplication;
import org.springframework.cloud.client.loadbalancer.LoadBalanced;
import org.springframework.cloud.netflix.eureka.EnableEurekaClient;
import org.springframework.context.annotation.Bean;
import org.springframework.web.client.RestTemplate;

@SpringBootApplication
@EnableEurekaClient
public class WebApplication {

    public static void main(String[] args) {
        SpringApplication.run(WebApplication.class, args);
```

```
    }
    @LoadBalanced
    @Bean
    RestTemplate restTemplate() {
        return new RestTemplate();
    }
}
```

该类包含了@EnableEurekaClient 注解，并利用注册服务实现自身的注册。而且，此处还通过@LoadBalanced 注解配置了一个 Bean（RestTemplate），这意味着，Web 应用程序包含了负载平衡的 RestTemplate。

（1）负载平衡的 RestTemplate

RestTemplate Bean 将被 Spring Cloud 截取并自动配置（鉴于@LoadBalanced 注释），以使用自定义的 HttpRequestClient（使用 Netflix Ribbon 进行微服务查找）。这里，Ribbon 也是一个负载平衡器（Eureka 或 Consul 自身均不执行负载平衡，因而这里采用 Ribbon 予以实现）。

> **注意**：
>
> 自 Brixton Release Train（Spring Cloud 1.1.0.RELEASE）开始，RestTemplate 将不再被自动创建。在之前的版本中，这往往会造成混淆和潜在的冲突。

loadBalancer 使用逻辑服务名（利用发现服务器进行注册），并将其转换为所选微服务的实际主机名。RestTemplate 实例是线程安全的，并可在应用程序的不同部分中访问任意数量的服务。

下面查看 Web 应用程序的配置文件，如下所示：

```
spring:
  application:
    name: web-application

server:
  port: 6464

eureka:
  client:
    service-url:
      default-zone: ${EUREKA_URI:http://localhost:8761/eureka}
  instance:
    prefer-ip-address: true
```

在配置文件创建完毕后，接下来运行 main 应用程序类，对应结果如图 6.7 所示。

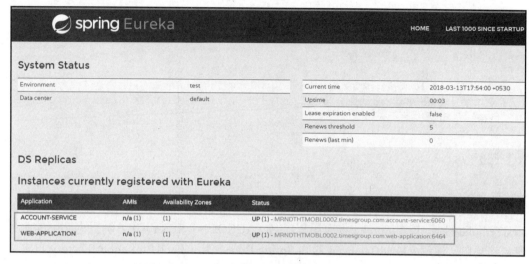

图 6.7

其中，WEB-APPLICATION 利用 Eureka 发现服务进行注册。下面查看 WebAccountService 类，该类通过名称（而非服务器地址）访问账户微服务，如下所示：

```
package com.dineshonjava.webapplication.service;

import java.util.List;

import org.springframework.beans.factory.annotation.Autowired;
import org.springframework.cloud.client.loadbalancer.LoadBalanced;
import org.springframework.stereotype.Service;
import org.springframework.web.client.RestTemplate;

import com.dineshonjava.webapplication.domain.Account;
import com.dineshonjava.webapplication.exception.AccountNotFoundException;

@Service
public class WebAccountsService {
    @Autowired
    protected RestTemplate restTemplate;
    // ACCOUNTS-SERVICE is the name of the microservice we're calling
    protected String serviceUrl = "http://ACCOUNT-SERVICE";
    public Account getByNumber(String accountNumber) {
        Account account = restTemplate.getForObject(serviceUrl
```

```
                + "/account/{accountId}", Account.class, accountNumber);
        if (account == null)
            throw new AccountNotFoundException(accountNumber);
        else
            return account;
    }
    public List<Account> getAllAccounts(){
        return restTemplate.getForObject(serviceUrl+ "/account",
List.class);
    }
    ...
    ...
}
```

service 类针对当前 Web 应用程序访问后端微服务，采用@LoadBalanced 注解的 RestTemplate 通过查询 Eureka 将应用程序名（ACCOUNT-SERVICE）解析为实际的服务器名和端口。注解@LoadBalanced 通知 Spring Boot 使用 ClientHttpRequestFactory 自定义 RestTemplate，该工厂在进行 HTTP 调用之前执行查找。对此，需要向 application.properties 中添加新的配置设置项，如下所示：

```
ribbon.http.client.enabled=true
```

读者可访问 GitHub 获取完整的 Web 应用程序，对应网址为 https://github.com/PacktPublishing/Mastering-Spring-Boot-2.0。

接下来讨论 Spring Framework 的 Spring Data 项目。

6.2 Spring Data 简介

Spring Data 是 Spring Source 项目的变体，其设计目的是统一和简化对不同类型数据存储的访问，如关系数据库和 NoSQL 数据存储。Spring Data 旨在提供一个一致、可靠的平台，并在保证数据存储特性不变的情况下访问数据。Spring Data 模型基于 Spring 编程。

Spring Data 提供了易于使用的存储技术，其中包括以下方面：

- ❏ 关系型数据库。
- ❏ 非关系型数据库。
- ❏ Map-Reduce 框架。
- ❏ 基于云的数据服务。

Spring Data 项目类似于一些大型项目，其中涵盖了许多特定于所需技术的子项目。

Spring Data 包含了诸多特性，下面仅列出其中的几项内容：
- 强大的存储库。
- 自定义的对象-映射抽象机制。
- 基于存储库名称的查询操作。
- 基于域的类，进而可提供基本的属性。
- 支持透明审计，例如创建和最近一次更改等操作。
- 可将自定义的存储库代码整合至项目中。
- 通过自定义的 XML 命名空间或 JavaConfig，可实现更加方便的 Spring 集成操作。
- 利用 Spring MVC 模块，可实现高级的集成操作。

当管理 Spring Data 项目下的不同的独立项目时，利用针对所有项目的依赖项集合，可发布一个数据清单。其中，版本序列按名称分类，而非版本。Spring Data 的核心目标是提供一个大众型的、可靠的、基于 Spring 的编码模型，以隐藏某些细节内容。

在获取创新、数据库、框架结构和云服务方面，Spring Data 使得数据获取的方式更加简单。Spring Data 中涵盖了诸多子项目，且特定于某个既定数据库。此类行为一般是通过多家机构和工程师合作完成的，相关机构和研发工程师对此发挥了重要的作用。

6.2.1 Apache Ignite 存储库

Spring Data Framework 提供了整合型且应用广泛的 API，同时支持源自应用程序层的抽象基础信息存储。Spring Data 使得用户不必局限于某家特定的数据库厂商，并可在不同的数据库间实现快速调整。

Apache Ignite 实现了 Spring Data CrudRepository 接口，进而支持基本的 CRUD 操作，并可通过紧密关联的 Spring Data API 访问 Apache Ignite SQL Grid。

6.2.2 Spring Data MongoDB

Spring Data MongoDB 是 Spring Data 中的一部分内容，旨在为新的数据存储提供一个自然的、稳定的基于 Spring 的编程模型，同时保留存储的某些亮点和功能。

Spring Data MongoDB 提供了协调 MongoDB 报告数据库的功能。Spring Data MongoDB 的核心应用领域是一个 POJO 驱动模型，用于连接 MongoDB DBCollection，并可轻松地将存储库信息整合至层中。

下面列举了 Spring MongoDB 的一些优点：
- Spring setup bolster 使用基于 Java 的@Configuration 类或 XML 命名空间来处理

Mongo 驱动程序场景和模拟集。
- 可高效地构建 mongo 模板辅助类，并执行正常的 Mongo 操作。
- 在记录和 POJO 间引入了协调对抗（protest）映射。
- 将特例解释为 Spring 的 Data Access Exception 链。
- 与 Spring Conversion Service 相配合的 Highlight Rich Object Mapping。
- 基于解释型的映射元数据，且兼具可扩展性，进而实现元数据定位。
- 稳定性和映射生命周期。
- 采用 MongoReader/MongoWriter 反射的底层映射机制。
- 基于 Java 的 Query、Criteria 和 Update DSL。
- 存储库接口的编程应用，包括对自定义发现策略的支持。
- QueryDSL 协调以实现安全的查询。
- 跨存储持久性且支持 JPA 实体（基于使用 MongoDB 可直接持久化/恢复的字段）。
- Log4j 日志输出程序。
- GeoSpatial。
- Guide Reduce。
- JMX 组织和检查。
- CDI bolster。
- GridFS。

6.2.3 Spring Data JPA

Spring Data JPA 是较大的 Spring Data 分组中的一部分内容，可简化执行基于 JPA 的存储库。该模块针对基于 JPA 的信息管理一个更新后的 bolster 进而获取相关层。Spring Data JPA 可简化通过信息获得改观的、Spring 应用程序的创建过程。

6.3 本章小结

本章创建了一个名为 ACCOUNT-SERVICE 的微服务，并利用 Eureka 发现服务注册该项服务。此外，我们还通过 Web 应用程序创建了微服务的使用者，同时利用 Eureka 发现服务实现自身的注册，进而使用 accountservice，即采用其逻辑名，而不是对主机名和服务器端口进行硬编码。

Netflix Eureka 以服务发现和客户端的方式工作，Spring Cloud 对此予以支持并针对原生云问题提供了相应的解决方案。

Netflix Ribbon 利用 Spring 中的 RestTemplate 实现了客户端的复杂平衡机制。Spring Cloud 支持服务注册和客户端的负载平衡机制，从而构建更加可靠的系统。

此外，本章还讨论了与 Spring Data 项目相关的一些内容。例如，Spring 如何通过接口创建存储库。相应地，我们创建了一个存储库并通过 H2 数据库构建了 CRUD 操作。

第 7 章将讨论并实现一个异步响应系统。

第 7 章 利用 Netflix Zuul 创建 API 网关

在第 6 章中，我们创建了微服务并利用 Eureka 注册服务进行注册。本章将讨论针对微服务通信的 API 网关模式，且分别源自 UI 组件或内部服务调用。同时，还将利用 Netflix Zuul API 实现 API 网关，并探讨如何在应用程序中设置 Zuul Proxy。

Spring Cloud 支持 Netflix Zuul 以实现针对实际微服务请求的路由和过滤机制。在阅读完本章内容后，读者将能够较好地理解 API 网关和 Zuul 代理。

本章主要涉及以下内容：
- API 网关模式需求。
- API 网关模式组件。
- 利用 Netflix Zuul 实现 API 网关。
- 利用 Maven 依赖关系包含 Zuul。
- 启用 Zuul 服务代理。
- 配置 Zuul 属性。
- 添加 Zuul 过滤器。

7.1 API 网关模式需求

在微服务架构中，存在大量的 API 服务可用于分布式应用程序中，大约有超过 100 个 API 和 UI 组件可针对某个业务目标实现彼此间的通信。因此，此类 UI 组件需要连接所有包含端口的微服务端点，并在未使用 API 网关时调用此类 API 服务。

API 网关机制在实现分布式应用程序公共部分时将发挥其功效，如 CORS、验证机制、安全性以及检测机制。否则，需要将其实现于所有的 API 服务中。相应地，相同的代码将在所有微服务间重复使用。为了避免这一问题，需要使用公共服务或入口点，并于其中编写全部公共代码，客户端将调用这一类公共服务。

图 7.1 显示了未使用 API 网关时分布式应用程序的示意图。

可以看到，每个 UI 组件必须知道使用 Eureka 服务器的每个服务端点。Customer-Service 的 UI 组件需要包含与 Customer 微服务端点（利用 Eureka Server 进行注册）相关的信息。类似地，账户的 UI 组件也需要知道 Account 微服务的端点。某些时候，维护、记录每个 API 服务的端点将会变得异常复杂；出于安全性考虑，一些微服务实现不希望向外部公开此类端点，并希望保持 API 服务的私有性。针对于此，可提供 API 网关，并将全部 API 调用委托至后台中的各个微服务中。

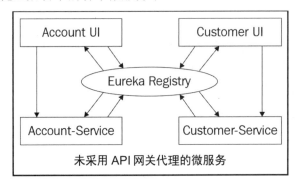

图 7.1

API 网关是一类统一的代理接口，并将调用委托至 URL 模式上的多个微服务。本章将通过 Spring Cloud 的 Zuul Proxy 实现此类 API 网关代理。其中，API 网关接口可向外部客户端公开一组公共服务，且不会违背任何安全规定。图 7.2 显示了 API 网关接口，进而调用 API 服务。

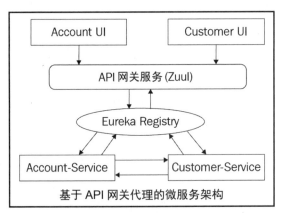

图 7.2

在图 7.2 中，UI 组件通过 API Gateway 调用 API 服务。当前，每个 UI 组件无须了解各项微服务的实际端点。此处公开了一项服务，即 API Gateway 服务，其中包含了针对所有 UI 组件的主机和端口。该 API Gateway 服务也称作边缘服务——该服务位于分布式应用程序中其他微服务之上。针对全部内部微服务，客户端将作为代理调用该边缘服务。

接下来将探讨 API Gateway 代理服务的优、缺点。在微服务应用程序中使用 API Gateway 涉及多种原因，稍后将对此加以分析。

7.1.1 API Gateway 模式的优点

在分布式应用程序中，API Gateway 代理的优点主要包括以下方面：
- 对于客户端来说，API Gateway 简化了 API 服务的调用。
- 用户可在单一位置（而不是跨多项服务）采用特定客户端的策略，例如身份验证和速率限制。
- 利用公开的内部微服务端点向客户端展示所选的 API。
- 微服务端点可以在不强制客户端重构应用逻辑的情况下进行更改。
- 可实现任意路由规则或过滤器实现。
- API 网关就像是一个边缘微服务，同时也是独立可伸缩的。

上述各项内容简单地介绍了微服务架构中 API Gateway 代理服务的一些优点，下面再来看看该模式中的一些缺点。

7.1.2 API Gateway 的一些缺点

在分布式应用程序中，API Gateway 代理的一些缺点包括以下方面：
- API Gateway 是一个独立的入口点，并应用于所有公共部分，某些时候，如果不采取适当的措施使其具有高可用性，单点故障可能处于危险境地。
- 在 API Gateway 服务中，管理不同微服务的 API 信息较为困难。

随后，我们将讨论 API Gateway 模式组件。

7.1.3 API Gateway 模式组件

API Gateway 模式基于代理 API 服务调用。API Gateway 代理模式主要包含了 4 种类型的过滤器，此类过滤器将拦截来自客户端应用程序的 HTTP 请求。除此之外，还可针对特定的 URL 模式添加自定义过滤器。图 7.3 显示了 API Gateway 中的组件。

如前所述，API Gateway 主要包含以下 4 种过滤器。
- 前置过滤器：此类过滤器在 HTTP 请求被路由之前被调用。
- 后置过滤器：此类过滤器将在 HTTP 请求路由之后被调用。
- 路由过滤器：此类过滤器用于路由 HTTP 请求。

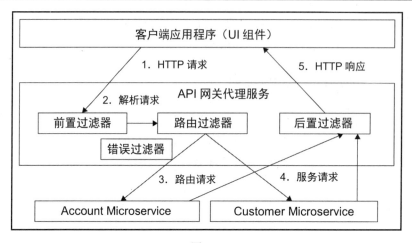

图 7.3

❑ 错误过滤器：当处理 HTTP 请求过程中产生错误时，将调用此类过滤器。

在图 7.3 中，客户端应用程序向 API Gateway 服务发送 HTTP 请求，前置过滤器将拦截来自客户端应用程序的 HTTP 请求，并将其转发至路由过滤器，进而将此类请求路由至内部各微服务处，如账户微服务、使用者微服务。相应地，微服务将相应发送至后置过滤器中。最终，后置过滤器将 HTTP 响应转发至客户端应用程序中。

前述内容介绍了微服务架构中的 API Gateway。下面尝试利用 Spring Cloud 的 Netflix Zuul API 在微服务应用程序中实现该模式。

7.2 利用 Netflix Zuul Proxy 实现 API Gateway

本节将针对微服务应用程序实现路由机制。前述内容曾讨论了针对 API 服务的路由机制的重要性，这里将对此创建两个微服务，即 Account 和 Customer。另外，Eureka 注册应用程序也已编写完毕。例如，/api/accounts 映射至 Account 服务，/api/customers 映射至 Customer 服务。

当前示例将使用 Netflix 的 Zuul API 实现 API Gateway 代理，进而对 API 调用进行路由。Spring 与 Netflix Zuul 关系紧密，同时提供了 Spring Cloud Netflix Zuul 模块。其中，Zuul 表示为一个基于 Java 的路由器，另外也用作服务器端的基于 Netflix 的负载平衡器。

通过 Zuul 代理，这里将调用 Account 和 Customer，并可用于创建 API 网关。除此之外，还需要针对 API Gateway 边缘服务创建另一个微服务。

下面利用 Spring Initializr 的 Web 界面（对应网址为 http://start.spring.io/）创建一个

Spring Boot 项目，对应的应用程序名为 Api-Zuul-Service，同时选取 Zuul 和 Eureka Discovery 模块。对应的 Edge Service 为 Eureka 客户端自身。

随后，可在微服务应用程序中包含 Spring Cloud 的 Netflix Zuul 库。

7.2.1 利用 Maven 依赖关系包含 Zuul

首先，需要将 Spring Cloud 对 Zuul 所支持的依赖项添加至 UI 应用程序的 pom.xml 文件中，如下所示：

```xml
<dependencies>
...
<dependency>
<groupId>org.springframework.cloud</groupId>
<artifactId>spring-cloud-starter-netflix-eureka-client</artifactId>
</dependency>
<dependency>
<groupId>org.springframework.cloud</groupId>
<artifactId>spring-cloud-starter-netflix-zuul</artifactId>
</dependency>
<dependency>
<groupId>org.springframework.boot</groupId>
<artifactId>spring-boot-starter-test</artifactId>
<scope>test</scope>
</dependency>
...
</dependencies>
```

在上述 Maven 配置文件中，我们利用 spring-cloud-starter-netflix-zuul 和 org.springframework.cloud 添加了 Zuul 库。另外，还加入了 spring-cloud-starter-netflix-eureka-client 依赖项，并通过 Eureka 注册服务器注册 api-gateway-service。

至此，Zuul Maven 依赖关系已被添加至 Spring Boot 应用程序中。但默认状态下，Zuul 处于禁用状态，因此需要启用 Zuul 代理服务。

7.2.2 启用 Zuul 服务代理

相应地，可在 ApiZuulServiceApplication Spring Boot 类之前添加@EnableZuulProxy 注解，该注解将启用应用程序中的 Zuul 服务代理，同时启用 API Gateway 层的全部特性。在注解@EnableZuulproxy 的基础上，还可在 ApiZuulServiceApplication 类之前加入一个注

解@EnableDiscoveryClient。下列代码显示了 api-gateway-service 应用程序的 main 应用程序类。

```
package com.dineshonjava.apizuulservice;
import org.springframework.boot.SpringApplication;
import org.springframework.boot.autoconfigure.SpringBootApplication;
import org.springframework.cloud.client.discovery.EnableDiscoveryClient;
import org.springframework.cloud.netflix.zuul.EnableZuulProxy;
@EnableZuulProxy
@EnableDiscoveryClient
@SpringBootApplication
public class ApiZuulServiceApplication {
public static void main(String[] args) {
SpringApplication.run(ApiZuulServiceApplication.class, args);
}
}
```

可以看到，ApiZuulServiceApplication 类采用@EnableZuulProxy 进行注解，以启用微服务应用程序中的 Zuul 代理服务。接下来考查如何在 application.properties 或 application.yml 文件中配置 Zuul 属性。具体来说，本章使用了 application.yml 文件对 Zuul 属性进行配置；当然，也可采用 bootstrap.properties 文件实现应用程序启动时所需的配置项。

7.2.3 配置 Zuul 属性

通过 application.yml 配置文件，下面将配置应用程序中的 Zuul 属性，如下所示：

```
spring:
application:
name: API-GATEWAY
server:
port: 8080
eureka:
client:
service-url:
default-zone: ${EUREKA_URI:http://localhost:8761/eureka}
instance:
prefer-ip-address: true
zuul:
ignoredServices: '*'
prefix: /api
routes:
```

```
account-service:
path: /accounts/**
serviceId: ACCOUNT-SERVICE
customer-service:
path: /customers/**
serviceId: CUSTOMER-SERVICE
host:socket-timeout-millis: 30000
```

在上述应用程序配置文件中，应用程序名称定义为 API-GATEWAY，Edge Service 应用程序的服务器端口为 8080。对于基于 Eureka Server 的边缘服务的注册行为，代码中还定义了与 Eureka 客户端相关的配置项。

注意：

如果希望使用基于服务 ID 的路由机制，则需要在类路径上提供 Eureka，并利用 Eureka 注册服务器注册该项服务。此外，还可不通过 Eureka 服务器使用 Zuul，但需要提供服务重定向的准确的 URL，如 zuul.routes.account-service.url=http://localhost:6060。

最后，我们在应用程序配置文件中配置了 Zuul 属性。首先，通过下列配置省略 Zuul 代理中的所有默认服务：

```
zuul:
ignoredServices: '*'
account-service:
path: /accounts/**
```

具体来讲，除了 account-service 之外，所有服务均被忽略。

另外还可针对 URL 使用一个公共前缀，如 as/api，我们希望 Zuul 通过设置 zuul.prefix 属性实现代理，如下所示：

```
zuul:
prefix: /api
```

而且，还可自定义服务的路径映射，如下所示：

```
zuul:
routes:
account-service:
path: /accounts/**
serviceId: ACCOUNT-SERVICE
```

这里，zuul.routes.account-service.path 将路由所有传输内容，并利用 ACCOUNT-SERVICE 服务 ID 请求服务。当前，http://localhost:8080/api/accounts/account 将被转发至

ACCOUNT-SERVICE 微服务。下面配置另一个微服务 Customer，该服务与当前示例中的 Account 微服务较为类似。

最后，下列配置用于设置 Zuul 主机套接字超时：

```
zuul:
host:
socket-timeout-millis: 30000
```

上述配置说明，Spring Boot 将等待响应 30000 毫秒。

目前，可运行 API Gateway 服务的微服务应用程序，并对其进行测试。对此，启动 Eureka Server、AccountService、CustomerService 和 APIZuulService 应用程序。

利用 http://localhost:8761/打开 Eureka Dashboard，对应结果如图 7.4 所示。

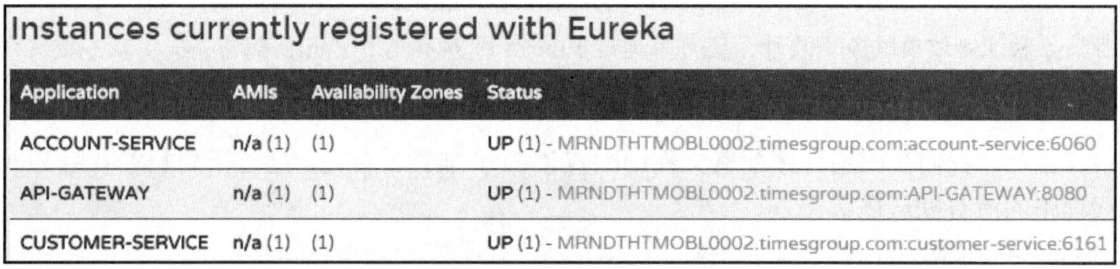

Instances currently registered with Eureka			
Application	AMIs	Availability Zones	Status
ACCOUNT-SERVICE	n/a (1)	(1)	UP (1) - MRNDTHTMOBL0002.timesgroup.com:account-service:6060
API-GATEWAY	n/a (1)	(1)	UP (1) - MRNDTHTMOBL0002.timesgroup.com:API-GATEWAY:8080
CUSTOMER-SERVICE	n/a (1)	(1)	UP (1) - MRNDTHTMOBL0002.timesgroup.com:customer-service:6161

图 7.4

在图 7.4 中，可以看到 3 项微服务处于运行状态，并利用 Eureka 予以注册。

针对自定义 UI 应用程序，输入 Customer 服务的 URL，即 http://localhost:8080/api/customers/customer/1001、该 URL 将通过 http://localhost:6161/customer/1001 于内部被路由至 Customer 服务。

图 7.5 显示了使用 API 网关 http://localhost:8080/api/customers/Customer/1001 调用 Customer 服务的公共 API。

这里利用 API Gateway Zuul 代理调用了 Customer 微服务。从内部来看，该 Zuul 代理利用 http://localhost:6161/customer/1001 调用了 Customer 服务。类似地，Account UI 组件可通过 API Gateway Zuul 代理服务（http://localhost:8080/api/accounts/account/100）调用 Account 微服务，如图 7.6 所示。

此处利用 API Gateway Zuul 代理调用了 Account 微服务。从内部来看，这将通过 http://localhost:6060/account/100 调用实际的服务。

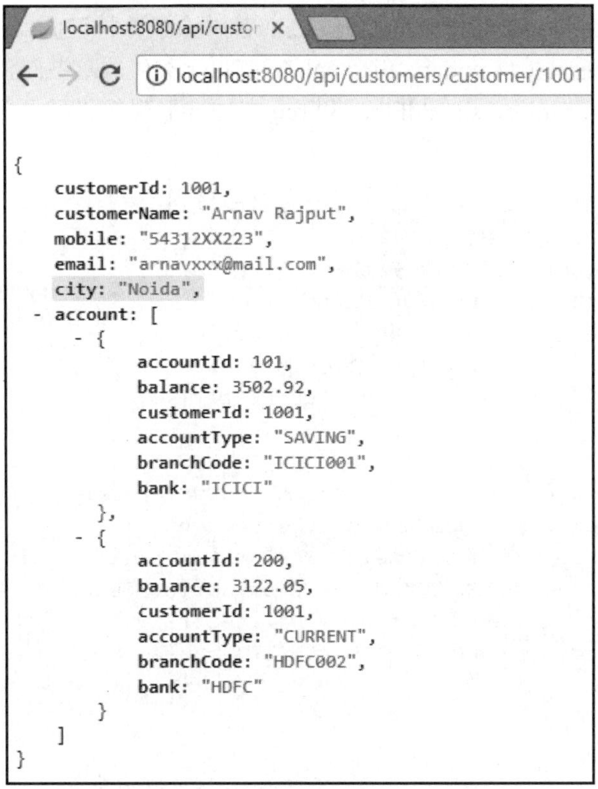

图 7.5

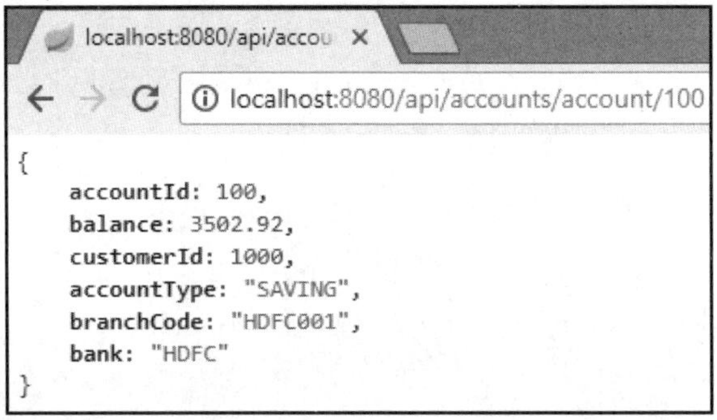

图 7.6

7.2.4 添加过滤器

此外，我们还可在 Zuul 微服务中添加自定义过滤器，以实现某些横切关系（cross-cutting concern），例如安全性和速率限制。之前曾讨论了4种过滤器，即 pre、post、route 和 error。对此，可通过扩展 com.netflix.zuul.ZuulFilter 类生成这些过滤器。相应地，需要重载 filterType、filterOrder、shouldFilter 和 run 方法。下列代码显示了 PreFilter 自定义过滤器。

```java
package com.dineshonjava.apizuulservice.filters;
import java.util.UUID;
import javax.servlet.http.HttpServletRequest;
import com.netflix.zuul.ZuulFilter;
import com.netflix.zuul.context.RequestContext;
import com.netflix.zuul.exception.ZuulException;
public class PreFilter extends ZuulFilter{
@Override
public Object run() throws ZuulException {
RequestContext ctx = RequestContext.getCurrentContext();
HttpServletRequest request = ctx.getRequest();
if (request.getAttribute("AUTH_HEADER") == null) {
//generate or get AUTH_TOKEN, ex from Spring Session repository
String sessionId = UUID.randomUUID().toString();
ctx.addZuulRequestHeader("AUTH_HEADER", sessionId);
}
return null;
}
@Override
public boolean shouldFilter() {
return true;
}
@Override
public int filterOrder() {
return 0;
}
@Override
public String filterType() {
return "pre";
}
}
```

通过扩展 Netflix Zuul API 的 ZuulFilter 抽象类，上述代码创建了 PreFilter。类似地，还可创建 RouteFilter、PostFilter 和 ErrorFilter。读者可访问 GitHub 存储库并获取完整的示例代码，对应网址为 https://github.com/PacktPublishing/Mastering-Spring-Boot-2.0。在上述过滤器类中，利用 RequestContext.addZuulRequestHeader() 并作为请求头添加了

AUTH_HEADER,该请求头将被转发至内部微服务中。

在创建了 Zuul 过滤器后,还需要定义 Bean 并利用 Zuul 代理服务注册这一类过滤器。

下列代码创建了过滤器 Bean 定义:

```
@EnableZuulProxy
@EnableDiscoveryClient
@SpringBootApplication
public class ApiZuulServiceApplication {
public static void main(String[] args) {
SpringApplication.run(ApiZuulServiceApplication.class, args);
}
@Bean
public PreFilter preFilter() {
return new PreFilter();
}
@Bean
public PostFilter postFilter() {
return new PostFilter();
}
@Bean
public ErrorFilter errorFilter() {
return new ErrorFilter();
}
@Bean
public RouteFilter routeFilter() {
return new RouteFilter();
}
}
```

再次运行当前类,并针对 Customer 或 Account 访问任意公共 API Gateway,对应的输出结果如图 7.7 所示。

```
Console ⊠  Progress   Problems
account-zuul-service - ApiZuulServiceApplication [Spring Boot App] C:\Program Files\Java\jre1.8.0_161\bin\javaw.exe (17-May-2018, 2:51:04 AM)
Inside pre filter : GET Request URL : http://192.168.225.208:8080/api/customers/customer/1001
Inside Route Filter
Inside Post Filter
```

图 7.7

在控制台日志中,当刷新 http://192.168.225.208:8080/api/customers/customer/1001 API 调用时,全部过滤器均被执行,并在控制台中输出日志消息。

7.3 本章小结

本章针对微服务架构介绍了 API Gateway 模式。在云分布式应用程序中，API Gateway 包含了诸多优点。对此，本章讨论了如何利用 Spring Cloud Netflix Zuul API 实现 API Gateway 代理服务。

此外，本章还实现了边缘服务，并在内部多个微服务之上提供了一个基于 Zuul 的代理服务。其中，边缘服务可用于公共功能实现或横切关注点。

最后，我们创建了多个 Zuul 过滤器，并通过 Zuul 代理服务进行注册。

第 8 章将讨论微服务应用程序中的 Feign 客户端。

第 8 章 利用 Feign 客户端简化 HTTP API

前述章节通过负载平衡的 RestTemplate、EurekaClient 和 DiscoveryClient 开发了微服务及其客户端应用程序。其中，客户端的实现方式需要使用到大量的样板代码，以使微服务间可彼此进行通信。其间，我们还学习了 Feign，即 Netflix 开发的声明式 HTTP 客户端。

本章将对 Feign 及其工作方式加以深入讨论。除此之外，本章还将详细讨论如何使用自定义编码器、解码器、Hystrix 和基于单元测试的异常处理的参考实现来扩展或定制 Feign，进而满足业务需求。

同时，我们还将学习 Feign 如何简化 HTTP API 客户端，且仅使用少量样板代码生成 HTTP API 客户端应用程序以访问微服务。对此，仅需简单地设置注解接口即可，实际实现将在运行期内完成。

在阅读完本章后，读者可较好地理解声明式 REST 客户端、Feign 客户端，以及如何仅通过注解接口访问微服务，且无须亲自实现这些接口。

本章主要涉及以下主题：
- Feign 基础知识。
- Feign 继承机制。
- 多重接口。
- 高级应用。
- Feign 和 Hystrix。
- 日志机制。
- 异常处理。
- 自定义编码器和解码器。
- 对 Feign 客户端进行单元测试。

8.1 Feign 基础知识

下列内容引自 Feign 文档：

"Feign 是一个 Java 与 HTTP 之间的客户端绑定器，其设计灵感来自 Retrofit、

JAXRS-2.0 和 WebSocket。Feign 的首要目标是降低将 Denominato 统一绑定至 HTTP API 过程中产生的复杂度，且不考虑 RESTful"。

Netflix 开发了一个声明式 Web 服务，即 Feign，与其他 Web 服务客户端相比（例如 Spring 的 RestTemplate、DiscoveryClient 和 EurekaClient），其构建过程较为简单。当生成 Feign REST 客户端时，可创建一个接口，并利用 Netflix Feign 库提供的注解标识该接口。另外，无须在云应用程序中实现这一接口并使用到微服务。Feign 客户端提供了相关支持，进而可采用 Feign 注解和 JAX-RS 注解。另外，还可使用 Spring MVC 注解，以及 Spring Web 模块中的 HttpMessageConverters。对于 REST 应用程序，Feign 客户端支持 Spring MVC 模块中的所有注解，同时还提供了可插拔的编码器和解码器。默认状态下，Feign 涵盖了 Ribbon 和 Eureka 中的各项功能，从而可提供一个负载平衡的客户端。

在前述章节中，曾创建了微服务及其使用者。在相关示例中，account-consumer（即 Web 应用程序或另一个微服务 CUSTOMER-CUSTOMERSERVICE）通过 RestTemplate 使用 account-service 公开的 REST 服务。图 8.1 显示了在不使用 Feign 情况下微服务的应用过程。

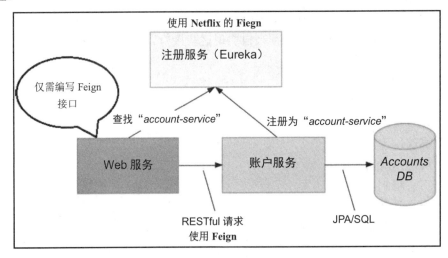

图 8.1

在缺少 Feign 客户端的情况下，微服务彼此间的通信需要使用到大量的样板代码，这些代码多与 Eureka、Ribbon 和负载均衡机制相关。同时，随着微服务数量的增长，客户端应用程序中的代码也将变得更加复杂。下列需求往往会涉及较多的代码：

❑ 对于富有弹性的系统来说，需要通过 Ribbon 创建负载平衡的客户端。
❑ 使用 Eureka 了解服务实例，然后了解微服务的基本 URL。

- 针对 account 微服务使用 RestTemplate。

下列代码展示了如何使用 account 微服务：

```java
package com.dineshonjava.webapplication.service;

import java.util.List;

import org.springframework.beans.factory.annotation.Autowired;
import org.springframework.cloud.client.loadbalancer.LoadBalanced;
import org.springframework.stereotype.Service;
import org.springframework.web.client.RestTemplate;

import com.dineshonjava.webapplication.domain.Account;
import com.dineshonjava.webapplication.exception.AccountNotFoundException;

@Service
public class WebAccountsService {
   @Autowired
    @LoadBalanced
    protected RestTemplate restTemplate;
   protected String serviceUrl = "http://ACCOUNT-SERVICE";
   public Account getByNumber(String accountNumber) {
       Account account = restTemplate.getForObject(serviceUrl
              + "/account/{accountId}", Account.class,accountNumber);
       if (account == null)
           throw new AccountNotFoundException(accountNumber);
       else
           return account;
   }
   ...
   ...
}
```

下面使用 Feign 声明式 REST 客户端，并查看如何解决微服务通信所产生的复杂问题。图 8.2 显示了采用 Feign 客户端时的场景。

针对 Eureka、Ribbon 和负载平衡机制，如果客户端应用程序的类路径上涵盖了有效的库或依赖关系，对应代码将自动被添加。另外，甚至无须针对客户端代码编写类，仅需要使用@FeignClient 注解创建一个接口即可，同时采用逻辑服务名作为注解参数。这也体现了一种较为简单、清晰的 Netflix Feign 使用方式。如果 Netflix Ribbon 依赖关系也位于类路径中，默认状态下，Feign 将仅关注负载平衡问题。

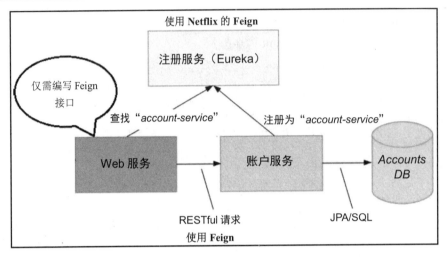

图 8.2

接下来考查如何在客户端应用程序中包含 Feign。

8.2 在云应用程序中包含 Feign

首先，需要在 pom.xml 文件中包含 Netflix Feign 依赖关系，如下所示：

```xml
<parent>
    <groupId>org.springframework.boot</groupId>
    <artifactId>spring-boot-starter-parent</artifactId>
    <version>2.0.2.RELEASE</version>
    <relativePath/> <!-- lookup parent from repository -->
</parent>

<properties>
    ...
    <spring-cloud.version>Finchley.M8</spring-cloud.version>
</properties>

<dependencies>
    ...
    <dependency>
        <groupId>org.springframework.boot</groupId>
        <artifactId>spring-boot-starter-web</artifactId>
    </dependency>
```

```xml
<dependency>
    <groupId>org.springframework.cloud</groupId>
    <artifactId>spring-cloud-starter-netflix-eurekaclient</artifactId>
</dependency>
<dependency>
    <groupId>org.springframework.cloud</groupId>
    <artifactId>spring-cloud-starter-openfeign</artifactId>
</dependency>
...
</dependencies>
```

当在客户端应用程序项目（基于 Spring Cloud）中包含 Feign 时，可利用基于 org.springframework.cloud 和 spring-cloud-starter-openfeign 的 starter。

下面通过创建带有@FeignClient 注解的接口来定义一个 Feign 客户端。该接口作为一个客户端工作，进而访问注册于发现服务器上的微服务。这里的问题是，如何访问这些服务？对此，需要将名称指定为@FeignClient 注解上的 accoun-tservice（表示为基于 Eureka 的、account 微服务的逻辑服务名）。针对这一接口，考查下列代码：

```java
package com.dineshonjava.customerservice.service;

import java.util.List;

import org.springframework.cloud.openfeign.FeignClient;
import org.springframework.web.bind.annotation.GetMapping;
import org.springframework.web.bind.annotation.PathVariable;

import com.dineshonjava.customerservice.domain.Account;

@FeignClient("account-service")
public interface AccountService {
  @GetMapping(value = "/account/customer/{customer}")
  List<Account> findByCutomer (@PathVariable("customer") Integer customer);
           @PutMapping(value = "/account/{accountId}", consumes = "application/json")
            Account update(@PathVariable("storeId") Integer accountId, Account account);
  @DeleteMapping(value = "/account/{accountId}")
  void delete(@PathVariable("accountId") Integer accountId);
  @PostMapping(value = "/account/customer/", consumes = "application/json")
```

```
            Account update(@RequestBody Account account);
}
```

其中采用了包含 account-service 逻辑服务名的@FeignClient("account-service")注解。同时，代码定义了一个方法调用以供这一账户 REST 微服务使用，该微服务基于/account/customer/{customer}端点并由 account-service 模块所公开。

当确保@FeignClient 注解处于工作状态时，需要启用应用程序中 Feign 客户端的云操作行为。最后，还需要利用@EnableFeignClients 注解 Spring Boot main 类。相应地，应用程序的 main 类如下所示：

```
package com.dineshonjava.customerservice;

import org.springframework.boot.SpringApplication;
import org.springframework.boot.autoconfigure.SpringBootApplication;
import org.springframework.cloud.openfeign.EnableFeignClients;

@SpringBootApplication
@EnableFeignClients
public class CustomerServiceApplication {

    public static void main(String[] args) {
        SpringApplication.run(CustomerServiceApplication.class, args);
    }
}
```

接下来创建另一个微服务 CUSTOMER-SERVICE，该微服务将访问账户微服务，进而获取银行应用程序中与某位客户关联的所有账户。下列类通过 Feign 使用了 accountService，如下所示：

```
package com.dineshonjava.customerservice.controller;

import org.springframework.beans.factory.annotation.Autowired;
import org.springframework.web.bind.annotation.DeleteMapping;
import org.springframework.web.bind.annotation.GetMapping;
import org.springframework.web.bind.annotation.PathVariable;
import org.springframework.web.bind.annotation.PostMapping;
import org.springframework.web.bind.annotation.PutMapping;
import org.springframework.web.bind.annotation.RequestBody;
import org.springframework.web.bind.annotation.RestController;

import com.dineshonjava.customerservice.domain.Customer;
import com.dineshonjava.customerservice.repository.CustomerRepository;
```

```java
import com.dineshonjava.customerservice.service.AccountService;

@RestController
public class CustomerController {
    @Autowired
    CustomerRepository customerRepository;
    @Autowired
    AccountService accountService;
    @PostMapping(value = "/customer")
    public Customer save (@RequestBody Customer customer){
        return customerRepository.save(customer);
    }
    @GetMapping(value = "/customer")
    public Iterable<Customer> all (){
        return customerRepository.findAll();
    }
    @GetMapping(value = "/customer/{customerId}")
    public Customer findByAccountId (@PathVariable Integer customerId){
        Customer customer = customerRepository.findByCustomerId(customerId);
        customer.setAccount(accountService.findByCutomer(customerId));
        return customer;
    }
    @PutMapping(value = "/customer")
    public Customer update (@RequestBody Customer customer){
        return customerRepository.save(customer);
    }
    @DeleteMapping(value = "/customer")
    public void delete (@RequestBody Customer customer){
        customerRepository.delete(customer);
        accountService.delete(customer);
    }
}
```

采用注解@FeignClient 的接口 AccountService 已与客户微服务的控制器类自动连接。读者可访问 GtiHub 以获取完整的微服务示例代码（AccountService、CustomerService 和 Web 应用程序服务），对应网址为 https://github.com/PacktPublishing/Mastering-Spring-Boot-2.0。

注意：

Feign 客户端仅用于基于文本的 HTTP API，这意味着，它无法处理二进制数据、上传或下载等操作。

下面结合 Eureka Server 运行上述微服务，图 8.3 显示了包含 Eureka 注册服务的控制台输出结果。

```
Initializing Spring FrameworkServlet 'dispatcherServlet'
FrameworkServlet 'dispatcherServlet': initialization started
FrameworkServlet 'dispatcherServlet': initialization completed in 34 ms
Registered instance CUSTOMER-SERVICE/MRNDTHTMOBL0002.timesgroup.com:customer-service:6161 with status UP (replication=false)
Registered instance ACCOUNT-SERVICE/MRNDTHTMOBL0002.timesgroup.com:account-service:6060 with status UP (replication=false)
```

图 8.3

当访问客户微服务端点 http://192.168.225.208:6161/customer/1001 时，将获取与客户相关的信息（对应 ID 为 1001）；同时，还将从账户微服务中获取与该客户相关联的账户。对应输出结果如图 8.4 所示。

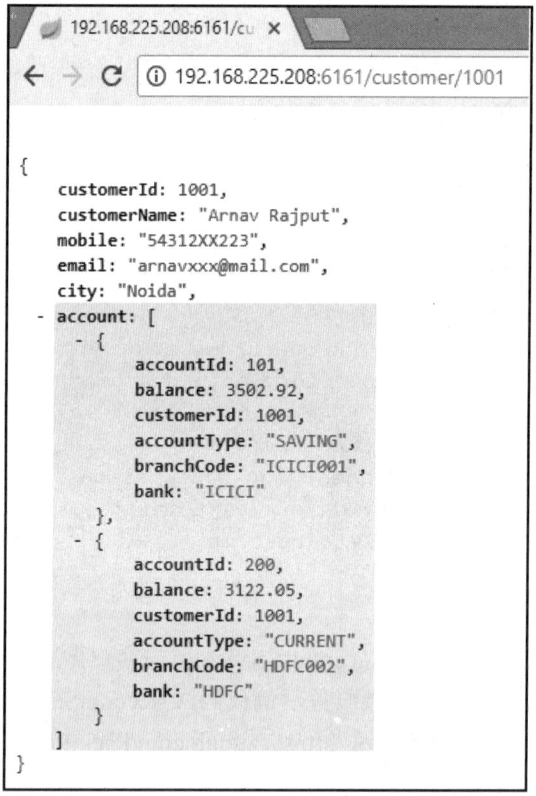

```
{
    customerId: 1001,
    customerName: "Arnav Rajput",
    mobile: "54312XX223",
    email: "arnavxxx@mail.com",
    city: "Noida",
-   account: [
    - {
            accountId: 101,
            balance: 3502.92,
            customerId: 1001,
            accountType: "SAVING",
            branchCode: "ICICI001",
            bank: "ICICI"
        },
    - {
            accountId: 200,
            balance: 3122.05,
            customerId: 1001,
            accountType: "CURRENT",
            branchCode: "HDFC002",
            bank: "HDFC"
        }
    ]
}
```

图 8.4

在当前示例中，存在两个与客户 ID 1001 相关联的账户。接下来考查如何重载 Feign 客户端的默认配置。

8.2.1 重载 Feign 的默认配置

通过 FeignClientsConfiguration，默认配置将被每个 Spring Cloud Feign 加以使用。Spring Cloud 根据需要通过 FeignClientsConfiguration 文件并针对每个命名客户端创建了新的配置上下文。该配置文件包含了几乎全部所需的 FeignClient 属性，如 feign.Decoder、feign.Encoder、feign.Contract。但 Spring Cloud 还可重载此类配置属性，即在 FeignClientsConfiguration 之上添加额外的配置文件。

Spring Cloud Netflix 作为针对 Feign 的默认配置，提供了下列 Bean。
- Decoder feignDecoder：ResponseEntityDecoder 提供了 feignDecoder Bean。
- Encoder feignEncoder：SpringEncoder 类提供了 feignEncoder Bean。
- Logger feignLogger：Slf4jLogger 类提供了 feignLogger Bean。
- Contract feignContract：SpringMvcContract 类提供了 feignContract Bean。
- Feign.Builder feignBuilder：HystrixFeign.Builder 类提供了 feignBuilder Bean。
- Client feignClient：如果启用了 Ribbon 则表示为 LoadBalancerFeignClient，否则为使用默认的 Feign 客户端。

当采用自定义配置文件或配置属性文件（YMAL 或属性）时，可重载上述列出的全部 Feign 默认配置。

考查下列配置文件示例：

```
@FeignClient(name = "account-service", configuration =
AccountConfiguration.class)
public interface AccountService {
    //..
}
```

当前，AccountService 可供 FeignClientsConfiguration 和 AccountConfiguration 配置使用，但相同的属性也可被 AccountConfiguration 文件中的属性所重载。

ⓘ 注意：

在 Feign 客户端配置中，无须利用@Configuration 标注 AccountConfiguration 类。如果采用@Configuration 对其进行标注，则应注意将其从@ComponentScan 中予以排除，其原因在于，该配置将成为 feign.Decoder、feign.Encoder、feign.Contract 等的默认源。因此，须避免将其与公共配置文件放在一起，并将该文件置于与任何 ComponentScan 或@SpringBootApplication 不重叠的独立包中；或者，也可显式地从@ComponentScan 组件扫描中排除该配置文件。

@FeignClient 注释还支持该注解的名称和 URL 属性中的占位符。考查下列示例：

```
@FeignClient(name = "${feign.name}", url = "${feign.url}", configuration
= AccountConfiguration.class)
public interface AccountService {
    //..
}
```

下列配置文件将与@FeignClient 协同使用：

```
@Configuration
public class AccountConfiguration {
    @Bean
    public Contract feignContract() {
        return new feign.Contract.Default();
    }

    @Bean
    public BasicAuthRequestInterceptor basicAuthRequestInterceptor() {
        return new BasicAuthRequestInterceptor("user", "password");
    }
}
```

上述配置文件利用 feign.Contract.Default 替换了 SpringMvcContract，同时还添加了一个 RequestInterceptor Bean。

Spring Cloud 还可利用配置属性重载@FiegnClient 注解的默认配置，考查下列.yml 文件：

```
feign:
  client:
    config:
      feignName:
        connectTimeout: 5000
        readTimeout: 5000
        loggerLevel: full
        errorDecoder: com.dineshonjava.decode.CustomErrorDecoder
        retryer: com.dineshonjava.CustomRetryer
        requestInterceptors:
          - com.dineshonjava.interceptor.AccountRequestInterceptor
          - com.dineshonjava.interceptor.CustomRequestInterceptor
        decode404: false
        encoder: com.dineshonjava.CustomEncoder
        decoder: com.dineshonjava.CustomDecoder
        contract: com.dineshonjava.CustomContract
```

Spring Cloud 还可在@EnableFeignClients 属性中设置默认配置，即 defaultConfiguration。@EnableFeignClients 注解中给定的配置将作用于所有的 Feign 客户端。考查下列代码：

```
package com.dineshonjava.customerservice;

import org.springframework.boot.SpringApplication;
import org.springframework.boot.autoconfigure.SpringBootApplication;
import org.springframework.cloud.openfeign.EnableFeignClients;

@SpringBootApplication
@EnableFeignClients(defaultConfiguration=BasicFeignConfig.class)
public class CustomerServiceApplication {

    public static void main(String[] args) {
          SpringApplication.run(CustomerServiceApplication.class, args);
    }
}
```

假设项目中同时存在@Configuration Bean 和配置属性，那么，配置属性将被优先使用。配置属性文件重载了@Configuration 值。当然，也可将 feign.client.default-to-properties 设置为 false，进而修改@Configuration 的优先权。

Spring Cloud 还可通过手动方式创建 Feign 客户端，下面将对此加以讨论。

8.2.2 创建 Feign 客户端

利用 Feign.builder()，还可创建自己的 Feign 客户端，并配置基于接口的客户端。下列类使用同一接口创建了两个 Feign 客户端：

```
@Import(FeignClientsConfiguration.class)
@RestController
class CustomerController {
    private AccountService customerAccuntService;
    private AccountService adminAccuntService;

 @Autowired
 public CustomerController(
    Decoder decoder, Encoder encoder, Client client, Contract contract) {
    this.customerAccuntService = Feign.builder().client(client)
    .encoder(encoder)
    .decoder(decoder)
            .contract(contract)
```

```
      .requestInterceptor(new BasicAuthRequestInterceptor("customer",
"customer"))
      .target(AccountService.class, "http://ACCOUNT-SERVICE");

this.adminAccuntService = Feign.builder().client(client)
    .encoder(encoder)
    .decoder(decoder)
    .contract(contract)
    .requestInterceptor(new BasicAuthRequestInterceptor("admin",
"admin"))
    .target(AccountService.class, "http://ACCOUNT-SERVICE");
   }
}
```

此处通过 Feign Builder API 创建了两个 AccountService 类型的 Feign 客户端，即 cutomerAccountService 和 adminAccountService。

8.2.3　Feign 继承机制

除此之外，还可使用继承接口的方式避免同一服务类型的样板代码。Feign 可将公共操作分组至基接口中。考查下列代码示例：

```
@FeignClient(name="account-service")
public interface AccountService {
   @GetMapping(value = "/account/customer/{customer}")
   List<Account> findByCutomer (@PathVariable("customer") Integer
customer);
   ...
}
```

在另一个 FeignClient 服务的构建过程中，可继承该接口，如下所示：

```
@FeignClient("users")
public interface AdminAccountService extends AccountService {
   ...
}
```

8.2.4　多重继承

Spring Cloud Netflix 支持多个 Feign 客户端接口的创建，并定义为 Target<T>，这将支持执行前的动态发现和装饰请求，如下所示：

```
AccountService accountService = Feign.builder().target(new
CloudIdentityTarget<AccountService>(user, apiKey));
```

8.3 Feign 客户端的高级应用

Feign 支持继承和多重继承机制，这有助于移除服务中的样板代码并遵循相同的惯例。对此，可创建一个基 API 接口，且特定的 API 接口将继承自该接口。

考查下列示例：

```
interface BaseAPI<T> {
  @GetMapping("/health")
  T get();

  @GetMapping("/all")
  List<T> all();
}
```

下面通过继承上述基接口方法，定义一个特定的 API 接口，如下所示：

```
interface CustomAPI extends BaseAPI<T> {
  @GetMapping("/custom")
  T custom();
}
```

有时，资源表示也是一致的。因此，可声明并接收基 API 接口中的类型参数，并将这一基 API 接口继承至特定的接口上。

```
@Headers("Accept: application/json")
interface BaseApi<T> {

  @GetMapping("/api/{key}")
  T get(@PathVariable("key") String key);

  @GetMapping("/api")
  List<T> list();
  @Headers("Content-Type: application/json")
  @PutMapping("/api/{key}")
  void put(@PathVariable("key") String key, T value);
}
```

```
interface AccountApi extends BaseApi<Account> { }

interface CustomerApi extends BaseApi<Customer> { }
```

根据具体要求，可通过继承机制和定义基 API 接口的方式开发 API 接口，这一类接口用于与（头文件和响应）资源表示相关的公共约定和公共配置。

如前所述，日志对于每个项目来说都十分重要。Feign 客户端仅响应于 DEBUG 级别，默认状态下，日志的文件名表示为创建 Feign 客户端的接口的完整类名。相应地，需要对每个 Feign 客户端创建日志。通过设置配置属性中的 logging.level.project.user.UserClient，还可进一步修改日志级别。

考查下列 application.yml 配置文件：

```
logging:
    level:
        project:
            user:
                UserClient: debug
```

关于客户端应用程序的日志级别的选择，对应选项如下所示。

- ❑ NONE：日志机制处于禁用状态（默认状态）。
- ❑ BASIC：该日志级别对应于请求方法、URL、响应状态码和执行时间。
- ❑ HEADERS：该日志级别对应于连同请求和响应头的基本信息。
- ❑ FULL：该日志级别对应于请求和响应的数据头、数据体和元数据。

通过 Feign 客户端的 Java 配置文件，可定义日志级别。考查下列示例，其中，Logger.Level 设置为 FULL：

```
@Configuration
public class AccountConfiguration {
    @Bean
    Logger.Level feignLoggerLevel() {
        return Logger.Level.FULL;
    }
}
```

8.4 异常处理

默认状态下，Spring Cloud Netflix Feign 针对任意类型错误将抛出 FeignException，但

这并非总是适宜——同一异常并不适用于项目中的各种情况。对此，Netflix Feign 可设置自己的应用程序异常。通过将 feign.codec.ErrorDecoder 自定义实现提供至 Feign.builder.errorDecoder()，我们可轻松地实现这一任务。

考查下列 ErrorDecoder 实现：

```java
public class AccountErrorDecoder implements ErrorDecoder {

    @Override
    public Exception decode(String methodKey, Response response) {
        if (response.status() >= 400 && response.status() <= 499) {
            return new AccountClientException(
                    response.status(),
                    response.reason()
            );
        }
        if (response.status() >= 500 && response.status() <= 599) {
            return new AccountServerException(
                    response.status(),
                    response.reason()
            );
        }
        return errorStatus(methodKey, response);
    }
}
```

当前，可以通过提供 Feign.builder() 来使用前面创建的异常。查看下列示例代码：

```java
return Feign.builder()
            .errorDecoder(new AccountErrorDecoder())
            .target(AccountService.class, url);
```

AccountErrorDecoder 为 Feign Builder API 设置了一个自定义错误解码器。这段代码只是在 Feign 客户端中添加了一个自定义的错误解码器。相应地，我们可以为 Feign Builder API 创建自定义解码器和编码器。

8.5 自定义编码器和解码器

Feign Builder API 可为 Feign 客户端创建自定义编码器（针对请求）以及解码器（针对响应）。

8.5.1 自定义编码器

此处将对响应体创建一个自定义编码器。

利用 String 或 byte[] 参数并通过 POST 方法，请求体数据被发送至服务器中。另外，还可添加一个 Content-Type 头，如下所示：

```java
interface AccountService {
  @PostMapping("/account/")
  @Headers("Content-Type: application/json")
  Account create(@RequestBody Account account);
}
```

接下来配置自定义编码器，当前表示为类型安全的请求体。下面考查基于 feign-gson 扩展的相关示例：

```java
class Account {
    Integer accountId;
  Double balance;
  Integer customerId;
  String accountType;
  String branchCode;
  String bank;

public Account(Integer accountId, Double balance, Integer customerId, String accountType, String branchCode,String bank) {
        super();
        this.accountId = accountId;
        this.balance = balance;
        this.customerId = customerId;
        this.accountType = accountType;
        this.branchCode = branchCode;
        this.bank = bank;
    }
    ...
}

interface AccountService {
  @PostMapping("/account/")
  @Headers("Content-Type: application/json")
  Account create(@RequestBody Account account);
}
```

```
...
AccountService client = Feign.builder()
                    .encoder(new GsonEncoder())
                    .target(AccountService.class,
                "http://ACCOUNT_SERVICE");

client.create(new Account(1001, 2304.32, 100, 'SAVING', 'HDFC0011',
    'HDFC'));
```

8.5.2 自定义解码器

Feign.builder()可创建一个自定义解码器，进而将该解码器添加至 Feign 客户端的配置中以对响应进行解码。对此，如果接口返回某些自定义类型，或者除 Response、String、byte[]、void 之外的类型，则需要配置一个非默认解码器。考查下列基于 feign-gson 扩展的对应示例：

```
AccountService client = Feign.builder()
                    .decoder(new GsonDecoder())
                    .target(AccountService.class, "http://ACCOUNT-
                        SERVICE");
```

在上述代码中可以看到，GsonDecoder 作为响应解码器被添加至当前 Feign 客户端中。此外，这里还针对 Feign 客户端创建了一个自定义解码器。

Netflix Feign 针对断路器模式支持 Hystrix 的使用，接下来将对此加以讨论。

8.6 Feign 和 Hystrix

当构建具有弹性特征的系统时，需要实现多种响应式模式，如断路器模式。通过 Hystrix，Feign 支持断路器模式。本节将讨论 Hystrix 以及如何编写回退方法。Feign 客户端针对回退提供了较为直接的支持。如果 Hystrix 位于类路径上且 feign.hystrix.enabled=true，Feign 即会用断路器来封装所有的方法。

当实现基于 Hystrix 的 Feign 客户端时，只需使用回退代码实现接口；当对端点的实际调用产生错误时，将使用回退代码。

考查下列代码示例：

```
@FeignClient(name = "account-service", fallback =
HystrixClientFallback.class)
interface HystrixClient {
```

```
    @GetMapping("/account/{accountId}")
    Account get(@PathVariable Integer accountId);
}

class HystrixClientFallback implements HystrixClient {
    @Override
    public Account get() {
        return new new Account();
    }
}
```

在上述代码中可以看到，我们创建了采用@FeignClient注解的HystrixClient接口，其中涵盖了两个属性，即name和fallback。这里，fallback属性利用HystrixClientFallback类加以设置，并包含了一个回退方法。当回路打开或出现错误时，该回退方法将被执行。@FeignClient的回退属性将回退至实现了回退方法的类名处。

HystrixClientFallback类实现了HystrixClient接口，重载了其get()方法，并返回一个包含默认构造器的account对象。

另外，还可以访问导致回退触发器失败的原因，对此，可在@FeignClient中使用fallbackFactory属性，如下所示：

```
@FeignClient(name = "account-service", fallbackFactory = HystrixClientFallbackFactory.class)
protected interface HystrixClient {
    @GetMapping("/account/{accountId}")
    Account get(@PathVariable Integer accountId);
}

@Component
static class HystrixClientFallbackFactory implements
FallbackFactory<HystrixClient> {
    @Override
    public HystrixClient create(Throwable cause) {
        return new HystrixClient() {
            @Override
            public Account get() {
                return new new Account("fallback; reason was: " +
                cause.getMessage());
            }
        };
    }
}
```

第 8 章 利用 Feign 客户端简化 HTTP API

上述内容阐述了如何采用 Feign 客户端中的 Hystrix 确定断路器模式，这也使得当前系统更具弹性。另外，第 10 章还将深入讨论 Hystrix。

> **注意：**
> 在 Spring Cloud Dalston 发布之前，如果 Hystrix 位于类路径上，默认状态下，Feign 将所有方法封装至一个断路器中。在 Spring Cloud Dalston 中，这种默认行为被更改为一种可选方案。

最后，我们将考查如何利用 Feign 客户端在云应用程序中编写单元测试。

8.7 Feign 客户端单元测试

本节将定义一个单元测试类，该测试类包含了多个测试方法。但在当前示例中，我们仅创建 3 个 @Test 方法测试客户端。该测试将使用 org.hamcrest.CoreMatchers.* 和 org.junit.Assert.* 数据包中的静态导入操作，如下所示：

```
@Test
public void findAllAccountTest() throws Exception {
    List<Account> accounts = accountService.findAll();
    assertTrue(accounts.size() > 4);
}
@Test
public void findOneAccountTest() throws Exception {
    Account account = accountService.findByAccountId(1001);
    assertThat(account.getCustmer().getCustomerName(),
        containsString("Arnav"));
}
@Test
public void createAccountTest() throws Exception {
    Account account = new Account(1001, 2304.32, 100, 'SAVING',
     'HDFC0011', 'HDFC')
    accountService.create(account);
    account = accountService.findByAccountId(1001);
    assertThat(account.getBank(), containsString("HDFC"));
}
```

上述代码编写了单元测试用例，以测试 accountService Feign 客户端。在第一个测试方法中，将获取列表中的全部账户——列表的尺寸须大于 5。在第二个测试方法中，将获取 1001 账户 ID 的一个账户——这里，关联客户名须为 Arnav。在第三个测试方法中，利用 accountService Feign 客户端创建了一个账户。

8.8 本章小结

本章介绍了 Feign,这是一个 Netflix 发布的一个声明式 HTTP 客户端。我们学习了 Feign 如何简化 HTTP API 客户端,且无须通过大量的样板代码生成 HTTP API 客户端,进而访问微服务。我们仅需简单地使用一个注解接口,而实际实现将在运行期内被创建。

本章还讨论了 Feign 客户端,以及 Hystrix 针对 Feign 客户端的支持功能。另外,本章还实现了一个自定义编码器/解码器,用于对 Feign 请求和响应进行异常处理。同时,我们还创建了一些单元测试用例来测试 Feign 客户端。对此,读者还可以学习使用和定制相应的可配置选项,如日志记录和请求压缩。

第 9 章将介绍事件驱动型系统。

第 9 章 构建事件驱动和异步响应式系统

本章将深入讨论事件驱动架构，进而作为原生云应用程序构建事件驱动型微服务。其间，我们将考查分布式系统中数据一致性处理背后的一些较为重要的概念和主题，并尝试利用 Spring Cloud 和 Reactor（第 10 章将对此予以介绍）构建一个参考应用程序。

前述章节曾构建了微服务应用程序，同时介绍了如何利用 Netflix Zuul API 针对分布式应用程序实现了路由机制，还通过声明式 Feign 客户端实现了一个 REST 客户端。

在阅读完本章后，读者将能够较好地理解事件驱动型架构，进而了解如何利用 Spring Cloud Stream 构建事件驱动型和异步响应式系统。本章将通过响应式编程、基于 ReactiveX 和 Reactive Spring 的参考程序展示异步服务通信的需求条件和解决方案。

本章主要涉及以下主题：
- 事件驱动型架构模式。
- 响应式编程简介。
- Spring Reactive。
- ReactiveX。
- 命令查询的责任分离简介。
- Event Sourcing 简介。
- Eventual 一致性简介。
- 构建一个事件驱动型响应式异步系统。

9.1 事件驱动型架构模式

事件驱动型架构模式是一类软件架构模式，同时支持事件的生成、推理、使用和响应。这是一种较为常见的异步分布式架构，常用于开发高伸缩性的系统。

事件驱动型架构的主要目标是截取事件，并采用异步方式对其进行处理。事件驱动型架构主要涉及两种拓扑类型。

9.1.1 调停者拓扑

调停者拓扑（Mediator topology）包含了单一事件队列，以及一个调停者，用以安排队列中的事件，并导向至各自的处理器中。随后，此类事件将从事件通道中被传递至事件的过滤器或预处理器中。

事件队列可以以简单的消息队列或在大型分布式系统中传递消息的接口的形式实现。其中，第二种实现形式还涉及复杂的消息传输协议，如 Rabbit MQ 和 Kafka。

9.1.2 代理拓扑

代理拓扑并不包含任何事件队列。实际上，处理器自身负责析取事件并对其进行处理。在一个事件处理完毕后，处理器将指向另一个事件并对其执行析取和处理操作。根据拓扑的含义，处理器在此表示为一个事件链的代理，处理某个事件并于随后推出另一个事件进行处理，这一过程循环往复。

一些事件驱动 Web 框架包括以下方面：

- Spring Reactor（Java）。
- ReactiveX。
- Netty（Java）。
- Vert.X（JVM 语言）。
- React PHP（PHP）。

鉴于事件驱动型架构具有异步特征，因而该模式缺乏原子性，因为事件不存在可用的执行序列。由于事件处理器具有分布式和异步特性，因而相关结果期望在未来任意时刻均可提供结果，这很可能取决于回调的顺序。

考虑到事件驱动型架构的异步特性，因而该模式的测试过程相对困难。然而，由于其执行过程中的异步和非阻塞性质，事件驱动型架构模式的性能仍表现优异。这也使得处理过程可采用并行方式，且不存在队列机制所产生的开销。

虽然事件驱动型架构的可伸缩性较高，但研发成本也将成倍增加。具体来说，尽管该模式的异步特性具有较高的可伸缩性，但这也使得该模式及其组件的测试机制较为困难。另外，此类架构解耦特性使得处理器可采用并行方式处理事件，这种并行机制进一步提升了可伸缩性。

事件驱动型架构模式带来的好处之一是，应用程序可在多个服务器和多项服务间保持数据的一致性，且无须借助于分布式事务。然而，这一功能也使得完整模型变得更加复杂，也就是说，难以维护、难以开发。另外，这一类应用程序还可自动更新数据库并发布事件。

9.2 响应式编程简介

响应式编程是用非并发信息流进行自定义。这意味着它是用异步数据编码的。

数据流含义广泛且无所不在，任何事物均可表示为数据流——各种因素、客户端输入、属性、存储、信息节后等。例如，可将某个推特频道视为一个信息流，就像拍摄照片一样，用户可接收该数据流，并在必要时予以响应。

在此基础上，我们还将持有一个工具库，用于强化、生成、引导这些数据流。这期间也会涉及一些具体的操作。另外，一个数据流可对另一个数据流产生贡献。实际上，即使是不同的数据流也可对另一个数据流产生贡献结果。相应地，还可对两个数据流进行整合，或者引导某个数据流使其获得另一个所关注的数据流。最后，还可先期考查某个数据流，并于随后转至另一个新的数据流。

响应式编程的具体应用包括以下几点。

- ❑ 外部服务调用：当今，大量的后端服务实现了 RESTful 模型，并通过 HTTP 进行操作，这使得底层协议处于同步和阻塞状态。外部服务调用可避免 I/O 结束过程中的等待行为。
- ❑ 并发消息使用者：响应式编程框架中的消息处理包括测量微基准测试，且快速高效。消息路由的结果以每秒数千万的惊人速度出现。

接下来将在响应式编程模型的基础上讨论相关技术和框架。

9.2.1 Spring Reactive

Spring Reactive 是一个基于响应式编程的、针对 Reactive Web 应用程序的框架。至少，响应式编程允许使用非阻塞服务创建应用程序。大多数基于 Java 的应用程序构建于 Servlet API 上，并支持同步和阻塞语义。然而，随着对非阻塞 I/O 和异步事件支持的增加，Spring MVC 发现，添加处理现有应用程序的 HTTP 请求是可行的。

另外，在现有的框架和应用程序环境中引入非阻塞 I/O 较为困难，或者相对低效。对此，Spring Reactive 用于处理异步和非阻塞 I/O 问题。在传统的 Spring MVC 中，针对 Reactive Web 应用程序，TestController 利用集成测试将应用程序分发至新的响应式引擎。

针对有效、高效的 Spring Reactive 工作机制，Reactive Stream 规范十分重要，并支持异步组件提供者间的连接，如 HTTP 服务器、Web 框架、数据库驱动程序。

Reactive Stream 规范所涉及的内容较少，仅包含了 4 个接口以及某些规则。当组建异步逻辑时，Reactive Stream 规范需要借助于某个基础架构，因为它是作为 API 公开的。

Spring Reactive 采用 Reactor Core 这一类小型库，同时也是构建于 Reactive Stream 之上的函数、库和框架的基础内容。

最终的质量取决于同时处理多项需求的能力，以及静态处理相关操作的能力，例如从远程服务器中请求信息。

Spring Reactive 编程模型支持非阻塞服务和应用程序的编写，在与外部资源交互时，将命令式编程方法转换为异步的、非阻塞、函数式代码。

这里需要考查以下 3 种场景——Java 8 CompletableFuture 作为某种类型被还原、RxJava 的 Observable 作为某种类型被还原，以及 Spring Reactor Core 的 Flux。

9.2.2 ReactiveX

ReactiveX 是一个异步和事件驱动程序库，通过扩展观察者模式以支持数据和事件序列。其中包含了相关的操作符可声明序列，同时不必担心底层线程、线程安全、同步和非阻塞 I/O 等问题。ReactiveX 具有函数式、响应式以及可对随时间变化的离散值进行操作等特征。

ReactiveX Observable 的设计目标是帮助我们像处理数组一样轻松地处理异步事件，并消除了回调机制的复杂性，使得代码更具可读性，且不易受到 Bug 的攻击。ReactiveX Observable 包含以下优点：

- ❑ 组合性。ReactiveX Observable 模型可方便地生成一个异步事件流，并对多个事件流和事件序列进行整合。虽然其他技术，例如 Java Future，也可用于异步事件，但其复杂度有所上升。
- ❑ 灵活性。该模型支持多种不同的数值类型，而不仅仅是标量值。这也体现了该模型的灵活性和优雅性。
- ❑ 多样性。ReactiveX Observable 模型可通过多种方式加以实现，例如线程循环、事件循环、非阻塞 I/O，或者满足相关需求条件的其他实现方式，且不会偏向于特定的并发和异步源。
- ❑ 消除回调。在异步事件的嵌套执行过程中，回调会在代码中产生很多问题。
- ❑ 多种语言实现。ReactiveX 在 Observable 模型中实现了多种不同的语言。

下面考查另一种模式，以生成响应式和事件驱动型系统。

9.3 命令查询的责任分离简介

该模式基于命令查询分离（CQS）这一概念。因此，根据 CQS，需要将命令和查询分开，以使系统更具响应性和健壮性。这里，命令意味着查询向数据库写入内容，并改变域状态；查询则表示准备就绪且不改变域状态的询。

这些查询行为基于源自数据库或缓存某处的就绪访问。考查以下内容：
❑ 改变系统状态的命令。
❑ 从系统中获取信息的查询。

CQRS 与某些架构模式较为匹配，例如基于事件的编程模型。常见的情况是将 CQRS 系统划分为与事件协作进行通信的独立服务，以使这些服务可方便地利用事件源（Event Sourcing）。

这种架构模式改善了分布式应用程序的性能，其中，应用程序需要处理复杂的域驱动编程。因此，可将域驱动模块从其他部分（基于表示和只读的数据查询）中分离出来。我们可利用非阻塞调用异步地使用消息传递或事件驱动软件架构来写入数据库。考查如图 9.1 所示的应用程序架构，并查看 CQRS 模式如何应用于系统架构中。

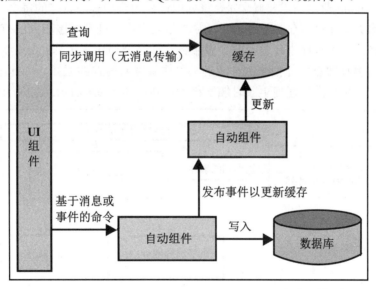

图9.1

可以看到，系统被分为两个不同的部分，如只读查询（组件用于读取操作）和命令查询（组件用于写入操作）。此类命令负责执行某项动作，或者更改系统状态。其中，自主组件表示为业务逻辑部分，进而可更新 Domain 模型，并通知客户端该变化是否被采纳。当检测到任何变化时，自主组件在检测到变化时将会通知所有人。在图 9.1 中，AC 组件产生一个域事件，更新数据库并通知另一个 AC 组件，进而更新应用程序中所使用的缓存内容。

第二部分则是用于客户端表示的查询数据，从系统中获取信息且不改变系统的状态。这一部分内容仅使用 View 模型，而非 Domain 模型。CQRS 模型与 Domain 模型和 View 模型间关注点分离相关，这些模型可以异步操作，以提高应用程序的性能。下面考查另一种与 CQRS 模式结合使用的模式，即 Event Sourcing 模式。

9.3.1　Event Sourcing 模式简介

根据 Event Sourcing 模式，将系统状态的所有更改捕获为事件序列称为事件源。

我们可以说，系统中的所有信息和数据都以事件的形式进行持久化，而事件只不过是一段信息，告诉系统已经发生的操作，例如域的创建、更新和删除。生成后的事件本质上是不可变的，且无法对其进行修改或删除。因此，这完全基于系统中所发生的事件。如果系统中产生某种操作，即会触发事件。

Event Sourcing 背后的主要概念是，将处理过程中应用程序状态的每个更改捕获到事件对象中。此类事件对象存储于序列中，并在与应用程序处理范围相同的范围内被触发。

假设分布式应用程序中包含了两个微服务，即 Account 和 Customer，对于添加的任何新客户或对客户数据的任何修改，我们都希望触发对客户的通知。除此之外，还希望在与客户相关的账户发生任何更改时触发移动通知，如图 9.2 所示。

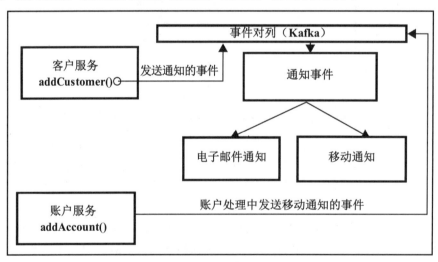

图 9.2

在图 9.2 中可以看到，当前示例引入了 Event Sourcing 模式，并向处理中添加了一个步骤。当前服务创建了一个事件对象，记录对应的变化并对其进行处理，进而更新客户和账户信息。

基于命令查询职责分离的 Event Sourcing 系统中包含了两部分内容，即命令和查询。其中，命令查询与数据库写入相关；查询则与前端数据读取相关。但是，对于前端中使用的这一类模型来说，分离模型将会产生数据一致性问题。下面讨论如何在采用最终一致性的分布式事件驱动型系统中维护数据一致性问题。

9.3.2 最终一致性

对于实现高可用性的、基于事件的分布式应用程序，最终一致性是一类一致性模型。如果在系统中没有对域进行更改，那么它将返回该域的最后一个更新值。最终一致性也称作乐观复制（optimistic replication）。

在如图 9.1 所示的 CQRS 模式示意图中，我们采用了缓存返回客户端发送的查询结果。因此，如果系统中未对域进行任何更改，缓存将被更新。实际上，几乎每个缓存均基于最终一致性模型。

典型情况下，在需要向客户端显示数据的、带有命令查询责任隔离的事件源系统中，须包含 3 个彼此协作的组件，如图 9.3 所示。

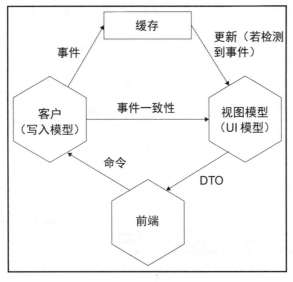

图 9.3

不难发现，写入模型将接收命令，并生成数据库事件和需要更新的缓存；而实际模型则接收事件并将数据对象返回至前端客户端。

前述内容介绍了与事件驱动型分布式应用程序相关的某些模式，例如事件驱动型架构、命令查询职责分离、事件源和最终一致性模型。下面将尝试使用消息队列，例如 Kafka 和 Spring Cloud Stream，实现事件驱动型异步系统。

9.4 构建事件驱动型响应式异步系统

本节将构建一个示例项目，进而展示如何利用事件驱动型架构、Spring Cloud Stream、Spring Boot、Apache Kafka、Spring Netflix Eureka 创建一个实时流式应用程序。如图 9.4 所示为相应的应用程序架构。

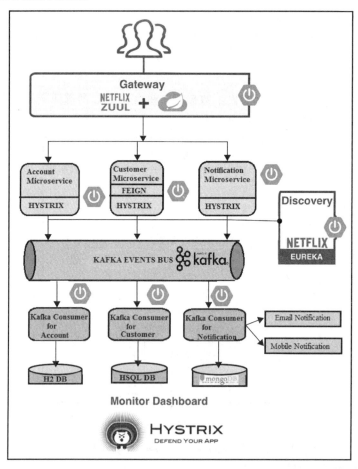

图9.4

之前曾采用了 Netflix Hystrix 实现了一种断路器模式，第 10 章还将对此加以深入讨论。除此之外，我们还利用 Netflix Zuul 配置了 API 网关代理，相关内容参见第 7 章。

前述章节还讨论了利用微服务架构将复杂系统解耦为简单、独立的微服务。在本章中，我们介绍了事件驱动型微服务架构，这可视作一种用于生成、处理事件和实现应用程序的方法学，其中，事件在解耦的软件组件和服务间传输。

接下来将利用微服务（如 Account、Customer 和 Notification）构建一个应用程序。当生成客户记录，或某位客户的账户时，通知服务将发送一封邮件或一条移动通知。

当前，我们持有 3 个解耦服务，即 Account、Customer 和 Notification，且全部均是可独立部署的应用程序。另外，我们还通过 Netflix Zuul 并针对 API 网关生成了边缘服务。其中，Account 服务可用于创建、读取、更新、删除客户账户。当创建一位新客户时，Account 服务将向 Kafka 主题发送一条消息。

类似地，Customer 服务用于创建、读取、更新、删除数据库中的一位客户。当生成某位新客户时，Customer 服务将向 Kafka 主题发送一条消息。此外，Notification 服务还将发送邮件和 SMS 通知。Notification 服务监听来自传入的客户和账户消息的主题，然后通过向给定的电子邮件和移动端发送通知来处理这些消息。

Account 和 Customer 微服务包含自身的 H2 数据库，而 Notification 服务则使用 MongoDB。在当前应用程序中，我们将采用 Spring Cloud Stream 模块提供应用程序中的抽象消息机制，该框架用于构建事件驱动型微服务应用程序。

9.5 Spring Cloud Streaming 简介

Spring Cloud Stream 框架用于构建消息驱动型微服务应用程序，并从特定的消息代理实现中将消息生产者和使用者代码抽象出来。Spring Cloud Stream 提供了相应的输入和输出通道，并为外部世界的通信提供服务。Spring Cloud Stream 构建于 Spring Boot 之上，并可创建独立的和生产级的应用程序。另外，Spring Integration 还提供了 Spring Cloud Stream 的消息代理连接机制。通过向应用程序代码中注入绑定依赖关系，可方便地添加消息代理，例如 Kafka 和 RabbitMQ。

考查下列 Spring Cloud Stream 的 Maven 依赖关系：

```
<dependency>
<groupId>org.springframework.cloud</groupId>
<artifactId>spring-cloud-stream-reactive</artifactId>
</dependency>
```

上述 Maven 依赖关系添加了 Spring Cloud Stream 依赖关系响应式模型。下面查看如何启用应用程序并连接消息代理，如下所示：

```
@EnableBinding(NotificationStreams.class)
public class StreamsConfig {
}
```

在上述代码中，注解@EnableBinding 用于启用应用程序和消息代理之间的连接，该注解使用一个或多个接口作为参数。在当前示例中，我们传递了 NotificationStreams 接口作为参数，如下所示：

```
public interface NotificationStreams {
String INPUT = "notification-in";
String OUTPUT = "notification-out";
@Input(INPUT)
SubscribableChannel subscribe();
@Output(OUTPUT)
MessageChannel notifyTo();
}
```

可以看出，接口声明了输入和/或输出通道，这也是当前示例中的自定义接口。当然，读者还可使用 Spring Cloud Stream 提供的 Source、Sink 和 Processor 等接口，具体如下。

- Source：该接口可用于包含单一出站（outbound）通道的应用程序。
- Sink：该接口可用于包含单一入站（inbound）通道的应用程序。
- Processor：该接口用于包含入站和出站通道的应用程序。

另外，在上述代码中，注解@Input 用于标识输入通道，并使用这个标识符接收输入到应用程序的消息。类似地，注解@Output 用于标识输出通道，通过该标识符，发布的消息将离开当前应用程序。

@Input 和@Output 注解采用名称参数作为通道名；如果未提供该名称，那么，默认状态下，将使用注解方法的名称。在当前应用程序中，我们使用了 Kafka 作为消息代理，下面对此加以详细讨论。

9.5.1 向应用程序中添加 Kafka

Apache Kafka 是一个基于发布-订阅的高性能、横向伸缩的消息传递平台，其设计宗旨是具备快速、可伸缩性和分布式特征。Spring Cloud Stream 支持 Kafka 和 RabbitMQ 的绑定器实现。首先，需要在机器上安装 Kafka，下面对此予以介绍。

9.5.2 安装和运行 Kafka

读者可访问 https://kafka.apache.org/downloads 下载 Kafka，并利用下列命令执行解压操作：

```
> tar -xzf kafka_2.12-1.1.0.tgz
> cd kafka_2.12-1.1.0
```

下列命令用于启用 ZooKeeper 和 Kafka（Windows 环境下）：

```
> bin\windows\zookeeper-server-start.bat configzookeeper.properties
> bin\windows\kafka-server-start.bat configserver.properties
```

通过下列命令可在 Linux 环境下启用 ZooKeeper 和 Kafka：

```
> bin/zookeeper-server-start.sh config/zookeeper.properties
> bin/kafka-server-start.sh config/server.properties
```

在机器上启用 Kafka 后，下面在应用程序中添加 Kafka Maven 依赖关系，如下所示：

```
<dependency>
<groupId>org.springframework.cloud</groupId>
<artifactId>spring-cloud-stream-binder-kafka</artifactId>
</dependency>
<dependency>
<groupId>org.springframework.cloud</groupId>
<artifactId>spring-cloud-stream-binder-kafka-streams</artifactId>
</dependency>
```

不难发现，这里添加了 Spring Cloud Stream 和 Kafka 绑定器。在添加了上述依赖关系后，接下来设置 Kafka 的配置属性。

9.5.3 Kafka 配置属性

针对某个微服务，考查下列 application.yml 配置：

```
spring:
  application:
    name: customer-service
  cloud:
```

```yaml
    stream:
      kafka:
        binder:
          brokers:
            - localhost:9092
        bindings:
          notification-in:
            destination: notification
            contentType: application/json
          notification-out:
            destination: notification
            contentType: application/json
```

该文件配置了所连接的 Kafka 服务器地址，以及代码中用于入站和出站数据流的 Kafka 主题。其中，contentType 属性通知 Spring Cloud Stream 作为数据流中的字符串发送或接收消息对象。

9.5.4　用于写入 Kafka 的服务

考查下列服务类，该类将在应用程序中写入 Kafka。

```java
@Servicepublic class NotificationService {

private final NotificationStreams notificationStreams;

public NotificationService(NotificationStreams notificationStreams) {
 super();
 this.notificationStreams = notificationStreams;
}

public void sendNotification(final Notification notification) {
 MessageChannel messageChannel = notificationStreams.notifyTo();
 messageChannel.send(MessageBuilder.withPayload(notification)
   .setHeader(MessageHeaders.CONTENT_TYPE, MimeTypeUtils.APPLICATION_JSON)
   .build());
 }
}
```

在上述服务类中，sentNotification()方法使用了一个注入后的 NotificationStreams 对

象,并发送应用程序中 Notification 对象所表示的消息。Controller 类将触发 Kafka 的消息发送行为,接下来将对此加以讨论。

9.5.5　Rest API 控制器

在考查 Rest Controller 类时,我们将创建一个 REST API 端点,该控制器将利用 NotificationService Spring Bean 触发针对 Kafka 的消息发送行为,如下所示:

```
@RestController
public class CustomerController {
...
@Autowired
CustomerRepository customerRepository;
@Autowired
AccountService accountService;
@Autowired
NotificationService notificationService;
@PostMapping(value = "/customer")
public Customer save (@RequestBody Customer customer){
Notification notification = new Notification("Customer is created",
"admin@dineshonjava.com", "9852XXX122");
notificationService.sendNotification(notification);
return customerRepository.save(customer);
}
...
...
}
```

在上述 Customer 服务的 Controller 类中,可以看到该类与 NotificationService 间存在依赖关系。其中,save()方法负责在对应的数据库中创建一个客户;同时还将利用 Notification 对象生成一条通知消息,并将其通过 NotificationService 的 sendNotification() 方法发送至 Kafka 中。接下来考查 Kafka 如何通过主题名通知监听该消息。

9.5.6　监听 Kafka 主题

此处将创建一个监听器类 NotificationListener,监听 Kafka 通知主题上的消息,并向客户发送电子邮件和 SMS 通知,如下所示:

```
@Component
public class NotificationListener {
```

```
@StreamListener(NotificationStreams.INPUT)
public void sendMailNotification(@Payload Notification notification) {
System.out.println("Sent notification to email:
"+notification.getEmail()+"Message: "+notification.getMessage());
}
@StreamListener(NotificationStreams.INPUT)
public void sendSMSNotification(@Payload Notification notification) {
System.out.println("Notified with SMS to mobile:
"+notification.getMobile()+" Message: "+notification.getMessage());
}
}
```

其中，NotificationListener 类定义了两个方法，即 sendMailNotification() 和 sendSMSNotification()方法。对于 Kafka 通知主题上的每个新的 Notification 消息对象，Spring Cloud Stream 将调用这些方法。此类方法采用@StreamListener 进行注解，该注解使得方法监听器接收流处理所需的事件。

本章并未列出事件驱动型应用程序的完整代码，读者可访问 GitHub 获取全部内容，对应网址为 https://github.com/PacktPublishing/Mastering-Spring-Boot-2.0。

下面运行当前应用程序，并测试事件驱动型应用程序的工作方式。首先，应确保运行 Kafka 和 Zookeeper，其中，Kafka 服务器将运行于 http://localhost:9092 上。

接下来运行 EurekaServer、ApiZuulService、AccountService、CustomerService 和 NotificationService。在浏览器中开启 Eureka Dashboard 后，对应结果如图 9.5 所示。

Application	AMIs	Availability Zones	Status
ACCOUNT-SERVICE	n/a (1)	(1)	UP (1) - MRNDTHTMOBL0002.timesgroup.com:account-service:6060
API-GATEWAY	n/a (1)	(1)	UP (1) - MRNDTHTMOBL0002.timesgroup.com:API-GATEWAY:8080
CUSTOMER-SERVICE	n/a (1)	(1)	UP (1) - MRNDTHTMOBL0002.timesgroup.com:customer-service:6161
NOTIFICATION-SERVICE	n/a (1)	(1)	UP (1) - MRNDTHTMOBL0002.timesgroup.com:notification-service:6262

图 9.5

不难发现，全部服务均处于运行状态。下面创建一个 Customer 对象并触发 Kafka 事件。此处使用了 Postman 作为 REST 客户端，关于 Postman，第 11 章将对此加以讨论。考查图 9.6，其中，我们通过 Zuul API Gateway，并采用 http://localhost:8080/api/customers/customer API 创建了一个新的客户。

第 9 章　构建事件驱动和异步响应式系统

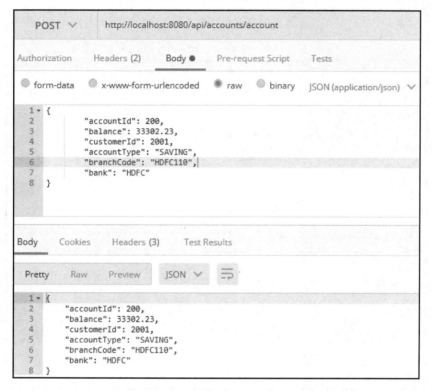

图 9.6

这里，我们在数据库中输入了一个新的客户记录。如前所述，当创建新客户时，将针对 Kafka 触发一条消息，并利用 Notification 微服务发送电子邮件和 SMS 通知。图 9.7 显示了 Notification 微服务的控制台输出结果。

```
Console    Progress    Problems    Search
Chapter-09-notification-service - NotificationServiceApplication [Spring Boot App] C:\Program Files\Java\jre1.8.0_161\bin\javaw.exe
Sent notification to email: admin@dineshonjava.com Message: Account is created
Notified with SMS to mobile: 9852XXX122 Message: Account is created
```

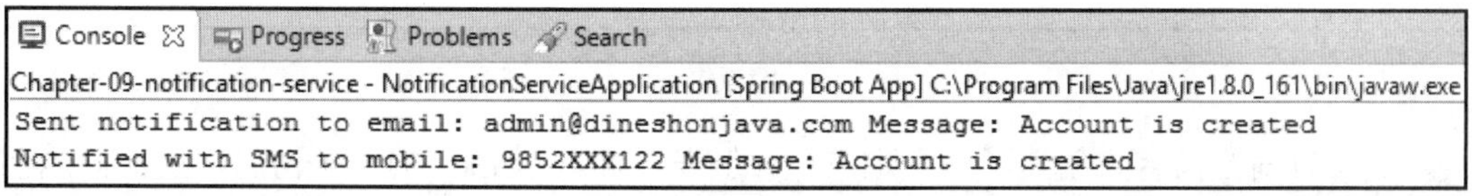

图 9.7

利用 Customer 服务，我们创建了一个新客户，这将触发一条通知，并通过 Kafka 代理发送至当前客户。显然，这是一个消息驱动型异步调用。

类似地，当针对新客户创建一条账户记录时，Kafka 将针对账户的创建监听另一条新的通知消息，对应结果如图 9.8 所示。

图 9.9 显示了 Notification 微服务的控制台输出结果。

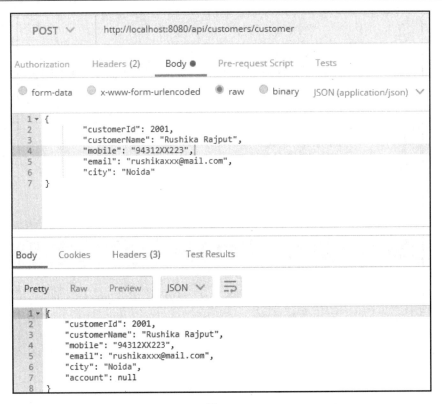

图 9.8

图 9.9

其中针对当前客户创建了一个账户，并触发了针对 Kafka 的一条消息，进而向当前客户发送电子邮件和 SMS 消息。当访问 http://localhost:8080/api/customers/customer/2001 时，图 9.10 显示了生成客户后的客户记录。

可以看到，当前客户拥有完整的信息，包括所关联的账户对象。至此，本章通过 Spring Cloud Stream、Kafka Event Bus、Spring Netflix Zuul 以及 Spring Discovery Service 构建了事件驱动型微服务，读者可访问 https://github.com/PacktPublishing/Mastering-Spring-Boot-2.0 获取 GitHub 存储库中完整的示例代码。

图 9.10

9.6 本章小结

本章讨论了事件驱动、命令查询职责分离、事件源以及最终一致性等设计模式。其间，Spring Cloud Stream 通过另一种方式并基于事件驱动和消息驱动创建了分布式应用程序。

对于包含多项微服务的事件驱动型架构，本章在此基础上构建了一个系统，其中利用 Kafka（作为消息代理）和 Spring Cloud Stream，作为对 Kafka 和 RabbitMQ 绑定器的支持。最后本章通过 Kafka 实现了一个事件驱动型系统。

第 10 章将通过对 Hystrix 和 Turbine 的讨论来实现一个弹性系统。

第 10 章 利用 Hystrix 和 Turbine 构建弹性系统

本章将通过基于 Netflix Hystrix 库的参考实现讨论断路器模式，同时还将配置 Turbine 仪表盘，并从多项服务中整合 Hystrix 数据流。此外，我们还将介绍与 Turbine 仪表盘相关的某些重要概念，进而从多项服务中整合数据流。

如前所述，在微服务结构中，单体应用程序将被划分为多个软件组成部分，且各部分内容作为独立服务予以部署。这一系统也称作分布式系统，且包含了诸多优点，第 4 章曾对此有所讨论。根据原生云应用程序的分布特征，与单体应用程序相比，其间也包含了更多的潜在故障模式。随着服务数量在分布式系统中的不断增加，出现连锁故障的几率也就越大。

由于每个传入的请求将会面临数十个甚至数百个不同的微服务，因此，依赖项中的某些故障实际上难以避免。关于容错机制，曾有以下名言：

"如果未采用任何措施以确保容错，那么，30 个依赖项（其中，每个依赖项具有 99.99% 的正常运行时间）将会导致至少两个小时的停机时间（99.99%30=99.7%正常运行时间=2+ 每月小时数）"。

——Ben Christensen，Netflix 工程师

本章将介绍一种模式，以防止微服务中的连锁故障，从而消除分布式系统中的无效服务。

在阅读完本章后，读者将能够更好地理解容错机制、断路器模式、如何采用 Netflix Hystrix 库防止分布式系统中的连锁故障，以及如何启用 Hystrix 和 Turbine 仪表盘进而对故障进行监视。

本章主要涉及以下主题：
- ❏ 断路器模式。
- ❏ 通过参考实现使用 Hystrix 库。
- ❏ 自定义默认配置。
- ❏ Hystrix Metrics Stream。
- ❏ Hystrix Dashboard。
- ❏ Turbine Dashboard。
- ❏ 基于 Hystrix 和 Feign 的 REST 使用者。

10.1 断路器模式

在分布式软件系统中，较为常见的情形是，利用网络间的不同环境，针对运行在不同机器设备上的服务执行远程调用。其间，客户端过载可能会导致远程调用失败，并在达到超时限制之前没有任何响应，这对于分布式系统来说是一类较为严重的问题。在单体结构中，在应用程序外部调用远程服务并不十分常见，通常是内存调用。这也是内存调用和远程调用之间较为显著的不同，而远程调用有时会产生故障。

断路器模式可防止在分布式软件系统中出现此类故障。断路器模式背后的理念十分简单：只需为远程函数调用创建一个断路器对象，用于监视分布式软件系统中的级联故障。其中，每个断路器包含一个故障阈值，一旦到达该阈值，断路器即会在系统中开启。所有对断路器的进一步调用都会返回一个错误、一个空对象或硬编码值，而根本不会执行受保护的调用。

断路器可防止系统中不断产生的故障。设计模式为开发人员在软件编程过程中重复出现的问题、任务和 Bug 提供另外相应的解决方案。当接触到错误的方法调用的边缘时，断路器模式将开启通路。特征匹配是利用拦截器测算执行结果并显示异常；在达到极限后，拦截器返回时将不会调用当前目标。

图 10.1 显示了一个分布式软件系统。

在图 10.1 中，使用者将通过断路器调用生产者服务。同时，该断路器还将对故障进行监视。如果系统中产生了任何与网络故障相关的问题，系统将由于过载（即超时）而被挂起。断路器监视所有此类故障，一旦到达故障阈值将会防止连锁故障的出现。在分布式软件系统中，断路器可在不调用生产者生成的远程服务的情况下打开并服务于请求。

虽然超时行为限制了框架资源数据的使用，但断路器则更加有用。电子开关可以识别故障，并阻止移动应用程序尝试执行注定失败的操作。与 HttpClient Retry 设计相反，这种设计模式倾向于消除重复出现的错误。

我们可以使用断路器设计模式将客户端数据资源从任何注定会失败的调用中节省出来，同时还可以节省服务器端的数据资源。如果服务器处于错误状态，如过载状态，在服务器端添加额外的堆并不是一个明智之举。

断路器模式旨在生成安全的工作调用。根据当前状态，相关调用将被拒绝或执行。作为一项规则，断路器实现了以下 3 种状态：

❑ 关闭状态。
❑ 开启状态。

❑ 半开启状态。

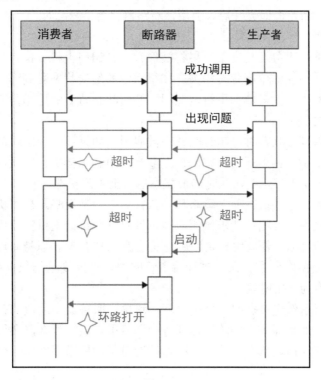

图 10.1

图 10.2 显示了断路器的状态示意图。

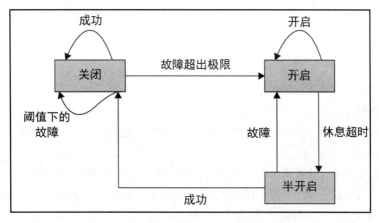

图 10.2

对于全部成功的远程调用，或者处于阈值之下的故障，断路器将处于关闭状态。若故障超出了极限，断路器即会开启。随后，断路器将会重置超时，并转换为半开启状态，且在成功后被关闭。

在关闭状态下，事务及其度量结果将被保存，且调用也将被执行。其中，度量结果十分重要，且多与系统的健康状态相关。如果系统的健康状态受到影响，断路器将不再处于开启状态。其中，大多数调用将被驳回，开启状态背后的思想是赋予服务器端更多的时间以处理相关问题。

当断路器进入打开状态时，超时时钟将被启用。如果该时钟出现故障，那么电子开关将变为半开启状态。在半开启状态下，大多数调用偶尔会执行一次，以检查问题是否已被处理。假设一切工作正常，此时当前状态返回至关闭状态。

断路器通道采用了"执行前"策略和"执行后"两种策略。在"执行前"策略中，系统将验证是否允许执行相关请求。相应地，针对每个目标主机将使用一个专用的断路器，以记录最终的目标。若调用被允许，则需维护 HTTP 交换以持有度量结果。通过将输出结果指定于交换内容中，在"执行后"策略中，交换度量结果问题将被关闭。5xx 状态响应将被转换为一条错误信息。

同样，断路器示例也可在服务器端执行。这里，服务器端通道的范围是目标任务，而不是目标主机。如果筹备完毕的目标任务中涵盖了错误，那么，调用将立刻被驳回，同时还包含了对应的错误状态。使用服务器端通道可确保错误操作不会被允许消耗过多的数据资源。

下面将考查 Spring Cloud 如何支持这一断路器模式，也就是说，在分布式微服务中使用 Netflix Hystrix 作为默认的容错机制。

10.2 使用 Hystrix library

Spring Cloud 支持 Netflix 工具。Netflix 开发了一个基于断路器模式实现的库，名为 Hystrix。在微服务架构中，可利用 Hystrix 库防止连锁故障，因为在微服务体系结构中，跨网络且在不同的机器上承载多个独立服务是非常常见的。基于微服务的系统包含多个服务调用层。

在微服务架构中，分布式系统的连锁故障可导致底层服务故障。因此，Netflix Hystrix 提供了一种方式可防止系统整体出现故障，即使用回退调用；同时，开发人员可提供一个回退。另外，每个断路器均包含自身的故障阈值。在 Hystrix 中，如果在一个由 metrics.rollingStats.timeInMilliseconds（默认为 10 秒）定义的行程中，特定服务调用的次数超出了 circuitBreaker.requestVolumeThreshold（默认时为 20 个请求），且故障的百分比大于 metrics.rollingStats.timeInMilliseconds（默认为 10 秒）定义的 circuitBreaker.errorThresholdPercentage（默认大于 50%），则会开启 Hystrix，且调用对于当前特定服务无效。

图 10.3 显示了 Hystrix 回退如何防止连锁故障。

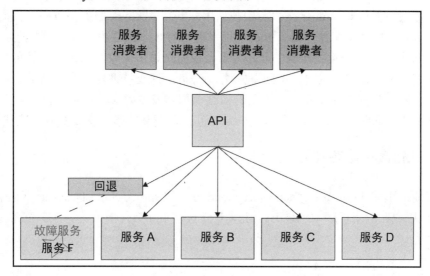

图 10.3

Hystrix 回退可有效地防止分布式系统中的连锁故障，这其中会涉及多个服务，如服务 A、服务 B、服务 C、服务 D 和服务 E。服务使用者通过 API 网关调用此类远程服务，但任何特定的服务故障均可导致系统出现故障。开放的通路可以防止系统的整体故障，并留出一定的时间对该故障服务进行修复。相应地，开发人员负责提供这一回退，它可以是另一个受 Hystrix 保护的调用、空对象或一些静态数据。另外，开发人员还可定义一个回退链，以生成一个业务任务调用，并将另一个回退转换为静态数据或空业务对象，这完全取决于具体的业务需求。

接下来考查如何在应用程序中引入和配置 Hystrix。

10.3 在应用程序中配置 Hystrix

本节将在前述示例的基础上讨论 Spring Cloud Netflix Hystix，并实现断路器模式，我们将制定一种策略，进而有效地防止分布式系统中底层服务的连锁故障。首先，将在

Customer 和 Account 微服务应用程序中配置 Hystrix，具体如下。

- ❑ Account 微服务：该微服务将向 Account 实体生成一些基本的功能，并从 Customer 服务中调用该 Account 服务，以理解断路器模式。Account 微服务将运行于本地主机的 6060 端口上。
- ❑ Customer 微服务：基于 REST 的微服务，其中采用 Hystrix 实现了断路器。Account 微服务将从 Customer 微服务中被调用，一旦 Account 服务不可用，我们将会看到相应的回退路径。Customer 微服务将运行于本地主机的 6161 端口上。

Hystrix 将监视调用远程服务的一些方法，以防止调用失败。如果存在某种故障，则会开启通路，并将调用转发给一个回退方法。Hystrix 库支持针对某个阈值的容错机制，当到达阈值时，将开启断路器，并将所有后续调用转发至对应的回退方法，以防止系统整体出现故障；同时还为故障服务预留一定时间，以便从故障状态恢复到健康状态。

10.3.1　Maven 依赖关系

相应地，可利用 org.springframework.cloud 分组和 spring-cloudstarter-netflix-hystrix 添加 starter，以便在应用程序中包含 Hystrix。考查 pom.xml 文件中的下列 Maven 依赖关系：

```
<dependency>
    <groupId>org.springframework.cloud</groupId>
    <artifactId>spring-cloud-starter-netflix-hystrix</artifactId>
</dependency>
```

向当前项目中加入上述 Maven 依赖关系将包含 Hystrix 库。

10.3.2　启用断路器

向 main 配置应用程序中添加 @EnableCircuitBreaker 注解，将启用应用程序中的断路器。考查下列代码：

```
package com.dineshonjava.customerservice;

import org.springframework.boot.SpringApplication;
import org.springframework.boot.autoconfigure.SpringBootApplication;
import org.springframework.cloud.client.circuitbreaker.EnableCircuitBreaker;
import org.springframework.cloud.client.loadbalancer.LoadBalanced;
import org.springframework.cloud.netflix.eureka.EnableEurekaClient;
import org.springframework.context.annotation.Bean;
```

```java
import org.springframework.web.client.RestTemplate;

@SpringBootApplication
@EnableEurekaClient
@EnableCircuitBreaker
public class CustomerServiceApplication {

  public static void main(String[] args) {
        SpringApplication.run(CustomerServiceApplication.class, args);
  }
...
        ...
}
```

这里使用了@EnableCircuitBreaker 注解启用应用程序中的断路器。接下来讨论如何向应用程序的服务层中添加 Hystrix 功能。

10.3.3 向服务中添加 Hystrix 注解

Netflix Hystrix 提供了一个@HystrixCommand 注解并可用于服务层，进而加入断路器模式中的相关功能。考查下列代码：

```java
package com.dineshonjava.customerservice.service;

import java.util.ArrayList;
import java.util.List;

import org.springframework.beans.factory.annotation.Autowired;
import org.springframework.cloud.client.loadbalancer.LoadBalanced;
import org.springframework.stereotype.Service;
import org.springframework.web.client.RestTemplate;

import com.dineshonjava.customerservice.domain.Account;
import com.netflix.hystrix.contrib.javanica.annotation.HystrixCommand;

@Service
public class AccountServiceImpl implements AccountService {
   @Autowired
   @LoadBalanced
   RestTemplate restTemplate;
   @HystrixCommand(fallbackMethod = "defaultAccount")
   public List<Account> findByCutomer(Integer customer) {
```

```
        //do stuff that might fail
        return restTemplate.getForObject("http://ACCOUNTSERVICE/
account/customer/{customer}", List.class, customer);
}
    public List<Account> defaultAccount() {
        /* something useful */;
return new ArrayList<>();
    }
}
```

此处在 findByCutomer(Integer customer)方法前使用了@HystrixCommand(fallbackMethod = "defaultAccount")注解。fallbackMethod 属性表示为针对回退条件的 defaultAccount()方法。该回退方法可包含任意访问标识符。如前所述，Netflix 针对容错机制通过了强大的库，Hystrix 可在将代码包装在断路器中之后，将代码封装在 HystrixCommand 对象中。

Spring Cloud 为那些采用@HystrixCommand 注解的 Spring Bean 创建一个代理，同时，这一代理将连接至 Hystrix 断路器上。相应地，这一断路器将监视何时开启、关闭通路，并对故障采取相应的策略以执行相关操作。另外，还可以使用带有@HystrixProperty 注解列表的 commandProperties 属性，进而配置@HystrixCommand。

需要注意的是，Hystrix 命令和回退应置于相同的类中，并包含相同的方法签名（针对故障执行异常的可选参数）。

之前声明的 defaultAccount 方法将用于处理错误发生后的回退逻辑。如果需要作为单独的 Hystrix 命令运行 defaultAccount 回退方法，则需要利用 HystrixCommand 对其进行注解，如下所示：

```
@HystrixCommand(fallbackMethod = "defaultAccount")
public Account getAccountById(String id) {
    return accountService.getAccountById(id);
}

@HystrixCommand
private Account defaultAccount(String id) {
    return new Account();
}
```

可以看到，我们通过@HystrixCommand 标记了一个回退方法；当前，defaultAccount 回退方法还包含了另一个回退方法，如下所示：

```
@HystrixCommand(fallbackMethod = "defaultAccount")
    public Account getAccountById(String id) {
        return accountService.getAccountById(id);
```

第 10 章 利用 Hystrix 和 Turbine 构建弹性系统

```
    }
    @HystrixCommand(fallbackMethod = "defaultUserSecond")
     private Account defaultAccount(String id) {
        return new Account();
    }
    @HystrixCommand
    private Account defaultAccountSecond(String id) {
        return new Account("1002", "2000");
    }
```

此处，我们声明了 defaultAccountSecond 回退方法，并作为第一个 defaultAccount 回退方法的回退方法。

Hystrix 库还可传递额外的参数，以便获取某个命令抛出的异常。考查下列代码示例：

```
@HystrixCommand(fallbackMethod = "fallback1")
public Account getAccountById(String id) {
    throw new RuntimeException("getAccountById command raised error");
}

@HystrixCommand(fallbackMethod = "fallback2")
Account fallback1(String id, Throwable e) {
    throw new RuntimeException("fallback1 raised error");
}

@HystrixCommand(fallbackMethod = "fallback3")
Account fallback2(String id) {
    throw new RuntimeException("fallback2 raised error");
}

@HystrixCommand(fallbackMethod = "staticFallback")
Account fallback3(String id, Throwable e) {
    throw new RuntimeException("fallback3 raised error");
}

Account emptyObjectFallback(String id, Throwable e) {
    return new Account();
}
```

上述代码包含了多个回退方法，其中包含了 Throwable 类型的附加参数；每个回退均通过附加的 Throwable 参数包含了自身的回退方法，并将命令异常传递至 fallback 方法中。

10.3.4 错误传递

@HystrixCommand 注解可用于指定所忽略的异常类型，如下所示：

```
@HystrixCommand(ignoreExceptions = {BadRequestException.class})
public Account findAccountById(String id) {
    return accountService.findAccountById(id);
}
```

如果 accountService.findAccountById(id)抛出一个 BadRequestException 类型的异常，那么，该异常将被封装至 HystrixBadRequestException，并在不引发回退逻辑的基础上被抛出。

下面尝试针对 customer 服务创建 REST 控制器。

10.4　在客户服务中实现 REST 控制器

本节尝试针对 Customer 微服务实现一个 CustomerController REST 控制器，并针对 CRUD 操作公开某些端点。/customer/{customerId}端点简单地返回既定客户 ID 的详细信息，以及所关联的 account 细节内容。对于 account 的详细内容，这将调用已设定完毕并通过主机和端口号部署的另一个微服务，并公开某些端点，如/account/customer/{customer}。考查下列 REST 控制器类：

```
package com.dineshonjava.customerservice.controller;

import java.util.ArrayList;
import java.util.List;

import org.springframework.beans.factory.annotation.Autowired;
import org.springframework.web.bind.annotation.DeleteMapping;
import org.springframework.web.bind.annotation.GetMapping;
import org.springframework.web.bind.annotation.PathVariable;
import org.springframework.web.bind.annotation.PostMapping;
import org.springframework.web.bind.annotation.PutMapping;
import org.springframework.web.bind.annotation.RequestBody;
import org.springframework.web.bind.annotation.RestController;

import com.dineshonjava.customerservice.domain.Customer;
import com.dineshonjava.customerservice.repository.CustomerRepository;
```

```java
import com.dineshonjava.customerservice.service.AccountService;

@RestController
public class CustomerController {
    @Autowired
    CustomerRepository customerRepository;
    @Autowired
    AccountService accountService;
    @PostMapping(value = "/customer")
    public Customer save (@RequestBody Customer customer){
        return customerRepository.save(customer);
    }
    @GetMapping(value = "/customer")
    public Iterable<Customer> all (){
        List<Customer> customers = new ArrayList<>();
        for(Customer customer : customerRepository.findAll()){
customer.setAccount(accountService.findByCutomer(customer.getCustomerId()));
        }
        return customers;
    }
    @GetMapping(value = "/customer/{customerId}")
    public Customer findByAccountId (@PathVariable Integer customerId){
        Customer customer =customerRepository.findByCustomerId(customerId);
        customer.setAccount(accountService.findByCutomer(customerId));
        return customer;
    }
    @PutMapping(value = "/customer")
    public Customer update (@RequestBody Customer customer){
        return customerRepository.save(customer);
    }
    @DeleteMapping(value = "/customer")
    public void delete (@RequestBody Customer customer){
        customerRepository.delete(customer);
    }
}
```

不难发现，其中注入了两个属性，即 AccountService 和 CustomerRepository。其中，CustomerRepository 用于访问客户数据；AccountService 则是一个 Account 微服务的委托服务。下面考查如何创建一个 AccountService.java 委托层，并调用 Account 服务，如下所示：

```java
package com.dineshonjava.customerservice.service;

import java.util.ArrayList;
```

```java
import java.util.List;

import org.springframework.beans.factory.annotation.Autowired;
import org.springframework.cloud.client.loadbalancer.LoadBalanced;
import org.springframework.stereotype.Service;
import org.springframework.web.client.RestTemplate;

import com.dineshonjava.customerservice.domain.Account;
import com.netflix.hystrix.contrib.javanica.annotation.HystrixCommand;

@Service
public class AccountServiceImpl implements AccountService {
    @Autowired
    @LoadBalanced
    RestTemplate restTemplate;
    @HystrixCommand(fallbackMethod = "defaultAccount")
    public List<Account> findByCutomer(Integer customer) {
        return restTemplate.getForObject("http://ACCOUNT-SERVICE/account/customer/{customer}", List.class, customer);
    }
    private List<Account> defaultAccount(Integer customer) {
        List<Account> defaultList = new ArrayList<>();
        defaultList.add(new Account(0000, 1.000, 0000, "UNKNOWN ACCOUNT TYPE", "UNK", "FALLBACK BANK"));
        return defaultList;
    }
}
```

在 AccountService 代码中，执行了下列步骤以开启 Hystrix 断路器：

（1）Account 微服务通过 RestTemplate 提供的 Spring Framework 被调用。

（2）使用@HystrixCommand(fallbackMethod = "defaultAccount")注解添加 Hystrix 命令，并启用一个回退方法；此处需要添加另一个 defaultAccount 方法，该方法的签名与命令方法 findByCutomer(Integer customer)的签名相同，并在实际的 Account 服务关闭时被调用。

（3）添加 defaultAccount(Integer customer)回退方法，这将返回一个默认值。

基于 Hystrix 的 Customer 微服务将使用到采用 Eureka 注册服务注册的 Account 微服务，这一 REST 账户服务与前述章节中所创建的内容相同，读者可访问 GitHub 获取完整的示例代码，对应网址为 https://github.com/PacktPublishing/Mastering-Spring Boot-2.0。

接下来将对 customer 服务进行构建和测试。

10.5 构建和测试客户服务

下面利用 mvn clean install 命令构建 Eureka 服务器、Customer 和 Account 服务，并于随后通过 Java 命令运行全部服务。其中，Customer 服务位于 6161 端口上，Account 服务则位于 6060 端口上。但此处将使用到 Spring Cloud Eureka 注册服务器，因而无须通过实际的主机名和端口调用 Customer 服务中的 Account 服务。也就是说，仅使用逻辑服务名（http://ACCOUNT-SERVICE）即可。

打开浏览器并输入 http://localhost:6161/customer/1001，进而获取 Customer 服务，对应输出结果如图 10.4 所示。

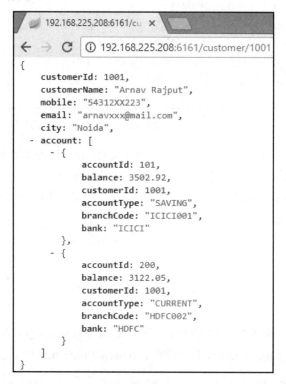

图 10.4

在图 10.4 中，持有 1001 客户 ID 的客户通过两个账户予以显示，即通过 customer 服务于内部调用 Account 服务。因此，如果两个服务均运行正常，customer 服务将显示 Account 服务所返回的数据，这意味着，断路器当前处于 CLOSED 状态。下面通过关闭

Account 服务对 Hystrix 断路器进行测试。在关闭后，Account 服务和刷新后的 URI 端点位于 http://localhost:616/customer /1001 处。

利用给定的 URI 刷新浏览器后，对应输出结果如图 10.5 所示。

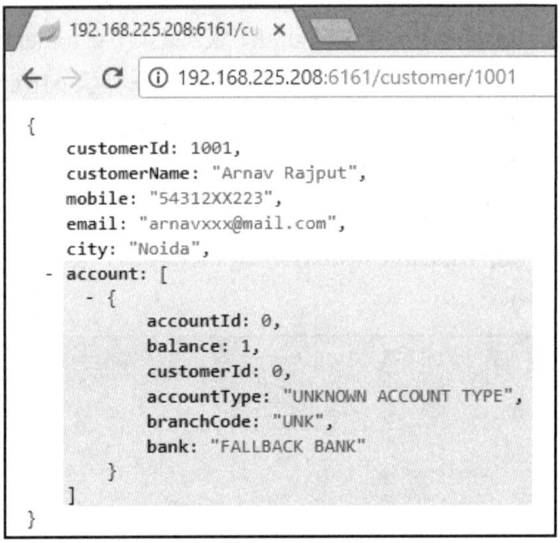

图 10.5

此时将返回当前回退方法的响应结果。其间，Hystrix 较为频繁地监视 Account 服务；当关闭该服务时，Hystrix 组件将打开通路并启用回退路径。

下面再次启动 Account 服务。经几次操作后，将返回至 customer 服务；再次刷新浏览器，这样就可以看到正常流程中的响应结果。

接下来将考查如何通过 Hystrix 库自定义默认的配置项。

10.6 自定义默认的配置项

Hystrix 支持默认配置的自定义操作，即针对命令和回退使用某些相关属性。其中，命令属性可采用@HystrixCommand 注解的 commandProperties 加以设置，如下所示：

```
@HystrixCommand(commandProperties = {
   @HystrixProperty(name =
"execution.isolation.thread.timeoutInMilliseconds", value = "300")
})
public Account findAccountById(String id) {
```

```
       return accountService.findAccountById(id);
}
```

上述代码将默认的超时时间定义为 300 毫秒。与 commandProperties 类似,还可通过 @HystrixCommand 的 threadPoolProperties 自定义线程池属性,如下所示:

```
@HystrixCommand(commandProperties = {
         @HystrixProperty(name =
"execution.isolation.thread.timeoutInMilliseconds", value = "300")
    },
    threadPoolProperties = {
         @HystrixProperty(name = "coreSize", value = "30"),
         @HystrixProperty(name = "maxQueueSize", value = "101"),
         @HystrixProperty(name = "keepAliveTimeMinutes", value = "2"),
         @HystrixProperty(name = "queueSizeRejectionThreshold", value =
         "15"),
         @HystrixProperty(name = "metrics.rollingStats.numBuckets",
         value = "12"),
         @HystrixProperty(name = "metrics.rollingStats.
         timeInMilliseconds", value = "1200")
    })
public Account findAccountById(String id) {
    return accountService.findAccountById(id);
}
```

此处设置了 threadPoolProperties,如 coreSize、maxQueueSize、keepAliveTimeMinutes 和 queueSizeRejectionThreshold。某些时候,我们需要针对所有的 Hystrix 命令设置一些公共属性。此外,Hystrix 库还可在类级别设置默认属性,以供所有的 Hystrix 命令加以使用。

Netflix Hystrix 提供了 @DefaultProperties 注解,这是一个类级别的注解,并可设置默认的命令属性,如 groupKey、threadPoolKey、commandProperties、threadPoolProperties、ignoreExceptions 和 raiseHystrixExceptions。

默认状态下,所指定的属性将用于注解类(采用@DefaultProperties 加以注解)中的每条命令,除非某条命令通过对应的@HystrixCommand 参数显式地指定这些属性。考查下列代码:

```
@DefaultProperties(groupKey = "DefaultGroupKey")
class AccountService {
    @HystrixCommand // hystrix command group key is 'DefaultGroupKey'
    public Object commandInheritsDefaultProperties() {
        return null;
```

```
    }
    @HystrixCommand(groupKey = "SpecificGroupKey") // command overrides
    default group key
    public Object commandOverridesGroupKey() {
        return null;
    }
}
```

下面尝试启用 Hystrix Metrics Stream。

10.7　Hystrix Metrics Stream

另外，还可在 spring-bootstarter-actuator 上添加依赖关系，进而启用 Hystrix Metrics Stream。通过将/hystrix.stream 用作管理端点，Hystrix 将会公开数据流，如下所示：

```xml
<dependency>
    <groupId>org.springframework.boot</groupId>
    <artifactId>spring-boot-starter-actuator</artifactId>
</dependency>
```

此外，还可向应用程序属性文件（application.propeties）中添加下列配置内容：

```
management.endpoint.health.enabled=true
management.endpoints.jmx.exposure.include=*
management.endpoints.web.exposure.include=*
management.endpoints.web.base-path=/actuator
management.endpoints.web.cors.allowed-origins=true
management.endpoint.health.show-details=always
```

如果打算在 Spring Boot 2.0 中公开 Hystrix Metrics Stream，则需要使用到上述配置。

下面在浏览器中访问/hystrix.stream 端点，进而查看 Hystrix Metrics Stream。相应地，http://localhost:6161/actuator/hystrix.stream 表示为 Hystrix 生成的一个连续流。该数据流通过 Hystrix 生成，并监视系统的健康状态以及全部服务调用。图 10.6 显示了对应的输出结果。

在图 10.6 中，JSON 数据用于显示服务的健康监测结果，以及服务调用的监视数据流。考虑到相对复杂的 JSON 格式，因而该监视过程较为困难。对此，Hystrix 针对 Hystrix Metrics Stream 提供了一个 Hystrix Dashboard，并可通过十分简单的方式在 GUI 格式中显示相同的数据。下面将讨论 Hystrix Dashboard。

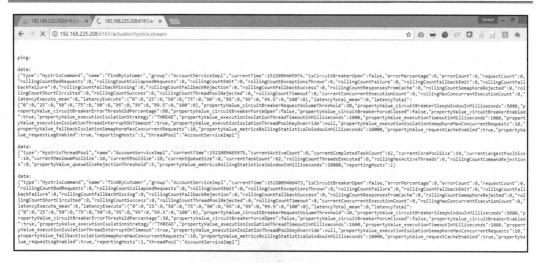

图 10.6

10.8 在项目中实现 Hystrix Dashboard

Hystrix Dashboard 可在仪表盘上监视一组数据指标,并以一种较为简单的方式显示每个断路器的健康状态。下面通过 starter(基于 org.springframework.cloudand 和 spring-cloud-starter-netflixhystrix-dashboard)在项目中添加 Hystrix Dashboard,如下所示:

```
<dependency>
    <groupId>org.springframework.cloud</groupId>
    <artifactId>spring-cloud-starter-netflix-hystrix-dashboard</artifactId>
</dependency>
```

除了 @EnableHystrixDashboard 之外,还需要向 Spring Boot main 类中添加多个注解,如下所示:

```
@SpringBootApplication
@EnableEurekaClient
@EnableCircuitBreaker
@EnableHystrixDashboard
public class CustomerServiceApplication {

    public static void main(String[] args) {
        SpringApplication.run(CustomerServiceApplication.class, args);
    }
```

```
...
}
```

随后作为 Spring Boot 应用程序运行 main 类，进而在当前项目中运行 Hystrix Dashboard。我们可访问/hystrix 端点，并针对 Hystrix 客户端应用程序中的单个实例/hystrix.stream 端点查看仪表盘。下面访问 http://localhost:6161/hystrix，并在浏览器中查看如图 10.7 所示的显示结果。

图 10.7

图 10.7 显示了初始状态下的可视化仪表盘。此处向该仪表盘中添加 http://localhost:6161/actuator/hystrix.stream，并单击 Monitor Stream 按钮，进而获得 Hystrix 组件监视下的、当前通路的动态可视化表达结果。在主页中提供了流输入信息后，图 10.8 显示了可视化仪表盘的对应状态。

Hystrix 利用/hystrix.stream 端点提供了与个体实例相关的信息，但在分布式系统中，有时需要使用到多个实例。但是，无法利用 Hystrix Dashboard 在分布式系统中获取与全部实例相关的协作视图。对此，Spring Cloud Netflix 提供了一个解决方案，并可整合与所有实例相关的全部信息，即 Turbine。下面将对此加以讨论。

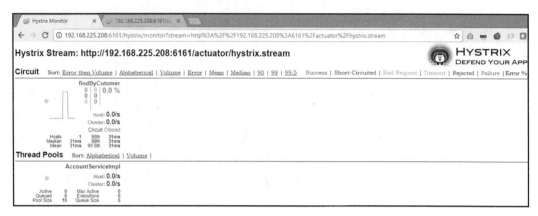

图 10.8

10.9　Turbine 仪表盘

Turbine 是一个整合 Hystrix 事件的工具。假设分布式系统中涵盖了 10 多个微服务，且每个微服务均基于 Hystrix，因而将难以监视全部通路。针对于此，Spring Cloud Netflix 配置了 Turbine 方案，进而提供针对断路器的整合结果。Turbine 系统将分布式系统中所有微服务的/hystrix.stream 整合至一个合成的/turbine.stream，以 Hystrix Dashboard 供使用。

当在项目中包含 Turbine 时，可向 pom.xml 文件中添加下列 Turbine Maven 依赖关系：

```
<dependency>
    <groupId>org.springframework.cloud</groupId>
    <artifactId>spring-cloud-starter-netflix-turbine</artifactId>
</dependency>
```

上述代码针对 Turbine 添加了 Maven 依赖关系。其中，spring-cloud-starternetflix-turbine starter 提供了 @EnableTurbine 注解。利用该注解标注 main 应用程序类将在项目中启用 Turbine 功能。

针对当前 Turbine 应用程序，查看下列 main 应用程序类：

```
package com.dineshonjava.turbine;

import org.springframework.boot.SpringApplication;
import org.springframework.boot.autoconfigure.SpringBootApplication;
import org.springframework.cloud.netflix.eureka.EnableEurekaClient;
import org.springframework.cloud.netflix.hystrix.dashboard.
```

```
EnableHystrixDashboard;
import org.springframework.cloud.netflix.turbine.EnableTurbine;

@SpringBootApplication
@EnableTurbine
@EnableEurekaClient
@EnableHystrixDashboard
public class TurbineApplication {

    public static void main(String[] args) {
        SpringApplication.run(TurbineApplication.class, args);
    }
}
```

main 应用程序类采用@EnableTurbine 进行标注，进而在当前项目中启用 Turbine 功能。其他注解则与之前示例中所用的注解相同。

针对该 Turbine 应用程序，考查下列配置文件（application.yml）：

```
spring:
  application:
    name: turbine

server:
  port: 6262

eureka:
  client:
    service-url:
      default-zone: ${EUREKA_URI:http://localhost:8761/eureka}
  instance:
    prefer-ip-address: true
turbine:
  aggregator:
    cluster-config:
    - CUSTOMER-SERVICE
  app-config: CUSTOMER-SERVICE
```

上述配置文件针对应用程序名称、服务器端口和 Eureka 注册信息设置了配置项；同时还包含了聚合器集群配置的 Turbine 配置和 appConfig，这意味着，我们必须使用@HystrixCommand 添加这些服务。针对 Turbine 仪表盘，此处仅向 Turbine 聚合器中添加了一项服务（CUSTOMER-SERVICE）。

下面尝试运行 Turbine 应用程序，图 10.9 显示了 Eureka Server Dashboard。

DS Replicas			
Instances currently registered with Eureka			
Application	AMIs	Availability Zones	Status
ACCOUNT-SERVICE	n/a (1)	(1)	UP (1) - MRNDTHTMOBL0002.timesgroup.com:account-service:6060
CUSTOMER-SERVICE	n/a (1)	(1)	UP (1) - MRNDTHTMOBL0002.timesgroup.com:customer-service:6161
TURBINE	n/a (1)	(1)	UP (1) - MRNDTHTMOBL0002.timesgroup.com:turbine:6262

图 10.9

在图 10.9 中可以看到，当前存在 3 个利用 Eureka 注册服务器注册的、处于运行状态下的实例。

下面打开 Turbin，并采用与 Hystrix Dashboard 相同的操作步骤，但此处通过 Turbine 通知集群，即 http://localhost:6262/turbine.stream?cluster=CUSTOMER-SERVICE。对应结果如图 10.10 所示。

图 10.10

利用 http://localhost:6262/hystrix 打开之前 Hystrix 操作的同一屏幕，并使用/turbine. stream 端点（http://localhost:6262/turbine.stream?cluster=CUSTOMER-SERVICE）而非不是/hystrix.stream 来访问 Turbine 仪表盘。这将打开与 Hystrix 相同的屏幕。但是，如果包含了多项服务，则会以汇总方式加以显示，如图 10.11 所示。

不难发现，这与 Hystrix Dashboard 十分类似，但 Turbine 仪表盘将全部/hystrix.stream 端点整合至单一的/turbine.stream 端点中。

接下来讨论 Turbine stream 及其应用。

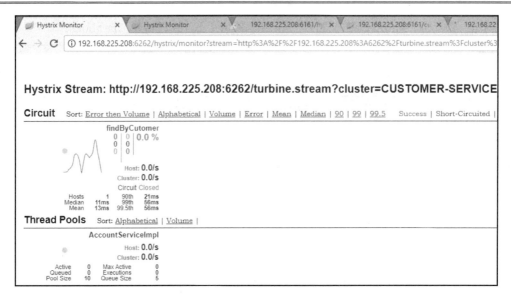

图 10.11

对于 PaaS 这一类环境，经典的 Turbine 可以从所有的分布式 Hystrix 命令中提取度量指标。其间，通过 Spring Cloud 消息传输机制，可以将 Hystrix 命令推送指标推送至 Turbine 中。对此，客户端应用程序所需的依赖关系如下所示：

```xml
<dependency>
    <groupId>org.springframework.cloud</groupId>
    <artifactId>spring-cloud-starter-netflix-turbine-stream</artifactId>
</dependency>

<dependency>
    <groupId>org.springframework.cloud</groupId>
    <artifactId>spring-cloud-starter-stream-rabbit</artifactId>
</dependency>
```

其中添加了 spring-cloud-starter-netflix-turbine-stream 和 springcloud-starter-stream-rabbit Starters；但也可利用 spring-cloud-starter-stream-* 添加 Spring Cloud 的任意消息传输代理 Starter。另外，还需要通过 @EnableTurbineStream 对 Spring Boot 应用程序类进行注解。

10.10 基于 Hystrix 和 Feign 的 REST 使用者

之前曾通过 Spring Framework 的 RestTemplate 使用微服务。下面将把 Spring Netflix

Feign 用作声明式 REST 客户端，而非 Spring RestTemplate，进而使用微服务。关于利用 Spring Netflix Feign 访问 REST API，第 8 章曾对此有所讨论。本节将使用基于断路器模式的 Feign 客户端。

如果 Hystrix 位于类路径上，且有 feign.hystrix.enabled = true，那么，Feign 将利用断路器封装所有方法。

在 Spring Cloud Dalston 版本之前，如果 Hystrix 位于类路径上，默认状态下，Feign 将把所有方法封装至断路器中。这一默认行为在 Spring Cloud Dalston 中发生了变化且作为可选项加以设置。

当向项目中添加 Feign 客户端时，需要添加下列 Maven 依赖关系：

```xml
<dependency>
    <groupId>org.springframework.cloud</groupId>
    <artifactId>spring-cloud-starter-openfeign</artifactId>
</dependency>
```

下面针对给定的 @FeignClient 启用回退，也就是说，将类名设置为（实现了回退的）该注解的回退属性。除此之外，还需要将对应实现声明为 Spring Bean。作为 Feign 客户端接口，考查下列 AccountService：

```java
@FeignClient(name="account-service", fallback=AccountServiceFallback.class)
public interface AccountService {
    @GetMapping(value = "/account/customer/{customer}")
    List<Account> findByCutomer (@PathVariable("customer") Integer customer);
}

class AccountServiceFallback implements AccountService {
    @Override
    private List<Account> findByCutomer(Integer customer) {
        List<Account> defaultList = new ArrayList<>();
        defaultList.add(new Account(0000, 1.000, 0000, "UNKNOWN
         ACCOUNT TYPE", "UNK", "FALLBACK BANK"));
        return defaultList;
    }
}
```

@FeignClient 的名称属性不可或缺。如果给定该属性，它将通过服务发现（基于 Eureka Client）或 URL 查找应用程序。

10.11　本章小结

本章介绍了 Spring Cloud Hystrix 断路器，以及分布式应用程序中针对容错机制的断路器模式。其中，我们利用 Spring Netflix Hystrix 创建了一个应用程序，并对通路的开放路径和闭合路径进行测试。另外，本章还实现了客户端应用程序，并利用 Spring 的 RestTemplate 使用 REST 微服务；此外，还使用到了 Spring Cloud 的 Netflix Feign。

同时，本章还讨论了如何自定义 Hystrix 命令和回退的默认配置。另外，我们还探讨了 Hystrix 命令中的错误传递机制。

接下来，本章分别使用 RestTempate 和 Feign 客户端创建了两个使用者应用程序。最终，我们还构建了 Hystrix Dashboard，进而监视项目的度量指标。相应地，Turbine 仪表盘可将分布式系统中全部微服务的所有 /hystrix.stream 端点整合至一个合成的 /turbine.stream 端点中。

对于构建分布式系统，本章还阐述了断路器实现的必要性，以及如何使用 Hystrix 库，并针对具体业务需求对其进行自定义。另外，我们还学习了利用个体服务中的数据流配置 Hystrix Dashboard，以及配置 Turbine 仪表盘，进而整合来自多项服务的数据流。

第 11 章将讨论 Spring Boot 针对测试机制的支持。

第 11 章 测试 Spring Boot 应用程序

测试用例对于应用程序来说十分重要，它们不仅可以验证代码，还可确保一切顺利进行。本章将讨论如何编写测试程序，以使应用程序在执行过程中不会因中断而产生问题。读者可在代码编写之前或之后编写测试程序。

Spring 并未针对应用程序提供相应的 API 以编写测试单元。Spring 具有松散耦合和接口驱动等特征，因此对于 Spring 应用程序来说可较为方便地编写测试单元。另外一方面，集成测试需要借助于 Spring Framework，其原因在于，Spring 在产品应用程序的应用程序组件之间采用了 Bean 连接，因此，Spring 负责配置、创建产品应用程序中的应用程序组件。

Spring 针对测试机制提供了一个独立的组件，即 Spring test。Spring test 模块提供了 SpringJUnit4ClassRunner 类，从而可帮助加载基于 JUnit 应用程序测试中的 Spring 应用程序上下文。但在默认状态下，Spring Boot 会启用自动配置，并提供了一个类 SpringRunner。此外，Spring Boot 还包含了一些十分有用的测试工具。

本章首先查看如何测试 Spring Boot 应用程序上下文，其中涉及单元测试 Spring Boot 服务，以及模拟 Spring Boot 服务。除此之外，我们还将了解不同的工具，以对包含基本用途的服务契约进行测试。本章将通过公开某些 REST URI 进而创建一个 REST 应用程序，并于随后利用 Postman 和 SoapUI 工具进行测试。在阅读完本章后，读者将能够更好地理解 Spring Boot 对测试机制的支持方式。

本章主要涉及以下内容：
- 测试驱动开发。
- Spring Boot 的 JUnit 测试。
- 在模拟服务时使用 Mockito。
- 使用 Postman 测试 RESTful 服务契约。
- 使用 SoapUI 测试 RESTful 服务契约。

下面将对此进行逐一讨论。

11.1 测试驱动开发

测试驱动开发（TDD）与编写自动化测试相关，进而验证代码最终是否可正常工作。

TDD 主要关注包含测试形式且定义良好的需求条件的开发。每个开发过程都包含以自动化或手动方式进行的测试。自动化测试会导致总体上更快的开发周期。同时，有效的 TDD 其速度远优于没有测试的开发过程。此外，全面的测试覆盖为应用程序开发提供了信心，并可有效地支持应用程序的重构。重构对于应用程序的敏捷开发是必不可少的。考查图 11.1。

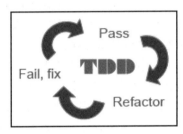

图 11.1

重构对敏捷开发提供了正面支持，进而可方便地发现故障并对其进行修复。

另外，测试机制也会使我们重新思考设计方案。如果代码难以测试，则需要重新审视之前的设计方案；而测试用例则可使我们专注于某些重要的事情，同时还可帮助我们避免编写不必要的代码，并在开发过程的早期发现问题。接下来考查软件中不同的测试类型。

11.2 单元测试机制

单元测试将测试一个功能单元，它使依赖关系最小化并与环境隔离，包括 Spring。对于依赖项，我们可以使用简化的替代方案，如 Stub 和/或 Mock。

在单元测试机制中，无须设置任何外部依赖关系——针对某个单元进行测试不存在有效的外部依赖关系。因此，可移除包含依赖关系的链接。相应地，测试过程不会因依赖项而出现故障。除此之外，针对测试目的，还可移除对应实现的外部依赖关系，即使用 Stub（根）或 Mock（模拟）。这里，Stub 将使用一个模拟框架创建一个简单的测试实现，以及一个在启动时生成的 Mock 依赖关系类。

图 11.2 显示了与单元测试相关的示意图。

其中可以看到两种应用程序模式，即生产模式和单元测试模式。在生产模式中，Spring Framework 通过 Spring 配置注入依赖关系；但在单元测试模式中，Spring 则未起到任何作用，依赖关系通过创建 Stub 实现加以解决。

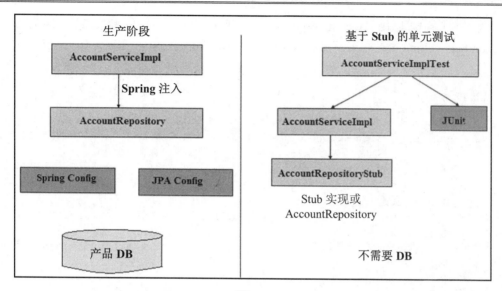

图 11.2

在当前示例中，需要针对 AccountServiceImpl 类生成一个单元测试，并对两个方法进行测试，即 findAccountByAccountId() 和 findAllByCustomerId() 方法。其中，findAccountByAccountId()方法将返回与账户 ID 关联的账户对象；findAllByCustomerId()方法则返回某位客户的账户列表。

下面定义 AccountServiceImpl 类，并通过单元测试对该类进行测试，如下所示：

```java
public class AccountServiceImpl implements AccountService {
    @Autowired
    AccountRepository accountRepository;

    public AccountServiceImpl(AccountRepository accountRepository) {
        this.accountRepository = accountRepository;
    }
    @Override
    public Account findAccountByAccountId(Integer accountId) {
        return accountRepository.findAccountByAccountId(accountId);
    }
    @Override
    public List<Account> findAllByCustomerId(Integer customerId) {
        return accountRepository.findAllByCustomerId(customerId);
    }
    ...
}
```

上述服务类利用 AccountRepoistory 实现包含了一个依赖关系。下面针对 AccountServiceImpl 类的单元测试完成 AccountRepository 的 Stub 实现，如下所示：

```java
public class StubAccountRepoistory implements AccountRepository {
    ...
    @Override
    public Account findAccountByAccountId(Integer accountId) {
        return new Account(100,121.31,1000,"SAVING","HDFC121","HDFC");
    }
    @Override
    public List<Account> findAllByCustomerId(Integer customerId) {
        List<Account> accounts = new ArrayList<>();
        accounts.add(new Account(100, 121.31, 1000, "SAVING","HDFC121", "HDFC"));
        accounts.add(new Account(200, 221.31, 1000, "CURRENT","ICIC121", "ICICI"));
        return accounts;
    }
    ...
}
```

StubAccountRepository 表示为 AccountRepository 的 Stub 实现，也就是说，在未调用实际数据库的情况下，利用虚拟数据实现了当前方法。图 11.3 解释了 AccountRepository 的两种实现方式。

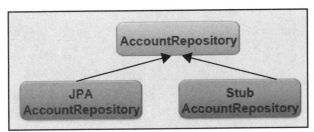

图 11.3

根据图 11.3，应用程序中包含了 AccountRepository 的两种实现。其中，JPAAccountRepository 用于生产模式，同时使用了数据库集成；而另一个类 StubAccountRepository 则用于单元测试，且未集成数据库依赖关系。下列类通过该 Stub 存储库创建了一个单元测试，其中，AccountServiceImplTest 表示为一个采用 Stub 存储库的单元测试。

```
package com.dineshonjava.accountservice;
```

第 11 章 测试 Spring Boot 应用程序

```java
import static org.junit.Assert.assertFalse;
import static org.junit.Assert.assertTrue;

import org.junit.Before;
import org.junit.Test;

import com.dineshonjava.accountservice.repository.StubAccountRepository;
import com.dineshonjava.accountservice.service.AccountService;
import com.dineshonjava.accountservice.service.AccountServiceImpl;

public class AccountServiceImplTest {
    AccountService accountService;
    @Before
    public void setUp() {
        accountService = new AccountServiceImpl( new
        StubAccountRepository() );
    }
    @Test
    public void findAccountByAccountId() {
assertTrue(accountService.findAccountByAccountId(100).getBalance().
intValue() == 121);
    }
    @Test
    public void findAllByCustomerId() {
        assertFalse(accountService.findAllByCustomerId(1000).size() ==3);
    }
}
```

上述代码定义了 3 个方法，其中，setup()方法初始化 AccountRepository，并采用 @Before 进行标注。这意味着，setup()方法将在测试方法执行之前被调用。测试类中的其他两个方法 findAccountByAccountId()和 findAllByCustomerId()则定义为测试方法，并通过@Test 加以注解。这表明，此类方法定义为测试方法。这些测试方法中包含了相应的测试逻辑，我们将采用断言编写测试逻辑。

11.2.1 单元测试的优点

在单元测试中使用 Stub 实现具有以下优点：
- 易于实现和理解。
- 具有可复用性。

11.2.2 单元测试的缺点

在单元测试中使用 Stub 实现具有以下缺点：
- 调整接口时也需要修改 Stub。
- Stbu 需要实现全部方法，即使是那些未被特定场合使用的方法。
- 复用 Stub 时，重构将会破坏其他测试。

11.2.3 其他模拟库

除了 Stub 实现之外，还存在其他一些模拟框架，并可以此创建单元测试。一些模拟库包括 Mockito、jMock 和 EasyMock。例如，当采用 Mock 库执行测试时，需要完成以下操作步骤：

（1）使用模拟库生成一个模拟对象，并动态实现依赖接口。
（2）记录模拟，并预测它将如何应用于某个场景中。
（3）使用场景。
（4）验证模拟的期望结果是否满足要求。

上述各步骤包含以下优点：
- 无须维护额外的类。
- 仅需针对测试创建设置相关内容。

唯一的缺点是，这些库初看之下难于理解。

11.3 集成测试

集成测试也称作系统测试，进而测试多个协同工作的单元交互行为。所有的单元都应该单独工作得很好，因为我们已经执行了单元测试来确认这一点；而集成测试则涉及在不运行整个项目的情况下在其周围基础设施的上下文中测试应用程序类。另外，还可使用 Apache DBCP 连接池（而非通过 JNDI 获得的容器提供者连接池），并采用 ActiveMQ 来避免昂贵的商业 JMS 许可证。

图 11.4 显示了集成测试的示意图。

在图 11.4 中可以看到，AccountServiceImpl 使用了实际的 AccountRepository 实现，而不是单元测试中所用的 Stub 实现。但是，JpaAccountRepository 将从测试 DB 中获取数据，而非产品 DB。Spring 通过 Spring-test.jar 库支持集成测试，对于测试环境，Spring 可使用相同的应用程序配置，并注入应用程序组件间的依赖关系。

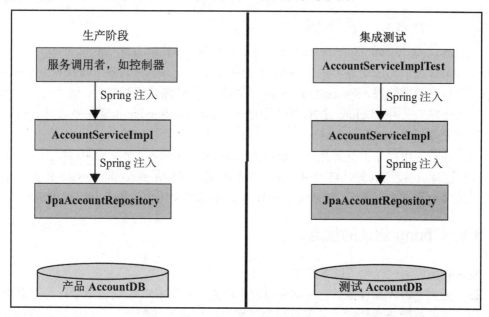

图 11.4

Spring 提供了一个独立的模型（spring-test.jar）用于集成测试，并由多个 JUnit 测试类构成。其中，Spring 包含了一个中央支持类，即 SpringJUnit4ClassRunner，该类将在测试方法间缓存一个共享的 ApplicationContext。

考查下列集成测试类：

```
@RunWith(SpringJUnit4ClassRunner.class)
@ContextConfiguration(classes=SystemTestConfig.class)
public final class AccountServiceImplTest {
  @Autowired
  AccountService accountService;

  @Test
  public void findAccountByAccountId() {
assertTrue(accountService.findAccountByAccountId(100).getBalance().intValue() == 121);
  }
  @Test
  public void findAllByCustomerId() {
```

```
    assertFalse(accountService.findAllByCustomerId(1000).size() ==3);
  }
}
```

上述测试类 AccountServiceImplTest 是通过传递 SpringJUnit4ClassRunner 类并采用 @RunWith 注释的，表明该测试在 Spring 的基础上运行。另外，@ContextConfiguration 注解用于包含测试配置，SystemTestConfig 类则指向系统测试配置文件。读者可能已经注意到，此处并未采用@Before 注解，其原因在于，AccountService 依赖关系通过 Spring 注入，因而无须使用@Before 注解。

除了加载应用程序上下文之外，SpringJUnit4ClassRunner 还可将应用程序上下文中的 Bean 通过自动连接注入测试自身中。由于当前测试的目标是 AccountService Bean，因而可自动连接至测试中。最后，findAccountByAccountId()调用地址服务并对结果进行验证。

11.3.1 Spring 测试的优点

Spring 集成测试包含了以下优点：
- 无须部署外部容器进而测试应用程序功能，可在 IDE 中快速地运行一切事物。
- 支持持续集成测试，并可复用测试和生产环境间的配置；一般情况下，应用程序配置逻辑通常可复用。

11.3.2 激活测试类的配置

Spring 测试模块在 test 类中提供了@ActiveProfiles 注解，该注解可激活测试环境中的配置内容。通过该配置所激活的 Bean 将执行实例化操作；而那些未与任何配置关联的 Bean 也将被实例化。例如，在下列代码中，prod 和 dev 两项配置将被激活。

```
@RunWith(SpringJUnit4ClassRunner.class)
@ContextConfiguration(classes=TestConfig.class)
@ActiveProfiles( { "prod", "dev" } )
public class AccountServiceImplTest {
  ...
}
```

11.4　Spring Boot 应用程序的 JUnit 测试

Spring Boot 针对测试提供了两个模块，即 sprint-boot-test 和 springboot-test-autoconfigure。

第 11 章 测试 Spring Boot 应用程序

其中，spring-boot-test 中包含了核心内容，springboot-test-autoconfigure 则支持测试的自动配置。这一类模块涵盖了多个工具和注解，这在测试应用程序时十分有用。另外，向 Spring Boot 应用程序中添加此类模块也较为简单——向 Maven 文件中加入 spring-bootstarter-test starter 依赖关系即可。该 starter 将导入 Spring Boot 模块、AssertJ、Hamcrest 以及其他库。下列 Maven 依赖关系将在 Spring Boot 应用程序中纳入对测试的支持。

```
<dependency>
    <groupId>org.springframework.boot</groupId>
    <artifactId>spring-boot-starter-test</artifactId>
    <scope>test</scope>
</dependency>
```

上述 Maven 依赖关系将向 Spring Boot 应用程序中加入下列库。

- JUnit：这与 Java 应用程序的单元测试相关。
- Spring 测试和 Spring Boot 测试：针对 Spring Boot 应用程序添加集成测试方面的支持。
- AssertJ：表示为一个断言库。
- Hamcrest：该库与约束和谓词相关。
- Mockito：表示为 Java 模拟框架。
- JSONassert：该库用于 JSON 支持下的断言。
- JsonPath：针对 JSON 的 XPath。

当编写测试程序时，上述库十分有用。Spring Boot 提供了一个注解@SpringBootTest，该注解可用于 Spring 测试模块的@ContextConfiguration 注解的替代方案，并可通过 SpringApplication 在测试中生成 ApplicationContext。考查下列类：

```
package com.dineshonjava.accountservice;

import static org.junit.Assert.assertFalse;
import static org.junit.Assert.assertTrue;

import org.junit.Test;
import org.junit.runner.RunWith;
import org.springframework.beans.factory.annotation.Autowired;
import org.springframework.boot.test.context.SpringBootTest;
import org.springframework.test.context.junit4.SpringRunner;

import com.dineshonjava.accountservice.service.AccountService;

@RunWith(SpringRunner.class)
```

```
@SpringBootTest
public class AccountServiceApplicationTests {
   @Autowired
   AccountService accountService;
   @Test
   public void findAccountByAccountId() {
assertTrue(accountService.findAccountByAccountId(100).getBalance().
intValue() == 3502);
   }
   @Test
   public void findAllByCustomerId() {
       assertFalse(accountService.findAllByCustomerId(1000).size() ==3);
   }
}
```

该类采用@SpringBootTest进行注解，且无须添加@ContextConfiguration注解。

11.5 使用Mockito模拟服务

关于Mockito岁扮演的角色，查看下列引文：

"Mockito是一个模拟框架，可使用简单的API编写漂亮的测试程序。Mockito不会让用户感到任何不适——测试具有较好的可读性，并会产生清晰的验证错误"。

——Mockito

当运行测试时，某些时候需要在应用程序上下文中模拟特定的组件。例如，可能存在一个在开发期间不可用的远程服务的facade。除此之外，当试图模拟真实环境中难以出现的故障时，这一模拟机制同样有效。对此，考查下列测试类：

```
package com.dineshonjava.accountservice;

import static org.hamcrest.CoreMatchers.is;
import static org.hamcrest.CoreMatchers.notNullValue;
import static org.junit.Assert.assertFalse;
import static org.junit.Assert.assertThat;
import static org.junit.Assert.assertTrue;
import static org.mockito.Mockito.*;

import org.junit.Test;
```

```java
import org.junit.runner.RunWith;
import org.springframework.boot.test.context.SpringBootTest;
import org.springframework.boot.test.mock.mockito.MockBean;
import org.springframework.test.context.junit4.SpringRunner;

import com.dineshonjava.accountservice.domain.Account;
import com.dineshonjava.accountservice.service.AccountService;

@RunWith(SpringRunner.class)
@SpringBootTest
public class AccountControllerTest {
    @MockBean
    AccountService accountService;
    @Test
    public void findAllByCustomerId() {
        assertFalse(accountService.findAllByCustomerId(1000).size() ==3);
    }
    @Test
    public void testAddAccount_returnsNewAccount(){
        when(accountService.save(any(Account.class))).thenReturn(new
        Account(200, 200.20, 1000, "SAVING", "SBIW0111", "SBIW"));
        assertThat(accountService.save(new Account(200, 200.20, 1000,
        "SAVING", "SBIW0111", "SBIW")), is(notNullValue()));
    }
    @Test
    public void findAccountByAccountId() {
assertTrue(accountService.findAccountByAccountId(200).getBalance().
intValue() == 200);
    }
}
```

Spring Boot 包含了一个@MockBean 注解，并可在 ApplicationContext 中针对 Bean 定义一个 Mockito。另外，可采用该注解添加一个新的 Bean，或者替换一个现有的 Bean 定义。该注解可以直接用于 test 类、测试中的字段或@Configuration 类和字段上。当用于字段上时，所创建的 Mock 实例也将被注入。在每个测试方法之后，Mock Bean 将自动被重置。

11.6 测试 RESTful 服务契约的 Postman

Postman 是一个 REST 客户端，最初是一个 Chrome 浏览器插件，但最近推出了

Mac 和 Windows 的本地版本。Postman 支持各种 HTTP 方法，甚至包括一些我们不曾了解的方法。下面首先在机器上安装 Postman，并在安装完毕后打开 Postman。其使用过程也较为简单——打开 Postman 并利用谷歌账户登录即可。当前，Postman 可用于测试 REST API。

图 11.5 显示了 REST API 的 Postman 测试画面。

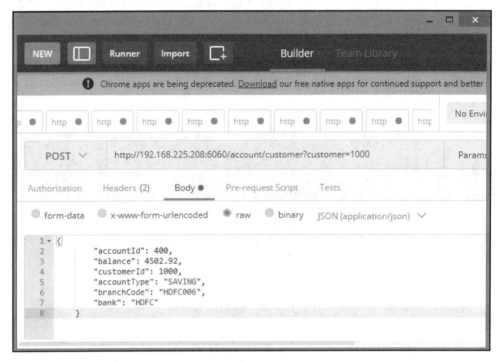

图 11.5

图 11.5 显示了与 Postman 相关的一些内容，此处测试了一个 RESTful Web 服务，并针对某位客户利用客户 ID 1000 创建了一个账户，如下所示。

```
http://192.168.225.208:6060/account/customer?customer=1000
```

其中，数据头中包含了如图 11.6 所示的信息。

可以看到，图 11.6 中显示了与请求和响应头相关的信息，在请求头中，Content-Type 表示为 application/json；在响应头中，内容类型同样选取为 application/json；同时还显示了日期和 API 响应的编码信息。

Postman 还可针对某个 API 编写测试用例，如图 11.7 所示。

第 11 章 测试 Spring Boot 应用程序

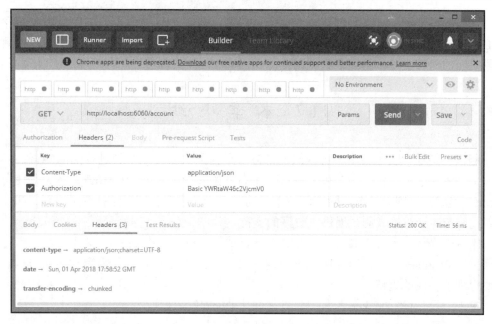

图 11.6

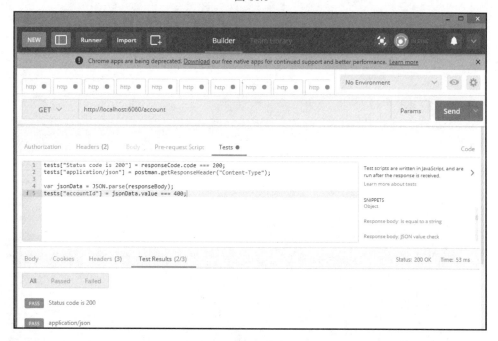

图 11.7

这里通过 Postman 工具创建了一些测试用例；选择 Test 选项卡，右侧菜单中包含了 SNIPPETS 一栏，其中创建了 3 个测试。相应地，第一个测试检测响应代码；第二个测试检测响应的内容类型；第三个测试则检测返回的 JSON 数据值。

11.7 本章小结

测试机制是开发过程中不可或缺的部分。单元测试将对一个类进行隔离测试；外部依赖关系将处于最小化。针对单元测试，我们可尝试创建 Stub 或 Mock，且无须使用到 Spring。集成测试则对多个协同工作的单元的交互行为进行测试。针对不同的测试和部署配置，Spring 针对集成测试提供了较好的支持。

本章中提及了多种工具可用于测试服务，如 Postman 和 SoapUI。其中，我们考查了如何采用 Postman 对 RESTful 服务进行测试。Postman 对于包含各种内容类型的 HTTP 方法均提供了相应的支持。

第 12 章将讨论 Docker 容器，并尝试创建 Docker 镜像。

第12章 微服务的容器化

本章将讨论容器、服务的 Docker 化、编写 Dockerfile，以及利用 docker-compose 编排容器，进而在 Kubernetes 中提供编排示例。

第 11 章学习了微服务的架构及其优、缺点。分布式微服务应用程序面临的主要挑战之一是多台机器（VM）间多项微服务的部署。那么，如何共享 VM 的公共资源？在生产阶段，由多项微服务构成的系统的部署和管理在操作层面上来讲是十分复杂的。

在微服务架构中，可独立地创建和部署服务，并可在同一个 VM 上部署后再次对该服务进行测试。当前微服务并不会影响到其他微服务，但由于服务间彼此独立，因而无法确保正确地使用 VM 的公共资源。

就微服务架构来说，容器部署一般位于最顶端。微服务已经通过其功能服务实现了自治，但通过自包含底层基础设施，容器化使得这一自治特性更加明显。因此，容器化使微服务变得与云无关。

本章将介绍微服务的容器化部署，以及虚拟机镜像等概念。读者将了解到如何针对微服务构建 Docker 镜像，并利用 Spring Boot 和 Spring 进行开发。除此之外，我们还将探讨如何在准生产环境中部署 Docker 镜像，以及如何管理和维护这一类镜像。

在阅读完本章后，读者将能够较好地理解容器化机制，以及如何利用 Spring Boot 和 Spring Cloud 开发容器化的微服务。

本章主要涉及以下内容：
- 介绍微服务架构中的容器。
- Docker 简介。
- Spring Boot 应用程序的 Docker 化。
- 编写 Dockerfile。
- 使用 docker-compose。
- 编写 docker-compose 文件。
- 利用 docker-compose 进行编排。
- Kubernetes 简介。
- 利用 Kubernetes 进行编排。

下面将对此加以逐一讨论。

12.1　微服务架构的容器

微服务架构是开发分布式应用程序的另一种方案，该方案适用于现代云应用程序的敏捷性、伸缩性以及可靠性等需求条件。如前所述，微服务应用程序可分解为独立的组件，并可协同工作实现整体系统。

在微服务体系结构中，可以独立地扩展特定的功能，而不是盲目地扩展应用程序的其他领域。因此，我们可针对特定的微服务扩展资源，如处理能力和网络带宽。但是，与另一个微服务共享的基础设施将面临什么样的问题？本章将对此加以讨论。相应地，容器化解决了微服务间共享基础设施方面的问题，并使得微服务更具自主性。

容器化可在完全隔离的环境下运行微服务。因此，根据容器化处理方案，容器可视作一个工件。其中，微服务及其版本化的依赖项集合以及环境配置，被抽象为部署清单文件。容器中涵盖了所有与基础设施相关的依赖关系、环境变量和配置内容，并作为容器镜像而被封装。该镜像将作为一个单元进行测试，并部署至主机操作系统中。

容器化仅是微服务开发和部署的另一种解决方案，其间，容器处于隔离状态，并可运行镜像实例。同时，该镜像包含了运行应用程序所需的一切内容。在容器中，可在不使用另一个容器的资源或主机的情况下运行。此外，我们还可整体控制容器，进而通过CLI创建、删除、移动、启动和终止容器，如Docker客户端。相应地，容器之间还可通过网络彼此连接。因此，容器类似于一台分离、独立、隔离的物理或虚拟机。

虽然容器看似是一台物理或虚拟机，但其所采用的技术和概念完全不同于虚拟机。尽管容器运行操作系统，但它持有一个文件系统，并能通过网络进行访问，就像虚拟机一样。图12.1显示了虚拟机的示意图。

在图12.1中，虚拟机包含了当前应用程序、所需依赖关系以及客户操作系统；管理程序则是一个共享和管理硬件的计算机软件。图12.2显示了容器的示意图。

在图12.2中可以看到，容器包含了应用程序及其所需的依赖项。与虚拟机不同，容器间共享操作系统和底层基础设施，它们在主机操作系统上作为独立进程运行。由于容器共享资源，所以比虚拟机需要更少的资源。

12.1.1　虚拟机和容器

表12.1显示了虚拟机和容器之间的差别。

第 12 章 微服务的容器化

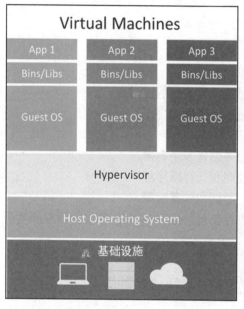

图 12.1

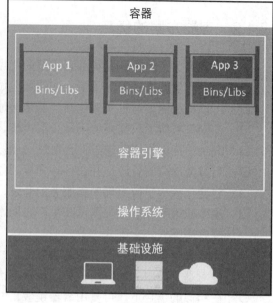

图 12.2

表 12.1

虚 拟 机	容 器
虚拟机包含应用程序、所需的依赖关系以及客户操作系统	容器包含应用程序以及所需的依赖关系，并共享操作系统和底层基础设施
每个虚拟机包含自身的客户操作系统，因而需要更多资源	由于容器共享资源，因而占用较少的资源，仅包含操作系统为每个容器提供的最小内核
管理程序管理 VM 和环境	容器引擎管理容器
添加针对扩展行为的特定资源	通过创建另一个镜像容器扩展容器
针对相同的硬件和资源，可创建少量的虚拟机	针对相同的硬件和资源，可创建较多的容器
虚拟机虚拟化底层硬件	容器虚拟化底层操作系统
根据客户操作系统，VM 可占用几个 GB 的空间	相比之下，由于资源共享，容器仅使用几个 MB 的空间
虚拟机一般适用于具有较高安全性的单体应用程序	容器更倾向于基于微服务的应用程序，或者其他原生云应用程序，且安全性并不是主要的考查方向

从表 12.1 中可以看到，VM 和容器间彼此不可替代，因而可根据应用程序需求条件和应用程序架构选取对应方案。

12.1.2 容器方案的优点

下列内容列出了容器开发和部署方案的优点：
- 面向容器的方法消除了不一致的环境设置带来的挑战性问题。
- 可以根据需要通过实例化新容器来快速扩展应用程序。
- 在操作系统上只需要使用最少的内核。
- 取决于应用程序需求条件，可针对微服务创建多个容器。
- 可方便地分配资源，并在各种环境下处理和运行应用程序。
- 容器化减少了应用程序和服务的开发、测试和部署时间。
- 由于应用程序运行、测试和生产之间不存在差别，因而 Bug 修复和跟踪的复杂度有所降低。
- 容器化是一种较为经济的解决方案。
- 针对基于微服务的应用程序，选择范围较广，如 DevOps 和持续部署。
- 在相似的场合下，可复用容器镜像。
- 考虑到可伸缩性，针对基于云的弹性应用程序，容器是一类较为流行的解决方案。容器映像非常小，不需要启动操作系统；另外，启动和关闭所需的时间也很少。

上述内容列举了应用程序开发和部署时，面向容器的解决方案的各种优点，但容器也存在一些限制，接下来查看该方案所面临的一些缺点和挑战。

12.1.3 面向容器方案的缺点

下列内容列出了应用程序开发和部署时，面向容器方案的一些缺点：
- 容器仅运行于 Linux 操作系统。
- 在部署和网络连接过程中，容器化方案需要额外的配置内容。因此，维护正确的网络连接可能颇具技巧性。
- 安全性也是面向容器方案的一个主要问题——容器共享内核和主机操作系统，并且具有根访问权限。

上述内容列举了应用程序开发和部署过程中，面向容器方案的一些缺点，接下来将探讨面向容器方案的核心概念。

面向容器的解决方案涵盖以下核心概念。
- 容器主机：容器主机类似于一个引擎，可运行多个容器，并可将虚拟机配置至宿主容器上。
- 容器：表示为镜像的运行实例。
- 容器镜像：应用程序需要运行多种资源，例如分层文件系统、操作系统和配置内容。容器镜像涵盖了应用程序所需的各项内容。从本质上讲，容器镜像不可更改，且在部署至不同环境时不可修改其状态。
- 容器 OS 镜像：容器 OS 镜像是从其他几个容器镜像创建的以组成一个容器。同样，它也不能被修改。
- 容器存储库：用于存储容器镜像及其所关联的依赖关系。每次创建容器镜像时，都可以使用它作为本地存储库。同时，在容器主机上还可多次复用此类镜像。相应地，Docker Hub 即是容器镜像的一个示例，并可在不同的容器主机间加以使用。

当针对基于微服务的应用程序采用容器基础设施时，上述内容简要介绍了相关的核心概念和解决方案。在分布式应用程序的开发和部署过程中，这也是多家公司常采取的解决方案。具体来说，Docker 即是此类方案的一个实现示例。接下来将介绍 Docker 这一容器。

12.2 Docker 简介

在应用程序的开发和部署过程中，前述内容介绍了面向容器的解决方案及其各种优点。对于容器化机制，Docker 容器化实现和软件平台之一。鉴于 Docker 的流行程度，有些时候，容器化也常称作 Docker 化。Docker 是一款开源计算机程序，旨在通过容器创建、部署和运行应用程序。容器允许开发人员对应用程序的所有不同部分进行划分，例如库、依赖关系和异常，并于随后将其以数据包的形式进行存储。尽管应用程序所在机器及其测试机器间的设置发生了变化，容器化处理过程可确保应用程序在任何一台 Linux 机器上执行。

考虑到开源特性，还可对 Docker 进行操控，以使其可满足任何特定用户的需求。其间，任何人均可对此做出应有的贡献，以使其更加适用，或者改进其需求条件，并添加不同的特性。

Docker 最初针对 Linux 操作系统而开发，并利用了 Linux 内核的隔离特性，例如内核的分组和名称空间。Linux 中可用的文件系统，如 OverlayFS，允许不同的容器在单个 Linux 实例中运行，而不再承担虚拟机的设置、安装和维护的开销。Docker 在某种程度上可以理解为虚拟机，但与 VM 不同，Docker 不创建整个虚拟操作系统。实际上，Docker

允许应用程序使用机器的内核,仅提供机器中未曾涉及的应用程序需求。在为应用程序提供较好的执行环境的同时,Docker 还使得性能得到了显著的提升,并减少了应用程序占用的内存空间。

作为一种软件工具,Docker 不仅适用于开发人员,同样也对系统管理员有效,这也使得它成为 DevOps 工具链的一部分内容。Docker 使得开发人员更关注于编码,而不必担心代码是否可运行于特定的系统上;系统管理员则不必担心系统规范,因为 Docker 允许应用程序在任何系统上运行。另外,由于 Docker 占用的空间较小且开销较低,因而提供了较好的灵活性,同时还进一步降低了所需的系统数量。

针对执行于共享环境下的应用程序,Docker 还提供了一定的安全保障,但容器并不能替代应用程序所需的安全措施。如果 Docker 并未在多方共享的系统上运行,并且机器已经针对容器采取了良好的安全实践措施,那么 Docker 的安全性就不再是所关注的主要问题。一些人还把 Docker 误认为是虚拟机的替代品,但事实并非如此。

12.2.1 安装 Docker

如前所述,Docker 软件平台可用于构建、发布和运行轻量级容器,此类容器均基于 Linux 内核。因此,Docker 默认状态下支持 Linux 平台。但通过运行于 VirtualBox 之上的 Toolbox,Docker 同样支持 macOS 和 Windows 环境。

除此之外,Docker 还支持云平台,如 Amazon Web Service(AWS)、Microsoft Azure 和 IBM Cloud。Amazon EC2 Container Service(ECS)则对 AWS EC2 实例上的 Docker 提供了更加直接的支持。第 14 章将对云平台上的部署加以讨论。

12.2.2 在 Linux 上安装 Docker

在 Linux 机器上安装最新版本的 Docker 时,需要执行以下步骤。

(1)通过下列命令更新 apt 包索引:

```
$ sudo apt-get update
```

(2)在更新了 apt 包后,通过下列命令即可启用 docker-engine 安装过程:

```
$ sudo apt-get install docker-engine
```

(3)上述命令将在 Linux 机器上安装 Docker。下列命令将启动 Docker 守护进程:

```
$ sudo service docker start
```

(4)通过下列命令,可对机器上的 Docker 进行测试:

```
sudo docker run hello-world
```

通过运行 hello-world 镜像，上述命令将验证 Docker 是否正确安装。该命令下载一个测试镜像并在容器中运行。图 12.3 显示了执行上述命令后的输出结果。

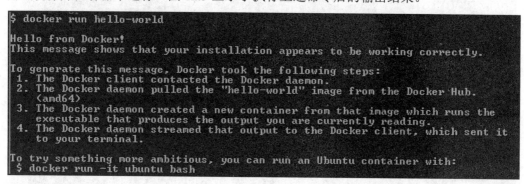

图 12.3

12.2.3 在 Windows 中安装 Docker

本节考查如何在 Windows 环境下安装 Docker。对此，首先需要从 https://download.docker.com/win/stable/Docker%20for%20Windows%20Installer.exe 中下载 Docker，该版本针对于 Windows 10。对于 Windows 8，则需访问 https://download.docker.com/win/stable/DockerToolbox.exe 并下载 Docker Toolbox，并于随后双击安装程序进行安装。在 Docker Toolbox 安装完毕后，将向应用程序文件夹中分别添加 Docker Toolbox、VirtualBox 和 Kinematic。下面尝试启动 Docker Toolbox 并运行一个简单的 Docker 命令。在成功地安装了 Docker Toolbox 后，桌面上将显示如图 12.4 所示的图标。

图 12.4

图 12.4 所示的 3 个图标可验证 Docker Toolbox 的安装结果。单击 Docker QuickStart 将启动预配置的 Docker Toolbox 终端，随后可看到配置和启动后的 Docker。图 12.5 显示了交互式 Docker Shell。

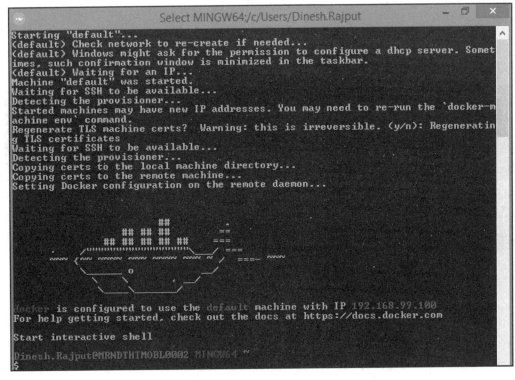

图 12.5

接下来将对上述终端进行测试,输入 $ docker version 命令并检测 Docker 的版本,如图 12.6 所示。

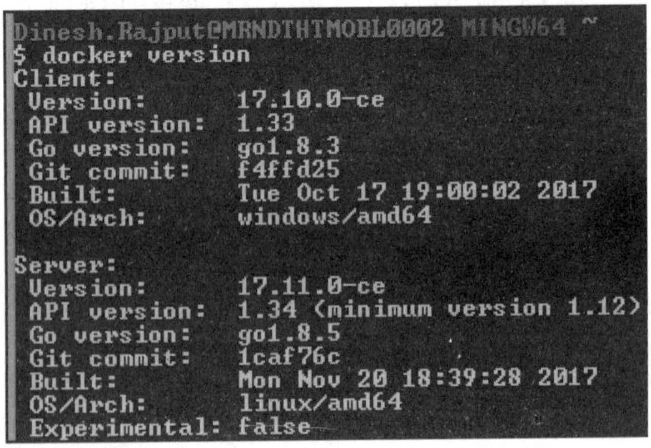

图 12.6

1. Docker 命令

表 12.2 列出了较为常用的 Docker 命令。

表 12.2

命令	描述
docker ps	该命令用于列出所有正在运行的容器，其中包含 ID、名称、基本镜像名称和端口转发等信息
docker build	该命令针对容器生成一个定义，并可以在 Docker 构建文件中使用此命令创建新的容器定义
docker pull [image name]	可使用该命令从 Docker 存储库中获取 Docker 镜像（通过远程或本地存储库方式）
docker run	根据本地或远程容器定义，该命令负责启动一个 Docker 容器
docker push	该命令可用于向 Docker 存储库中发布应用程序的 Docker 容器，如 DockerHub

2. 特定于容器的命令

这一类特定于容器的命令将使用容器 ID 或容器名称作为参数，如表 12.3 所示。

表 12.3

命令	描述
docker stats [container name/ID] [container name/ID]	可使用该命令显示每个容器的负载状态，例如 CPU 百分比、内存应用状态以及网络流量
docker logs [-f] [container name/ID]	该命令将显示日期的日志输出。此外，还可使用-f 选项
docker inspect [container name/ID]	该命令将所有配置信息以 JSON 格式转储到容器中
docker port [container name/ID]	该命令用于显示容器主机和容器间所有有效的转发端口
docker exec [-i] [-t] [container name/ID]	可以使用该命令针对目标容器执行命令

12.2.4 Docker 架构

Docker 基于客户端-服务器架构，其中包含了以下 3 个主要的组件：
- Docker 客户端。
- Docker 守护进程。
- Docker 仓库。

图 12.7 显示了 Docker 架构的示意图。

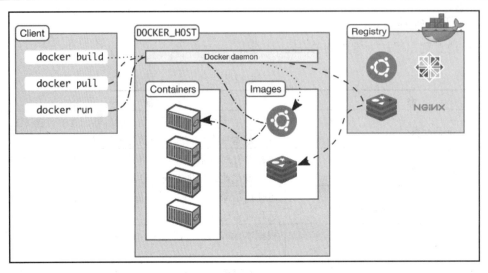

图 12.7

- Docker 客户端：表示为一个接口（CLI）以执行 Docker 命令，如构建、运行和终止命令。Docker 客户端将与 Docker 守护进程服务器进行交互。除此之外，还可利用远程 Docker 守护进程连接 Docker 客户端。这将使用 REST API 并通过 Unix 套接字或网络接口构建 Docker 和 Docker 服务器间的通信。
- Docker 守护进程：表示为运行于后台的一个进程，可监听 Docker API 的全部请求，同时还可管理 Docker 对象，如镜像、容器、网络和容量。
- Docker 仓库：该组件采用公有或私有方式存储 Docker 镜像。Docker Hub 和 Docker Cloud 可视为公有 Docker 仓库的示例。任何人均可使用此类型的仓库。Docker 数据中心（DDC）和 Docker 受信仓库（DTR）则是私有 Docker 仓库的示例。
- Docker 主机：表示为运行应用程序所需的完整的 Docker 环境。Docker 主机提供了 Docker 镜像、容器和 Docker 守护进程服务器。
- Docker 镜像：表示为不可改变的 Docker 对象——一旦创建，便无法对其进行修改。Docker 镜像是 Docker 架构的核心组件之一，并涵盖了运行应用程序所需的全部资源，例如操作系统和库。在创建完毕后，可在任意 Docker 平台上运行。

例如，在 Spring Boot 微服务中，操作系统的累积包（accumulated package，如 Ubuntu、Alpine、JRE 以及 Spring Boot 应用程序的 JAR 文件）均为 Docker 镜像。图 12.8 显示了 Docker 镜像的示意图。

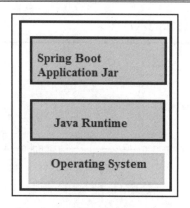

图 12.8

可以看到，其中包含了 Spring Boot 应用程序 JAR、JRE 和操作系统（如 Ubuntu），并可运行于任何 Docker 机器中。

当查看本地有效的镜像列表时，可使用 docker images 命令，该命令的输出结果如图 12.9 所示。

```
Dinesh.Rajput@MRNDTHTMOBL0002 MINGW64 ~
$ docker images
REPOSITORY                  TAG         IMAGE ID        CREATED         SIZE
mongo                       latest      5b1317f8158f    3 weeks ago     366MB
doj/customer                latest      220e0dcb7f19    3 months ago    780MB
<none>                      <none>      abb1e42e0404    3 months ago    780MB
<none>                      <none>      57c71085177f    3 months ago    780MB
doj/webclient               latest      38faba59c677    3 months ago    144MB
<none>                      <none>      480369ab01ae    3 months ago    144MB
<none>                      <none>      c7d612c2795d    3 months ago    144MB
doj/accounts-microservice   latest      32892103e1a0    3 months ago    141MB
doj/discovery               latest      48e2f0407814    3 months ago    144MB
```

图 12.9

图 12.9 显示了包含诸如 REPOSITORY、TAG、Image ID、CREATED、SIZE 等信息的 Docker 镜像列表。其中，REPOSITORY 表示为 Docker 镜像的本地存储库名称；TAG 表示 Docker 镜像的版本；IMAGE ID 表示为 Docker 镜像的唯一标识符。接下来讨论另一个 Docker 架构组件。

12.2.5　Docker 引擎

Docker 引擎表示为一个客户端-服务器应用程序，且包含以下主要组件：

- 守护进程，即一个服务器并在后台长期运行。
- REST 服务接口，用于与守护进程通信并通知所执行的任务。
- 命令行界面（CLI）客户端。

图 12.10 显示了 Docker 引擎的示意图。

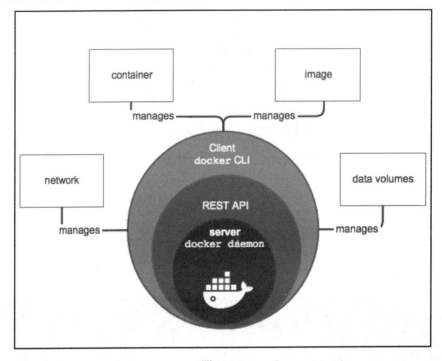

图 12.10

可以看到，Docker CLI 表示为管理容器、镜像、网络和数据容量的客户端。Docker 客户端使用 REST API 与服务器进行交互，同时它也是一个 Docker 守护进程。

12.2.6 Docker 容器

Docker 容器表示为 Docker 镜像的运行实例。Docker 提供了 CLI 命令以运行、启动、终止、移动或删除一个容器。我们可以在容器中设置环境变量并针对网络提供相关配置。容器将获得其自身的网络配置和文件系统。另外，每个容器进程通过内核特性（Docker 在运行期内提供）包含自身的独立进程空间。Docker 容器在运行期使用宿主操作系统的内核，它们与运行在同一操作系统主机上的其他容器共享主机内核。即使容器是从相同的 Docker 映像启动的，它们也拥有自己特定的资源分配，如内存和 CPU。

图 12.11 显示了 Docker 容器的示意图。

可以看到，Docker 引擎负责管理 Docker 容器，Docker 容器则是 Docker 镜像的运行实例，其中包含了应用程序和相关库的依赖关系。

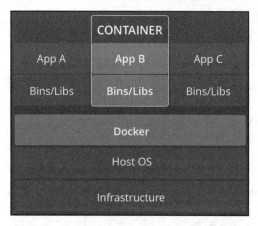

图 12.11

下面查看如何从 Docker 镜像中创建一个 Docker 容器，相关命令如下所示：

```
$ docker run hello-world
```

上述命令包含以下 3 部分内容。

- docker：表示为 Docker 引擎，并用于运行 Docker 程序。同时，还将通知操作系统当前正在运行 Docker 程序。
- run：用于创建和运行 Docker 容器。
- hello-world：表示为镜像名称。我们需要指定加载至当前容器中的镜像名称。

如前所述，每个容器包含了自身的资源副本，例如宿主操作系统内核、RAM 和文件系统。这里的问题是，如何对此进行处理？相应地，我们可通过 Dockerfile 执行相关操作。接下来将讨论如何创建 Dockerfile。

12.2.7 编写 Dockerfile

Dockerfile 有时也称作 Docker build 文件，它是一个简单的文本文件，其中包含了一组命令，并在镜像创建时被调用。同时，Dockerfile 还实现了 Docker 镜像生成过程中的自动化处理。相应地，Dockerfile 命令几乎等同于其对等的 Linux 命令。因此，对于这一构建文件来说，并不存在额外的语法内容，我们可方便地生成自己的 Dockerfile，进而构建 Docker 容器。

Docker 使用 Dockerfile 构建 Docker 镜像，并可定义全部所需的依赖关系和相关步骤，以在容器内运行 Docker 镜像。另外，资源的访问方式，例如存储和网络接口，也可定义于 Dockerfile 中。此外，还可在该环境中利用 Dockerfile 虚拟化磁盘驱动器。在这一

Dockerfile 中定义的所有资源均隔离于容器外部。但是，我们也可定义相应的应用程序端口，并在容器外部对其加以访问。

在 Dockerfile 创建完毕后，可将该文件置于应用程序目录中，下面在文本编辑器中创建一个空文件，并将其保存至应用程序目录中。接下来讨论编写 Dockerfile 时的各项操作步骤。

首先利用 vim 命令创建一个文件，并将其保存为 Dockerfile。需要注意的是，对应的文件名须为包含大写 D 的 Dockerfile。

下列代码将 Dockerfile 指令写入 Dockerfile 中：

```
#This is a Dockerfile for a microservice application

# Use an official Java 8 runtime as a parent image
FROM openjdk:8-jdk-alpine

#Set maintainer email id
MAINTAINER admin@dineshonjava.com

# Set the working directory to /app
WORKDIR /app

# Copy the current directory contents into the container at /app
ADD . /app

# Install any needed packages libraries
RUN mvn clean install

# Build and create jar using maven command
RUN mvn package

# Make port 80 available to the world outside this container
EXPOSE 80

# Define environment variable
ENV JAVA_OPTS=""

# Run accounts-microservice.jar when the container launches
CMD ["java $JAVA_OPTS -Djava.security.egd=file:/dev/./urandom -jar accounts-microservice.jar", "accounts-microservice.jar"]
```

可以看到，上述 Dockerfile 包含了一些指令，进而创建 Docker 镜像和容器。在 Dockerfile 中，需要注意以下几点内容：

- ❏ 位于 Dockerfile 中的指令均为大小写敏感，这也表明，没有必要在特定情况下编写命令，但必须遵守相关约定并使用大写字母。
- ❏ Docker 遵循自上而下的顺序运行 Dockerfile 中的指令。Dockerfile 的第一条指令为 FROM，并指定基础镜像。在当前示例中，将根据 openjdk:8-jdk-alpine 镜像创建一个镜像。
- ❏ 在上述 Dockerfile 中，以 "#" 开始的语句表示为注释，如 "#This is a Dockerfile for a microservice application"。其他指令则可用于 Dockerfile 中，如 RUN、CMD、FROM、EXPOSE 和 ENV。
- ❏ 下一条指令表示维护该镜像的相关人员。此处指定了 MAINTAINER 关键字，并设置了对应的电子邮件 ID。
- ❏ 可采用 WORKDIR 并针对 RUN 和 CMD 设置工作目录，随后则是 COPY 指令。如果不存在工作目录，则该目录将在默认状态下被创建。在 Dockerfile 中，该命令可被多次使用。
- ❏ ADD 命令用于将当前目录内容复制至/app 处的容器中。
- ❏ RUN 命令用于运行指令（针对当前镜像）。在当前示例中，第一个 RUN 命令用于运行 mvn 命令，并安装、清除微服务应用程序中的数据包库；第二条 RUN 命令则通过运行 mvn package 这一 maven 命令创建 JAR 文件。
- ❏ Dockerfile 的 EXPOSE 命令使容器外部的端口 80 可用。
- ❏ ENV 命令用于针对微服务应用程序定义环境变量。
- ❏ 最后一个 CMD 命令将通过当前镜像执行微服务应用程序。
- ❏ 保存 Dockerfile。稍后，我们还将讨论如何利用 Spring Boot 应用程序构建镜像。

在通过相关指令创建了 Dockerfile 后，根据应用程序的需求条件，Dockerfile 还涵盖了其他指令。考虑到全部指令均较为简单且易于编写，因而这里并不打算对其进行过多的描述。docker build 命令将针对构建指令查找 Dockerfile。接下来讨论如何创建 Spring Boot 应用程序并对其实现 Docker 化。

12.3 Docker 化 Spring Boot 应用程序

本节主要讨论如何实现 Spring Boot 应用程序（Account-Service）的 Docker 化，并在隔离的容器环境中运行该程序。前述章节曾创建了某些微服务，例如 Account-Service 和 Customer-Service，下面将介绍如何将 Spring Boot Account-Service 迁移至 Docker 中。对此，首先需要修改构造文件，随后将创建 Dockerfile 以使程序能在本地运行。

下面在 Spring Boot 项目中创建 Dockerfile，如下所示：

```
#This is a Dockerfile for a microservice application

# Use an official Java 8 runtime as a parent image
FROM maven:3.5-jdk-8-alpine

VOLUME /tmp

#Set maintainer email id
MAINTAINER admin@dineshonjava.com

# Set the working directory to /app
WORKDIR /app

# Copy the current directory contents into the container at /app
ADD . /app

# Build and create jar using maven command
#RUN mvn package -DskipTests=true -Ddir=app

# Copy the current directory contents into the container at /app
ADD target/account-service-0.0.1-SNAPSHOT.jar accounts-microservice.jar

# Make port 80 available to the world outside this container
EXPOSE 80

# Define environment variable
ENV JAVA_OPTS=""

# Run accounts-microservice.jar when the container launches
ENTRYPOINT [ "sh", "-c", "java $JAVA_OPTS -
Djava.security.egd=file:/dev/./urandom -jar accounts-microservice.jar" ]
```

上述 Dockerfile 命令较为简单，但包含了运行 Spring Boot 应用程序所需的全部内容；同时还利用 maven 命令 mvn package 生成了一个 JAR 文件。随后，项目 JAR 文件作为 accounts-microservice.jar 被添加至容器中，进而在 ENTRYPOINT 中被执行。

图 12.12 显示了相应的应用程序目录结构。

不难发现，Dockerfile 被置于某个目录中，并与 pom.xml 文件并列放置。接下来通过下列命令创建一个 Docker 镜像。

```
$ docker build -t spring-boot-app .
```

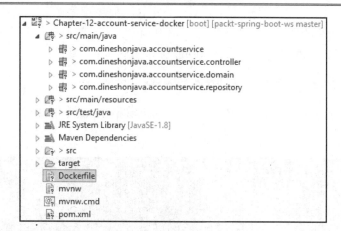

图 12.12

其中，spring-boot-app 表示为镜像名。当然，我们可对 Docker 镜像设置任何名称。上述命令将从 Dockerfile 中构建镜像，对此，我们需要指定 Dockerfile 路径。在上述命令中，命令的尾部包含了一个“.”，这表明 Dockerfile 位于当前工作目录中。

另外，-t 选项用于标签操作，进而标记新的镜像，随后则是相应的版本号，如下所示。

```
$ docker build -t spring-boot-app:1.0.1 .
```

上述命令的输出结果如图 12.13 所示。

```
Dinesh.Rajput@MRNDTHTMOBL0002 MINGW64 /d/packt-spring-boot-ws/Chapter-12-account-service-docker
$ docker build -t spring-boot-app .
Sending build context to Docker daemon  52.62MB
Step 1/9 : FROM maven:3.5-jdk-8-alpine
 ---> 08790c3343de
Step 2/9 : VOLUME /tmp
 ---> Using cache
 ---> f547d7ee9e0e
Step 3/9 : MAINTAINER admin@dineshonjava.com
 ---> Using cache
 ---> 173eae5492f2
Step 4/9 : WORKDIR /app
 ---> Using cache
 ---> 265ece0a5d47
Step 5/9 : ADD . /app
 ---> 313b940e276e
Step 6/9 : ADD target/account-service-0.0.1-SNAPSHOT.jar accounts-microservice.jar
 ---> 777351309215
Step 7/9 : EXPOSE 80
 ---> Running in 403e55725e4a
Removing intermediate container 403e55725e4a
 ---> 25c4ee521eb5
Step 8/9 : ENV JAVA_OPTS=""
 ---> Running in 4c8d0a102449
Removing intermediate container 4c8d0a102449
 ---> fe716b2607ad
Step 9/9 : ENTRYPOINT [ "sh", "-c", "java $JAVA_OPTS -Djava.security.egd=file:/dev/./urandom -j
 ---> Running in 335806d93dc2
Removing intermediate container 335806d93dc2
 ---> d51f03786940
Successfully built d51f03786940
Successfully tagged spring-boot-app:latest
```

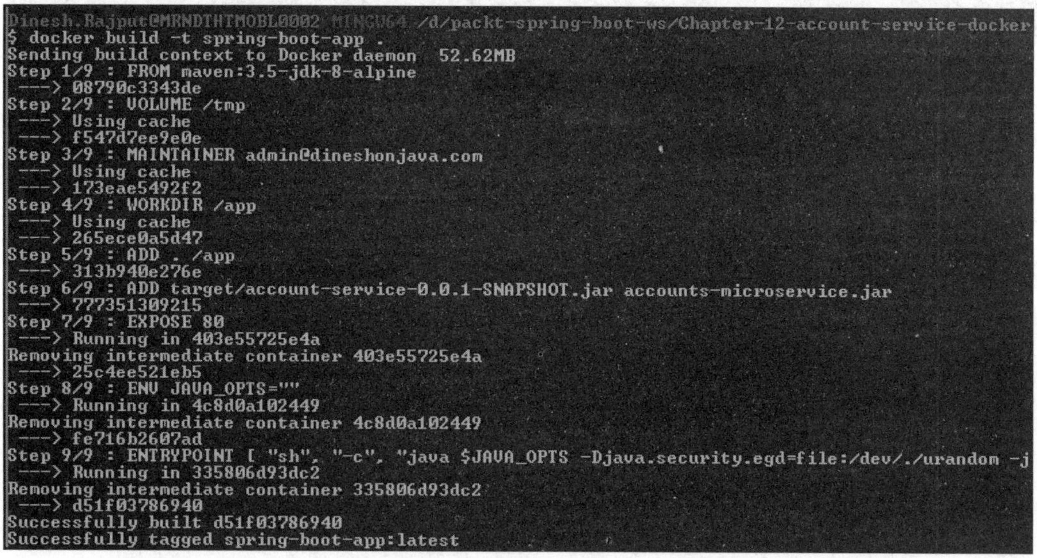

图 12.13

从图 12.13 中可以看出，Docker 镜像已被成功地创建，随后即可利用 docker run 命令运行 Docker 镜像。下列命令用于运行 spring-boot-app。

```
$ docker run -p 8080:8080 spring-boot-app:latest
```

上述 docker run 命令将运行创建了 spring-boot-app Docker 镜像后的容器，对应结果如图 12.14 所示。

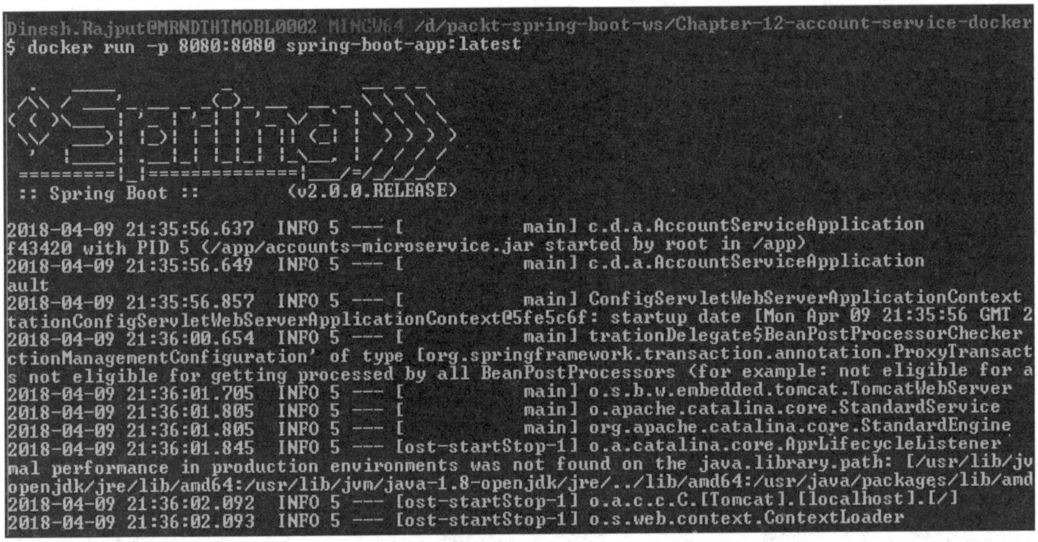

图 12.14

通过观察可知，Account-Service 已被成功地运行。在运行了 spring-boot-app 后，通过访问下列 URL，对应结果将在浏览器中加以显示。

```
http://192.168.99.100:8080/account
```

对应结果如图 12.15 所示。

图 12.15 显示了访问自 H2 DB 的数据，前述章节曾对此有所讨论。当前，ACCOUNT-SERVICE 微服务已被 Docker 化，并作为一个 Docker 容器运行。此外，http://192.168.99.100 表示为于外部访问的容器 IP，8080 则表示为这一特定容器的端口。

前述内容创建了一个微服务，并通过 docker build 命令将其构建为 Docker 镜像。除此之外，还可利用 Maven 或 Gradle 生成 Docker 镜像，接下来将对此加以讨论。

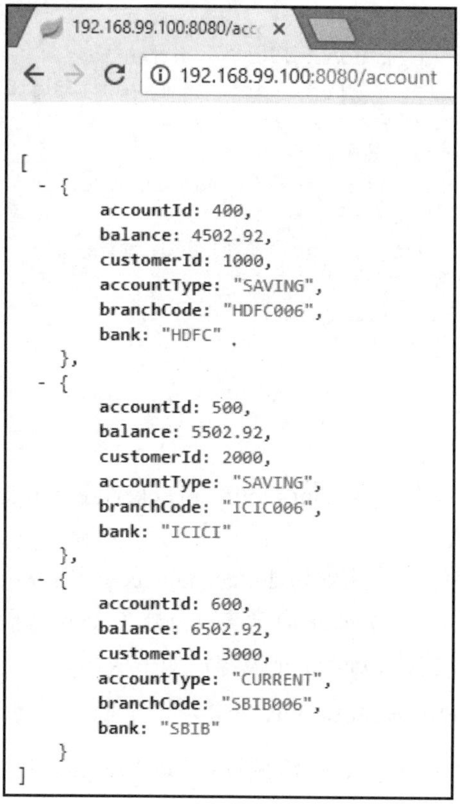
192.168.99.100:8080/acc
192.168.99.100:8080/account
[
- {
accountId: 400,
balance: 4502.92,
customerId: 1000,
accountType: "SAVING",
branchCode: "HDFC006",
bank: "HDFC"
},
- {
accountId: 500,
balance: 5502.92,
customerId: 2000,
accountType: "SAVING",
branchCode: "ICIC006",
bank: "ICICI"
},
- {
accountId: 600,
balance: 6502.92,
customerId: 3000,
accountType: "CURRENT",
branchCode: "SBIB006",
bank: "SBIB"
}
]

图 12.15

12.4　利用 Maven 创建 Docker 镜像

如前所述，Maven 可用于处理依赖关系，并通过向 Maven 配置文件 pom.xml 中添加某些插件，进而支持某个程序版本的构建。因此，如果希望通过 Maven 命令创建 Docker 镜像，则需要在 Maven pom.xml 文件中添加新的插件。考查下列代码：

```
<properties>
   ...
   <docker.image.prefix>doj</docker.image.prefix>
</properties>

<build>
   <plugins>
```

```xml
        <plugin>
            <groupId>com.spotify</groupId>
            <artifactId>dockerfile-maven-plugin</artifactId>
            <version>1.3.4</version>
            <configuration>
<repository>${docker.image.prefix}/${project.artifactId}</repository>
                <buildArgs>
<JAR_FILE>target/${project.build.finalName}.jar</JAR_FILE>
                </buildArgs>
            </configuration>
        </plugin>
        ...
    </plugins>
</build>
```

上述 Maven pom.xml 文件利用 com.spotify 和 ockerfile-maven-plugin 配置了新的插件，其中涵盖了以下两项配置：

- ❑ 包含镜像名的存储库，此处为 doj/accountaccount-service。
- ❑ JAR 文件名，并作为 Docker 构建参数公开了 Maven 配置。

下面使用 Maven 命令构建 Douckker 镜像，如下所示：

```
$ ./mvnw install dockerfile:build
```

另外，利用下列命令可将 Docker 镜像置入 Docker Hub 中：

```
./mvnw dockerfile:push
```

类似地，还可利用 Gradle 构建命令，即通过 Gradle 构建 Docker 镜像。

接下来将讨论 Docker Compose。

12.5 Docker Compose 简介

Docker Compose 是一个 Docker 工具，并可作为单一服务运行多个容器。例如，如果某个应用程序需要使用到 ACCOUNT-SERVICE 和 CUSTOMER-SERVICE，因而仅生成单一文件即可，这可用作单一服务启动、终止容器，且无须分别对其予以启动和终止。

本节将介绍 Docker Compose 及其启动方式。随后将讨论如何获得包含 CCOUNT-SERVICE 和 CUSTOMER-SERVICE 的单一服务，并通过 Docker Compose 加以运行。

如前所述，每个独立容器均包含自身的 Docker 命令和特定的 Dockerfile。该 Dockerfile 适用于创建各自的容器。但是企业系统不是一个单独的容器，它必须包含多个容器才能在独立的应用程序网络上操作，否则容器管理将很快变得混乱。

Docker Compose 可利用自己的 YAML 格式的文件来解决这一问题，这对于管理多个容器来说更加适用。例如，它能够在一个命令中启动或停止服务组合，或者将多个服务的日志记录输出合并到一个 pseudo-tty 中。对于开发、测试和登台（staging）环境来说，Docker Compose 均是一款优秀的工具。接下来讨论如何在机器上安装 Docker Compose。

12.5.1 安装 Docker Compose

OrchardUp 开发了一款名为 Fig 的工具，可使隔离的开发环境与 Docker 协同工作。Fig 在业界崭露头角后便被 Docker Inc.所收购，因而现在更名为 Docker Compose。Docker Compose 可分别在 macOS、Windows 和 Linux 环境下安装。

在 Windows 和 Mac 环境下，Docker Toolbox 已配置了 Compose 连同其他 Docjker 应用程序。因此，我们需要单独安装 Docker Compose。

在 Linux 环境下，可访问 GitHub 上的 Compose 存储库发布页面，进而下载 Docker Compose 二进制文件。根据链接中的指令，其间需要运行 curl 命令下载二进制文件，随后可遵循相关指令进行操作。

运行下列命令安装最新版本的 Docker Compose：

```
sudo curl -L
https://github.com/docker/compose/releases/download/1.21.0/docker-compose-$
(uname -s)-$(uname -m) -o /usr/local/bin/docker-compose
```

针对二进制文件应用执行权限，如下所示：

```
sudo chmod +x /usr/local/bin/docker-compose
```

接下来对安装结果进行测试，如图 12.16 所示。

```
$ docker-compose --version
docker-compose version 1.16.1, build 6d1ac219
```

图 12.16

在 Docker Compose 安装完毕后，下一步则是如何使用 Docker Compose，以及如何编写 docker-compose.yml 文件。

下面创建运行于不同 Docker 容器中的两个微服务应用程序示例，此类服务间可彼此通信，并作为单一应用程序单元出现于宿主系统中。因此，此处将创建 Account 和 Customer 服务，如图 12.17 所示。

```
Dinesh.Rajput@MRNDIHIMOBL0002 MINGW64 /d/packt-spring-boot-ws/Chapter-12-customer-service-docker (master)
$ docker ps
CONTAINER ID        IMAGE                  PORTS                              NAMES
8d26fd170e4e        doj/customer-service   8181/tcp, 0.0.0.0:8282->6060/tcp   dreamy_einstein
8206caf99fba        doj/account-service    8080/tcp, 0.0.0.0:8181->6060/tcp   cocky_thompson
1f97ede49f98        doj/eureka-server      0.0.0.0:8080->8761/tcp             ecstatic_jepsen
```

图 12.17

当前，存在 3 个容器运行名为 doj/account-service、doj/constomer-service 和 doj/eureka-server 的镜像。下面考查如何使用 Docker Compose。对此，读者可访问 GitHub 以获取全部服务的完整示例代码，对应网址为 https://github.com/PacktPublishing/Mastering-Spring-Boot-2.0。

我们的目标是作为单一隔离系统运行此类服务，而不是分别运行 3 个独立的容器。利用单一命令，Docker Compose 可作为单一隔离系统运行此类服务。接下来讨论如何使用 Docker Compose。

12.5.2 使用 Docker Compose

Docker Compose 易于使用，基本上讲，它包含了以下 3 个处理步骤：

（1）利用 Docker Compose 定义服务环境，因而它可以在任何地方重建。

（2）在定义了微服务后（在 docker-compose.yml 文件中用作单一应用程序），通过 docker-compose.yml 文件，可在一个隔离的系统中共同运行此类服务。

（3）执行 docker-compose up，Compose 可启动、运行全部应用程序。

接下来，我们将讨论 Docker Compose 文件。

12.5.3 编写 docker-compose 文件

Docker Compose 文件是一个简单的 YAML 格式文件，其中包含了与隔离系统相关的多条指令（以及指向多个容器的链接）。除此之外，还可定义每个容器的环境。通过一条命令，可启动或终止服务组合。典型的 docker-compose.yml 文件如下所示：

```
version: "2"
services:
  eureka:
    image: doj/eureka-server
    ports:
      - "8080:8761"
  account:
    image: doj/account-service
    ports:
      - "8181:6060"
```

```
    links:
      - eureka
  customer:
    image: doj/customer-service
    ports:
      - "8282:6060"
    links:
      - eureka
      - account
```

上述 docker-compose.yml 文件格式包含了简单的 yml 格式。下面进一步查看文件中的具体含义。

- ❏ 在父级别，version 定义了 Docker Compose 文件的格式。该字段不可或缺。
- ❏ 在同一级别，services 定义了服务的数量，如 account、customer 和 eureka。
- ❏ 每项服务需要一个镜像运行 Docker 容器，因而此处添加了额外的 image 参数。
- ❏ image 关键字针对 eureka、account 和 customer 服务用于指定 Docker Hub 中的镜像：
  - ➢ 对于 eureka，仅需引用 Docker Hub 上的 doj/eureka-server 镜像。
  - ➢ 对于 account，引用 Docker Hub 上的 doj/account-service 镜像。
  - ➢ 对于 customer，引用 Docker Hub 上的 doj/customer-service 镜像。
- ❏ ports 关键字指定了需要公开于 eureka、account 和 customer 服务的端口：
  - ➢ 对于 eureka，我们公开了 8080:8761 端口，并可于外部对其进行访问。
  - ➢ 对于 account，我们公开了 8181:6060 端口，并可于外部对其进行访问。
  - ➢ 对于 customer，我们公开了 8282:6060 端口，并可于外部对其进行访问。
- ❏ 除此之外，我们还针对 account 和 customer 指定了 links 变量，并以此创建当前服务和下列服务间的内部链接：
  - ➢ 包含 eureka 服务的 account 服务链接。
  - ➢ 包含 eureka 和 account 服务的 customer 服务链接。

下面利用新版本清空原来处于运行状态下的容器，并采用 docker stop <container ID> 命令终止原来的运行容器，如图 12.18 所示。

```
$ docker stop 8d26fd170e4e 8206caf99fba 1f97ede49f98
8d26fd170e4e
8206caf99fba
1f97ede49f98
```

图 12.18

在终止了原来的运行容器后，可利用下列命令对其进行检测：

```
$ docker ps
```

对应的输出结果如图 12.19 所示。

```
$ docker ps
CONTAINER ID        IMAGE        COMMAND        CREATED        STATUS        PORTS
```

图 12.19

在企业级应用程序中，一般会运行几十个或几百个服务，仅运行 3 个服务这种情况通常较少出现。因此，管理这些容器并确保所有不同的命令行参数都链接到这些容器往往较为复杂。Docker Compose 的出现使得多个容器间的组织工作变得相对简单。

这一处理过程也称作容器的编排或运行。接下来讨论基于 docker-compose 的编排操作，并构建相应的 Docker Compose 示例。

12.5.4　基于 docker-compose 文件的编排操作

在 Docker Compose 文件中，经适当定义后可形成一组容器，这也是一个 YAML 配置文件。其间，docker-compose 通过正确的选项和配置项管理容器的运行期配置。前述内容曾创建了 docker-compose.yml 文件，下面通过下列命令并针对语法错误测试该文件的配置内容。

```
$ docker-compose config
```

对应的输出结果如图 12.20 所示。

```
$ docker-compose config
ERROR: yaml.parser.ParserError: while parsing a block mapping
  in ".\docker-compose.yml", line 1, column 1
expected <block end>, but found '-'
  in ".\docker-compose.yml", line 18, column 1
```

图 12.20

图 12.21 针对语法错误显示了相关结果。

```
$ docker-compose config
services:
  account:
    image: doj/account-service
    links:
    - eureka
    ports:
    - 8181:6060/tcp
  customer:
    image: doj/customer-service
    links:
    - eureka
    - account
    ports:
    - 8282:6060/tcp
  eureka:
    image: doj/eureka-server
    ports:
    - 8080:8761/tcp
version: '2.0'
```

图 12.21

注意：

应位于 docker-compose.yml 文件所处的目录中，以便可执行大多数 Compose 命令。

最后，可利用下列一条命令启动 Docker Compose。

```
$ docker-compose up -d
```

上述命令的对应输出结果如图 12.22 所示。

```
$ docker-compose up -d
Creating network "dockercompose_default" with the default driver
Creating dockercompose_eureka_1 ...
Creating dockercompose_eureka_1 ... done
Creating dockercompose_account_1 ...
Creating dockercompose_account_1 ... done
Creating dockercompose_customer_1 ...
Creating dockercompose_customer_1 ... done
```

图 12.22

由于使用了 -d 选项，上述命令以分离模式运行容器。相应地，通过下列命令可检测容器的状态。

```
$ docker-compose ps
```

图 12.23 显示了对应的输出结果。

```
$ docker-compose ps
       Name                  Command               State              Ports
---------------------------------------------------------------------------------------
dockercompose_account_1   sh -c java $JAVA_OPTS -Dja ...   Up      0.0.0.0:8181->6060/tcp, 8080/tcp
dockercompose_customer_1  sh -c java $JAVA_OPTS -Dja ...   Up      0.0.0.0:8282->6060/tcp, 8181/tcp
dockercompose_eureka_1    sh -c java $JAVA_OPTS -Dja ...   Up      0.0.0.0:8080->8761/tcp
```

图 12.23

可以看到，服务容器已成功运行。通过在浏览器中访问相关的 URL，还可对其执行进一步测试。

首先采用 http://192.168.99.100:8181/account/101 测试 account-service，对应数据如图 12.24 所示。

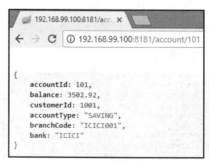

图 12.24

接下来通过 http://192.168.99.100:8282/customer/1001 测试 customer-service，对应的数据如图 12.25 所示。

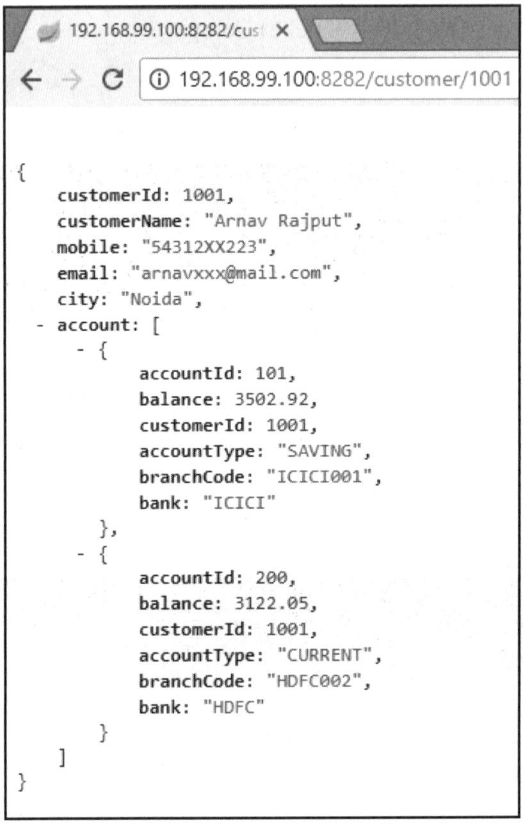

图 12.25

利用下列命令可终止处于运行状态下的服务。

```
$ docker-compose down
```

对应的输出结果如图 12.26 所示。

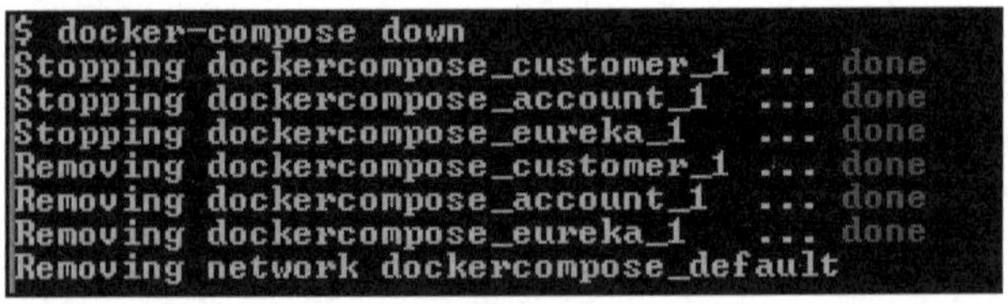

图 12.26

可以看到，全部容器均处于终止状态。

12.5.5 利用 docker-compose 和负载平衡扩展容器

通过下列命令可特定服务的容器。

```
$ docker-compose scale [compose container name]=3
```

考查下列示例：

```
$ docker-compose scale account=3
```

对应的输出结果如图 12.27 所示。

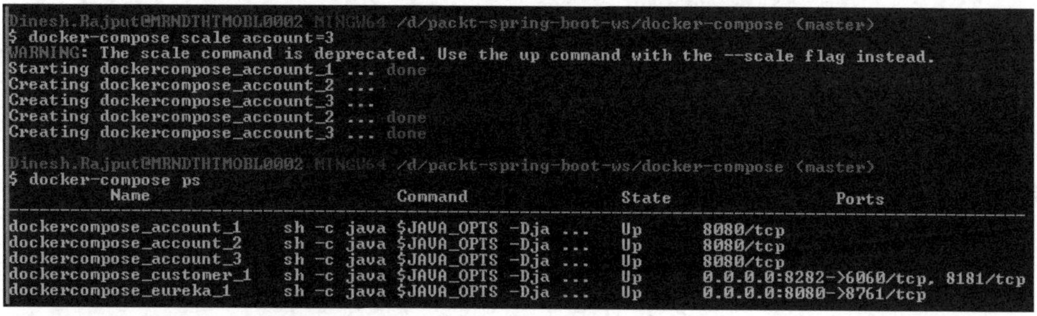

图 12.27

通过观察可知，当前账户容器包含了 3 个实例。但此处存在一个问题：鉴于端口发生变化，客户端如何调用 account-service 的实例？

针对这一问题，存在一些解决方案可对其加以处理，如 Kubernetes 和 AWS ECS。稍后将讨论 Kubernetes，第 14 章将考查基于 AWS ECS 的部署操作。

此处采用一家名为 Tutum 的公司提供的一种简洁方案，即 HAProxy 扩展。该代理可根据链接的容器实现自身的自动配置，并可针对多个容器用作负载平衡器。下面通过添加下列与 tutum/haproxy 镜像相关的配置项，进而更新 docker-compose.yml 文件。

```
version: "2"
services:
  eureka:
    image: doj/eureka-server
    ports:
      - "8080:8761"
  account:
    image: doj/account-service
```

```yaml
    links:
      - eureka
  customer:
    image: doj/customer-service
    ports:
      - "8282:6060"
    links:
      - eureka
      - account
  ha_account:
    image: tutum/haproxy
    links:
      - account
    ports:
      - "8181:80"
```

静态端口无法创建多个 account-service 实例（包含相同的静态端口），因此这里针对 account 服务移除了静态端口配置。默认状态下，通过在 3 个运行实例间使用轮询算法，HAProxy Docker 容器可视为一个负载平衡器。

接下来讨论另一种 Docker 容器编排工具 Kubernetes。

12.6　Kubernetes 简介

Kubernetes 是一个可移植的开源平台，用于管理容器化的应用程序和服务，以及改进应用程序的配置和自动化。目前，Kubernetes 正处于快速发展中，并针对大众提供了相应的支持、服务和工具。

Kubernetes 是谷歌推出的一个项目，并于 2014 年实现了开源。谷歌拥有数十年的大规模负载处理经验，在此基础上，Kubernetes 还采纳了社区提供的一些优秀理念和最佳实践方案。

Kubernetes 可与多种不同的工具协同工作，包括 Docker，进而针对部署的扩展、操作和自动化提供了一个容器化的应用程序平台。

Joe Beda、Brendan Burns 和 Craig McLuckie 首先发布了 Kubernetes，随后，Brian Grant 和 Tim Hockin 也加入其中。谷歌的 Borg 系统对 Kubernetes 的设计和开发影响较大——一些优秀的贡献者首先参与了 Borg 项目。

2015 年，谷歌发布了 Kubernetes v1.0，同时还与 Linux 基金会合作，成立了云原生计算基金会（CNCF）。

Kubernetes 包含以下一些特性：
- 容器平台。
- 微服务平台。
- 可迁移的云平台。

Kubernetes 平台的主要目标是支持与容器相关的管理环境。Kubernetes 在不同的基础设施之间提供了可移植性、简洁性和灵活性，并在某种程度上模拟了 PaaS 和 Iaas。Kubernetes 配置了多种功能；同时，该平台的开源特性也使其能够不断予以改进，并向系统中添加新功能。

这个定期更新的系统也使得 Kubernetes 逐步演化为一个平台，进而形成一个组件和工具生态系统，以便部署、扩展和管理应用程序，同时也使得程序更易处理。

Kubernetes 的设计允许在其上构建许多不同的系统。标签允许用户根据自己的需要组织资源，而注解则为用户提供了自定义资源和相关信息，以适应其工作流并对所使用的工具进行管理。

构建 Kubernetes 控制平面的 API 对开发人员和用户也是可用的，因此，用户可以构建自己定制的控件和 API，以供 CLI 工具所用，并根据开发人员的需求进行操作。

尽管 Kubernetes 包含了诸多强大的功能，但它仍然不足以成为 PaaS 系统的替代品。考虑到诸多相似性，因而可以这样理解 Kubernetes：它为部署、扩展、记录和监视应用程序提供了一个平台。Kubernetes 旨在通过其工作负载和数据处理支持各种不同的应用程序。但是，只有容器化的应用程序才能在 Kubernetes 平台上运行良好。

12.7 本章小结

正如我们在本章中所学习到的，容器在本质上处于隔离状态，并且是可移植的，用户可以在任何 Docker 平台上运行容器。基于容器的方法已经被许多企业所采用，其受欢迎程度与日俱增。

基于容器的虚拟化对于微服务体系结构来说是一个更好的解决方案，其中，应用程序特性被划分为较小的、定义良好的、独特的服务。容器和 VM 不是相互独立的，它们可以看作是互补的解决方案。Netflix Cloud 就是一个很好的例子，其中容器运行于虚拟机上。

另外，本质还介绍了 Docker Compose。利用 Docker Compose，可暂停服务、在容器中运行一次性命令，甚至可扩展容器的数量。

第 13 章将讨论和实现 Swagger 和 KONG API 管理器。

第 13 章 API 管理器

本章将讨论分布式系统中的 API 管理器、设置 KONG 开源 API 管理器、在 KONG API 管理器中配置 API 端点、针对 API 标准的 Swagger，以及基于 KONG 的速率限制和日志机制。

在前述章节中，我们学习了容器架构及其优点和所面临的挑战。除此之外，我们还创建了 Docker 容器，并在 Docker 容器上部署了 Account 和 Customer 微服务。本章将讨论 API 管理和相关工具，如 Swagger 和 KONG。其间，我们将通过 Spring、Spring Boor 和 Spring Cloud 并使用到相关的微服务系统示例。

在阅读完本章后，读者将能够较好地理解 KONG 和 Swagger，以及如何使用这些工具对 REST API 进行管理和文档化。

本章主要涉及以下主题：

❑ API 管理。
❑ 速率限制。
❑ KONG。
❑ Swagger。

下面将逐一对此加以讨论。

13.1 API 管理

API 管理是一种客户端外部的 API 管理机制，例如通过限流或速率限制控制 API 的访问。其中，速率限制针对 API 的特定使用者控制访问行为。例如，客户每天仅包含 100 次请求使用特定的 API。通过速率限制控制 API 访问，API 管理工具可帮助我们获得一定的经济受益。

API 管理工具可有效地控制 API 的管理复杂度。众所周知，API 应用在当前市场中呈上升势头，大量的业务均与 API 有关。因此，API 管理对于 API 提供商来说变得十分重要。另外，API 开发过程与 API 管理截然不同。

如果希望正确地使用 API，那么，强大的文档机制同样十分重要。另外，API 管理的其他参数也需要引起我们的足够重视，例如安全级别、综合测试、版本控制和高可靠性。

13.1.1 API 管理软件的优点

API 管理工具具有以下优点：
- 监视来自每个应用程序的流量。
- 控制 API 和使用 API 的应用程序间的连接。
- 管理 API 版本的一致性。
- 提供了缓存机制和内存管理方案，进而改善应用程序的性能。
- 提供了一定的安全措施，防止 API 受到外部威胁。

下面将对多家 API 管理方案供应商加以考查。

13.1.2 API 管理工具

相应地，存在多种 API 管理工具，下列内容列出了较为流行的几种 API 管理工具。
- KONG。
- 3scale API 管理工具。
- Akana 平台。
- Apigee。
- Azure API 管理。
- TIBCO Mashery。
- MuleSoft。
- WSO2。
- 亚马逊 Web 服务 API 网关。

下面讨论 API 管理平台中较为重要的一项功能，从安全性和业务角度来看，该功能十分重要。

13.2 速率限制

速率限制是一种特定的计数器模式，可用于显示所执行操作的速率。该模式的典型实现是限制针对公共 API 执行的请求数量。

API 提供者针对此类问题提供了一种解决方案，即速率限制。速率限制是指 API 出于各种原因拒绝请求的过程，其间涉及过多的并发连接，以及面对大量数据难以令人满意的请求行为。通过实现速率限制，开发人员实际上安装了一个"插口"，调整这一"插口"可改变系统内的流量。实现速率限制的另一个原因是防止拒绝服务（DoS）攻击。

在相对安全的环境中，开发人员还需要考虑到系统的限制问题，例如防止溢出现象。这就像拥挤的道路常会导致拥堵和事故一样，受到过度限制的逻辑连接也会面临同样的问题。

从业务上下文来看，API 提供者可将速率限制实现为一种利润-成本抵消技术。其中，大量用户付费后将抵消增加的运营成本，从而转化为最终的利润。

速率限制的实现包含多种简单而直接的方案，其中一种较为常见的方法是服务器上的内部缓存机制。

另一种实现方案则是使用 Redis，并通过下列方式使用速率限制模式：

```
FUNCTION LIMIT_API_CALL(ip)
ts = CURRENT_UNIX_TIME()
keyname = ip+":"+ts
current = GET(keyname)
IF current != NULL AND current > 10 THEN
    ERROR "too many requests per second"
ELSE
    MULTI
        INCR(keyname,1)
        EXPIRE(keyname,10)
    EXEC
    PERFORM_API_CALL()
END
```

基本上讲，此处在每个 IP、每秒的基础上设置一个计数器。但此类计数器一般呈递增状态，并设置 10 秒的过期时间。因此，若当前秒数发生变化，Redis 将移除这些计数器。

此外，还可使用一个拦截器，并针对微服务项目中的 API 实现速率限制。针对固定或分布式系统，速率限制的实现过程可采用多种算法。相应地，还可利用 KONG API 快速地针对 API 设置速率限制。

接下来将讨论 KONG API 管理工具。

13.3　KONG 简介

本节将讨论 KONG，首先考查下列引文：

"对于 NGINX 平台上的 API 实现方案，KONG 可简化开发的复杂度并减少部署时间。"

——Owen Garrett，NGINX 产品经理

KONG 是一个开源的可扩展 API 层，并在通过插件扩展的 RESTful API 之前运行。通过这一方式，KONG 提供了附加功能和服务，并远远超出了核心平台所提供的服务。

Mashape 构建 KONG 的最初目标是保护、管理、扩展 API 和微服务（总量已超过 15000 个），以此满足相关 API 市场的需求。这在一个月内为超过 20 万的开发人员生成了数十亿的请求。当前，KONG API 已被应用于规模不同的各家机构中，进而部署关键性任务。

如前所述，KONG 是一种 API 外观，同时也是一个 RESTful API 前端的过滤器。该网关提供了下列功能项。

- ❑ 访问控制：仅支持经身份验证和授权的访问。
- ❑ 速率限制：限制发送至 API 的流量。
- ❑ 分析、度量指标和日志机制：跟踪 API 的使用方式。
- ❑ 安全性过滤机制：确保进入的流量不是攻击行为。
- ❑ 重定向：将流量发送至不同的端点处。

任何客户端均可通过 KONG 调用 REST API，这将向 REST 发送代理客户端请求，并执行针对 REST API 设置的所有功能，例如所安装的速率限制插件。在调用 API 之前，KONG 还将检测并确保请求数量不会超出所指定的极限值。图 13.1 显示了 KONG 示意图。

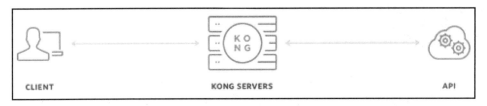

图 13.1

可以看到，客户端将通过 KONG 服务器调用 API。KONG 编排了常见的功能，如速率限制、访问控制和日志记录。

13.3.1 基于 KONG 架构的微服务 REST API

图 13.2 显示了与 KONG 架构流程相关的示意图。

可以看到，KONG 在一处提供了集中和统一的功能。KONG 体系结构是分布式的，可以通过一个简单的命令从一个地方扩展功能。用户可方便地在服务器端配置 KONG，而无需在微服务应用程序级别进行任何修改。开发人员只需要关注产品自身即可，且无需担心 API 管理机制，KONG 负责管理 REST 事务。

第 13 章 API 管理器

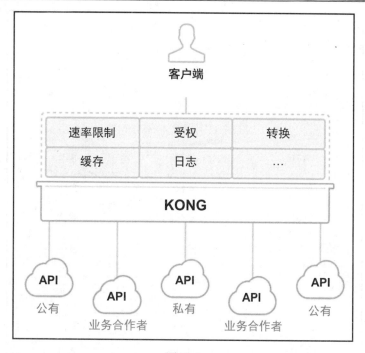

图 13.2

13.3.2 未采用 KONG 架构的 API 应用

KONG 工具为 API 管理机制提供了一个集中的解决方案。如果在服务器级别缺少 API 的 KONG 配置，则必须跨多个微服务实现 API 管理的公共功能。这意味着代码的重复性将会增加，并且很难在不影响其他微服务的情况下进行维护和扩展。此时，系统趋向于单体结构，图 13.3 显示了缺少 KONG 配置的通用功能。

通用功能代码分布在 API 之间，通常非常难以管理。除了业务代码之外，开发人员还负责 API 管理。接下来我们将了解如何在系统上安装 KONG。

13.3.3 安装 KONG

KONG 可以在多种操作环境下进行安装，同时也包括 Docker 这一类容器。本节将讨论如何通过 Docker 安装 KONG。

在安装 KONG 之前，关于 Docker 的一些详细信息，读者可参考第 12 章。

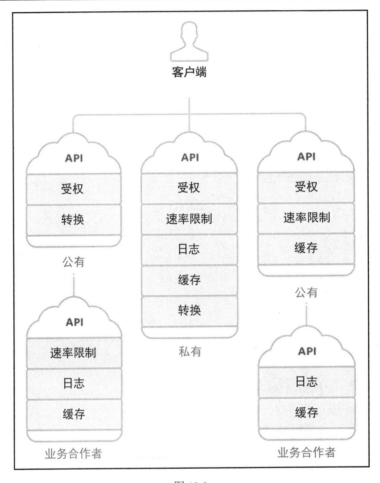

图 13.3

此处将使用 DockerHub 存储库获得 KONG 的 Docker 镜像。在后续示例中，我们将把 KONG Docker 容器链接至 Cassandra Docker 容器上，并执行下列操作步骤：

（1）使用 Cassandra 容器存储与 KONG API 相关的信息。对此，可采用如图 13.4 所示的命令。

图 13.4

（2）通过如图 13.5 所示的命令，使用 KONG 容器迁移 Cassandra 数据库。

第 13 章 API 管理器

```
Dinesh.Rajput@MRNDTHTMOBL0002 MINGW64 ~
$ docker run --rm \
>   --link kong-database:kong-database \
>   -e "KONG_DATABASE=cassandra" \
>   -e "KONG_PG_HOST=kong-database" \
>   -e "KONG_CASSANDRA_CONTACT_POINTS=kong-database" \
>   kong:latest kong migrations up
```

图 13.5

（3）启动 KONG，如图 13.6 所示。

```
Dinesh.Rajput@MRNDTHTMOBL0002 MINGW64 ~
$ docker run -d --name kong \
>   --link kong-database:kong-database \
>   -e "KONG_DATABASE=cassandra" \
>   -e "KONG_PG_HOST=kong-database" \
>   -e "KONG_CASSANDRA_CONTACT_POINTS=kong-database" \
>   -e "KONG_PROXY_ACCESS_LOG=/dev/stdout" \
>   -e "KONG_ADMIN_ACCESS_LOG=/dev/stdout" \
>   -e "KONG_PROXY_ERROR_LOG=/dev/stderr" \
>   -e "KONG_ADMIN_ERROR_LOG=/dev/stderr" \
>   -e "KONG_ADMIN_LISTEN=0.0.0.0:8001" \
>   -e "KONG_ADMIN_LISTEN_SSL=0.0.0.0:8444" \
>   -p 8000:8000 \
>   -p 8443:8443 \
>   -p 8001:8001 \
>   -p 8444:8444 \
>   kong:latest
```

图 13.6

对于非 SSL 调用，此处使用了 8080 端口；而端口 8443 则用于 SSL API 调用；端口 8001 则通过 RESTful Admin API 管理 KONG 安装。

（4）验证 KONG 的安装结果，如图 13.7 所示。

```
Dinesh.Rajput@MRNDTHTMOBL0002 MINGW64 ~
$ curl -i http://192.168.99.100:8001/
HTTP/1.1 200 OK
Date: Fri, 20 Apr 2018 09:24:32 GMT
Content-Type: application/json; charset=utf-8
Transfer-Encoding: chunked
Connection: keep-alive
Access-Control-Allow-Origin: *
Server: kong/0.13.0
```

图 13.7

这里访问了 http://192.168.99.100:8001/，并从 KONG API 中返回 JSON 格式的数据。

13.3.4　使用 KONG API

在 Docker 中安装了 KONG 之后，下面将使用 KONG API，并打算向使用者公开的 REST API。对此，需要执行下列步骤：

（1）在 KONG 中配置服务。在安装和启动 KONG 后，可在 8001 端口上使用 Admin API 添加新服务。这里，服务表示公开了 API /微服务的上游服务器。考查下列命令：

```
$ curl -i -X POST --url http://192.168.99.100:8001/services/ --
data 'name=account' --data
'url=http://192.168.99.100:8181/account/'
```

接下来查看如图 13.8 所示的命令。

```
Dinesh.Rajput@MRMDTHIMOBL0002 MINGW64 ~
$ curl -i -X POST    --url http://192.168.99.100:8001/services/    --data 'name=account'    --data 'url=http://192.168.99.100:8181/account/'
HTTP/1.1 201 Created
Date: Fri, 20 Apr 2018 09:56:01 GMT
Content-Type: application/json; charset=utf-8
Transfer-Encoding: chunked
Connection: keep-alive
Access-Control-Allow-Origin: *
Server: kong/0.13.0
```

图 13.8

图 13.7 显示了上述命令响应后的输出结果。在浏览器中访问 http://192.168.99.100:8001/services，对应输出结果如图 13.9 所示。

```
{
    next: null,
  - data: [
      - {
            host: "192.168.99.100",
            created_at: 1524218160,
            connect_timeout: 60000,
            id: "ac443bb1-4865-4f7a-acde-1eb892357979",
            protocol: "http",
            name: "account",
            read_timeout: 60000,
            port: 8181,
            path: "/account/",
            updated_at: 1524218160,
            retries: 5,
            write_timeout: 60000
        }
    ]
}
```

图 13.9

（2）添加一个并公开当前服务。对应某项的服务来说，可对其添加一个或多个录用进而将其公开至客户端。此处，路由控制着客户端请求针对服务的匹配和代理方式。考查下列命令：

```
curl -i -X POST --url
http://192.168.99.100:8001/services/account/routes/ --data
'host=dineshonjava.com'
```

对应输出结果如图 13.10 所示。

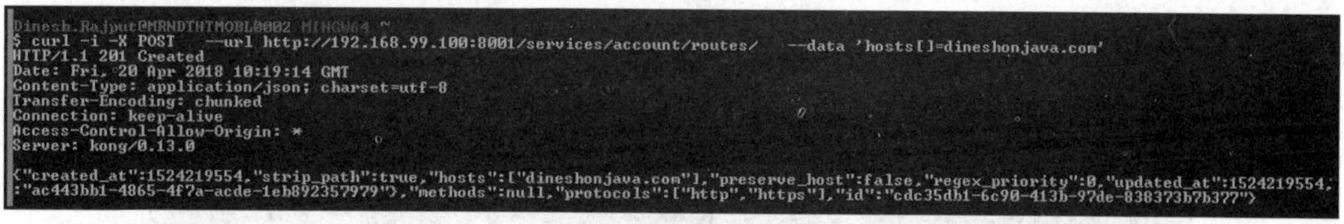

第 13 章 API 管理器 · 259 ·

```
Dinesh.Rajput@MRNDTHTMOBL0002 MINGW64 ~
$ curl -i -X POST --url http://192.168.99.100:8001/services/account/routes/ --data 'hosts[]=dineshonjava.com'
HTTP/1.1 201 Created
Date: Fri, 20 Apr 2018 10:19:14 GMT
Content-Type: application/json; charset=utf-8
Transfer-Encoding: chunked
Connection: keep-alive
Access-Control-Allow-Origin: *
Server: kong/0.13.0

{"created_at":1524219554,"strip_path":true,"hosts":["dineshonjava.com"],"preserve_host":false,"regex_priority":0,"updated_at":1524219554,
":"ac443bb1-4865-4f7a-acde-1eb892357979"},"methods":null,"protocols":["http","https"],"id":"cdc35db1-6c90-413b-97de-838373b7b377"}
```

图 13.10

运行上述命令后即可添加一个路由并公开当前服务。

在添加了代理路由时，在浏览器中访问 http://192.168.99.100:8001/services/account/routes/，并查看如图 13.11 所示的输出结果。

```
{
    next: null,
  - data: [
      - {
            created_at: 1524219554,
            strip_path: true,
          - hosts: [
                "dineshonjava.com"
            ],
            preserve_host: false,
            regex_priority: 0,
            id: "cdc35db1-6c90-413b-97de-838373b7b377",
            paths: null,
          - service: {
                id: "ac443bb1-4865-4f7a-acde-1eb892357979"
            },
            methods: null,
          - protocols: [
                "http",
                "https"
            ],
            updated_at: 1524219554
        }
    ]
}
```

图 13.11

图 13.11 显示了与 KONG 中所添加服务相关的信息。

（3）配置插件。通过 KONG 插件，可添加某些附加功能项。此外，我们还可创建自己的插件，考查下列命令：

```
curl -i -X POST --url http://192.168.99.100:8001/plugins/ --
data 'name=rate-limiting' --data 'service_id=ac443bb1-4865-4f7aacde-
1eb892357979' --data 'config.minute=100'
```

类似于步骤（1），此处使用了 service_id。上述命令的输出结果如图 13.12 所示。

```
Dinesh.Rajput@MRNDTHTMOBL0002 MINGW64 ~
$ curl -i -X POST \
>   --url http://192.168.99.100:8001/plugins/ \
>   --data 'name=rate-limiting' \
>   --data 'service_id=ac443bb1-4865-4f7a-acde-1eb892357979' \
>   --data 'config.minute=100'
HTTP/1.1 201 Created
Date: Fri, 20 Apr 2018 10:12:13 GMT
Content-Type: application/json; charset=utf-8
Transfer-Encoding: chunked
Connection: keep-alive
Access-Control-Allow-Origin: *
Server: kong/0.13.0
```

图 13.12

随后，可在浏览器中访问 http://192.168.99.100:8001/plugins/，以查看速率限制插件的设置结果，如图 13.13 所示。

```
{
    total: 1,
    - data: [
        - {
            created_at: 1524219133155,
            - config: {
                hide_client_headers: false,
                minute: 100,
                policy: "cluster",
                redis_database: 0,
                redis_timeout: 2000,
                redis_port: 6379,
                limit_by: "consumer",
                fault_tolerant: true
            },
            id: "5aa8996b-ba50-42a1-ab4b-c50daf19bf7a",
            service_id: "ac443bb1-4865-4f7a-acde-1eb892357979",
            name: "rate-limiting",
            enabled: true
        }
    ]
}
```

图 13.13

利用 service_id ac443bb1-4865-4f7a-acde-1eb892357979，我们针对当前 API 启用了速率限制功能。

（4）请求代理。客户端目前可通过 KONG 的代理服务器使用上游的 API/微服务，默认状态下运行于端口 8000 上。考查下列命令：

```
curl -i -X GET --url http://192.168.99.100:8000/ --header 'Host: dineshonjava.com'
```

第 13 章　API 管理器

该命令的响应结果如图 13.14 所示。

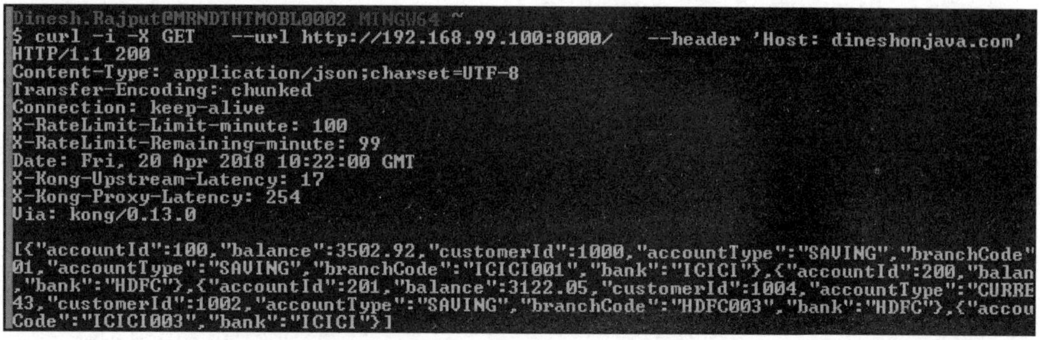

```
Dinesh.Rajput@MRNDTHTMOBL0002 MINGW64 ~
$ curl -i -X GET    --url http://192.168.99.100:8000/    --header 'Host: dineshonjava.com'
HTTP/1.1 200
Content-Type: application/json;charset=UTF-8
Transfer-Encoding: chunked
Connection: keep-alive
X-RateLimit-Limit-minute: 100
X-RateLimit-Remaining-minute: 99
Date: Fri, 20 Apr 2018 10:22:00 GMT
X-Kong-Upstream-Latency: 17
X-Kong-Proxy-Latency: 254
Via: kong/0.13.0
[{"accountId":100,"balance":3502.92,"customerId":1000,"accountType":"SAVING","branchCode"
01,"accountType":"SAVING","branchCode":"ICICI001","bank":"ICICI"},{"accountId":200,"balan
,"bank":"HDFC"},{"accountId":201,"balance":3122.05,"customerId":1004,"accountType":"CURRE
43,"customerId":1002,"accountType":"SAVING","branchCode":"HDFC003","bank":"HDFC"},{"accou
Code":"ICICI003","bank":"ICICI"}]
```

图 13.14

这将利用 KONG 代理路由返回一个 account 服务响应结果。类似地，还可针对该 account 服务在 KONG API 上使用多个插件。下列命令将添加另一个密钥身份验证插件：

```
curl -i -X POST --url http://192.168.99.100:8001/plugins/ --
data 'name=key-auth' --data 'service_id=ac443bb1-4865-4f7aacde-
1eb892357979'
```

在图 13.15 中可以看到，此处创建了当前服务所用的授权验证密钥。

```
Dinesh.Rajput@MRNDTHTMOBL0002 MINGW64 ~
$ curl -i http://192.168.99.100:8001/
HTTP/1.1 200 OK
Date: Fri, 20 Apr 2018 09:24:32 GMT
Content-Type: application/json; charset=utf-8
Transfer-Encoding: chunked
Connection: keep-alive
Access-Control-Allow-Origin: *
Server: kong/0.13.0
```

图 13.15

目前，key-auth 插件已被添加至 KONG API 中，并可在浏览器中访问 http://192.168. 99.100:8001/plugins/对其进行检测，如图 13.16 所示。

接下来再次利用 KONG 代理访问当前服务，同时防止因缺少身份验证密钥而调用当前服务，如图 13.17 所示。

注意，此处获得一条 401 响应消息：HTTP/1.1 401 Unauthorized。

（5）添加使用者。当使用 API 时，我们需要创建一个使用者并添加密钥，如下所示：

```
curl -X POST http://192.168.99.100:8001/consumers    --data
"username=dineshonjava"      --data "custom_id=1234"
```

```
{
    total: 2,
    - data: [
        - {
            created_at: 1524221934673,
            - config: {
                key_in_body: false,
                run_on_preflight: true,
                anonymous: "",
                hide_credentials: false,
                - key_names: [
                    "apikey"
                ]
            },
            id: "4533fda9-84ae-4722-9cfe-858a63ede90f",
            service_id: "ac443bb1-4865-4f7a-acde-1eb892357979",
            name: "key-auth",
            enabled: true
        },
        + {…}
    ]
}
```

图 13.16

```
Dinesh.Rajput@MRNDTHTMOBL0002 MINGW64 ~
$ curl -i -X GET    --url http://192.168.99.100:8000/    --header 'Host: dineshonjava.com'
HTTP/1.1 401 Unauthorized
Date: Fri, 20 Apr 2018 11:04:41 GMT
Content-Type: application/json; charset=utf-8
Transfer-Encoding: chunked
Connection: keep-alive
WWW-Authenticate: Key realm="kong"
Server: kong/0.13.0

{"message":"No API key found in request"}
```

图 13.17

图 13.18 显示了添加了服务使用者后的输出结果。

```
Dinesh.Rajput@MRNDTHTMOBL0002 MINGW64 ~
$ curl -X POST http://192.168.99.100:8001/consumers --data "username=dineshonjava" --data "custom_id=1234"
{"custom_id":"1234","created_at":1524222402197,"username":"dineshonjava","id":"97c87134-9389-4ca1-8648-f11a3f21bb11"}
```

图 13.18

在浏览器中访问 http://192.168.99.100:8001/consumers，并检测针对当前服务所添加的使用者，如图 13.19 所示。

通过用户名 dineshonjava 和 ID 1234，此处添加了一个使用者。随后，可对其创建一个授权验证密钥。下面通过 key-auth 使用当前服务，如下所示：

```
$ curl -X POST
http://192.168.99.100:8001/consumers/dineshonjava/key-auth --data
""
```

第 13 章 API 管理器

```
{
  total: 1,
  - data: [
    - {
        custom_id: "1234",
        created_at: 1524222402197,
        username: "dineshonjava",
        id: "97c87134-9389-4ca1-8648-f11a3f21bb11"
      }
  ]
}
```

图 13.19

利用 http://192.168.99.100:8001/consumers/dineshonjava/key-auth 检测授权验证密钥，如图 13.20 所示。

```
{
  total: 1,
  - data: [
    - {
        id: "0249169c-73d6-45c8-95f2-5436c4ca333e",
        created_at: 1524223092893,
        key: "yyBFOR5LDfaAb4ksT9IqfHWwLOpVYbtG",
        consumer_id: "97c87134-9389-4ca1-8648-f11a3f21bb11"
      }
  ]
}
```

图 13.20

插件自动生成一个密钥，该 key 值将用于调用 API。相应地，可在请求体中传递这一 key 值。

下面再次访问当前 API，以确保使用者可利用图 13.10 中的代码生成的 API 密钥访问当前 API。对此，需要传递一个包含当前 key 的 apikey 头，如下所示：

```
curl -i -X GET    --url http://192.168.99.100:8000/    --header 'Host: dineshonjava.com'    --header 'apikey: yyBFOR5LDfaAb4ksT9IqfHWwLOpVYbtG'
```

图 13.21 中使用了 apikey 访问安全的 API。

当前，使用者可通过 API 密钥并作为一个授权身份验证密钥访问受限的 API。可以看到，KONG 对于 API 管理来说是一个较好的框架，通过将相关服务置于 KONG 后方，并通过 KONG 插件添加功能项，它向 REST API 提供了大量的可扩展功能，且全部操作均位于一条命令中，如图 13.22 所示。

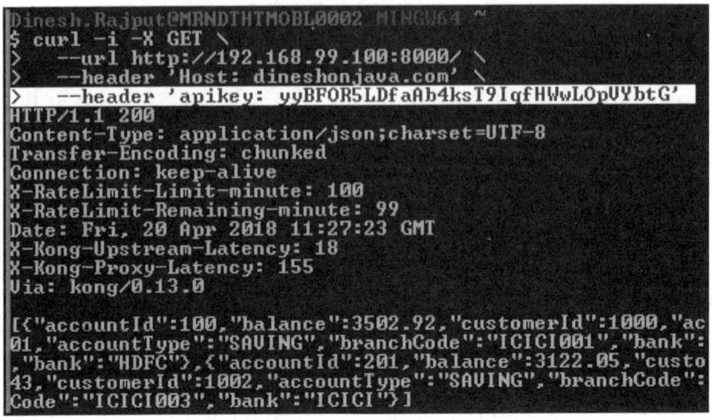

图 13.21

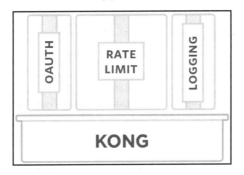

图 13.22

其中，KONG 置于底部，进而可向 REST API 提供 API 管理功能。接下来讨论 KONG API 中一些较为重要的特性。

KONG API 包含以下特性。

- ❑ 可扩展性：我们可方便地提升 KONG API 的扩展性，即横向增加机器的数量。可扩展性的一个优点体现在：可处理任何负载，同时保持系统的低延迟。
- ❑ 模块化：KONG 可将 API 划分为不同的部分，进而可方便地处理工作负载。通过向 API 添加额外的插件，即可实现 KONG API 的模块化处理。当以管理员身份操控 RESTful API 源代码时，可轻松地对这些插件进行配置。
- ❑ 可运行于任何基础设施上：KONG 的部署工作不会受到任何基础设施的限制。无论是云计算还是本地应用，KONG 都可以按照指令运行。同时，数据中心还可针对所有类型的 API 提供单项或多项设置（包括公有、私有和仅受邀请的 API）。

客户端请求 KONG 提供的工作流。KONG 服务器提供请求的 API 并作为 API 的平台。在设置完毕后，全部 API 请求首先访问 KONG 服务器，随后将其转发至最终的 API。在请求-响应时间内，KONG 将执行一个向用户提示下载的插件，安装后的插件将进一步增强 API 的能力。通过这种方式，KONG 服务器将成为 API 请求的主要入口点。

KONG 可更加方便、快速地对 API 进行微管理。科技公司、电子商务创新者、大型银行公司，甚至许多政府机构都趋向于将 KONG 作为 Web 工作负载的主服务器。这也提升了 KONG 平台在全球开发人员中的受欢迎程度，也激励着他们为 KONG 平台的创新做出更大的贡献。KONG 专注于客户的满意度和技术上的不断进步，同时打造了一个名副其实的国际平台。KONG 不仅开发 API，还帮助客户意识到微服务基础设施对于安全性、敏捷性和可伸缩性的重要性。

接下来将讨论如何在 Spring Boot 微服务项目中创建 REST API 文档。

13.4 Swagger

Swagger 是一个开源平台，并为开发人员提供了各种工具，进而设计、构建、文档化和使用 RESTful Web 服务。虽然 Swagger 因其用户接口工具为人们所知，但也为用户提供了其他工具，例如自动化和测试用例。

起初，Swagger API 的流行度仅限于小规模的机构和独立开发人员。大多数时候，RESTful API 并不支持机器可读性机制，但 Swagger API 提供了一种简单易行的方法。很快，在 Apache 2.0 开源许可的帮助下，产品和在线服务将 Swagger 作为其工具包的一部分内容。不久，Apigee、Intuit、微软和 IBM 等跨国公司也开始公开支持 Swagger 项目。

接下来将讨论 REST API 中 Swagger 的应用方式。

13.4.1 Swagger 应用

Swagger API 工具箱包含了以下一些较为重要的应用。

- ❑ 开发 API：Swagger 的 API 开发工具箱可自动生成与代码相关的 Open API 文档，非正式的说法是"代码优先"或"自下而上"的 API 开发。当采用 Swagger API 提供的另一个工具时，即 Swagger Codegen，编程人员可解耦 Open API 文档，然后可以直接从中生成客户端和服务器端代码。
- ❑ 与 API 的交互：Swagger Codegen 使得终端用户可从 Open API Doc 中生成 SDK

代码，从而减少了对人工生成的客户机代码的需求。针对 SDK Client 所生成的代码，Swagger Codegen 项目当前支持超过 50 种格式和语言。

- 文档机制：就 Open API 文档来说，该 API 是一类开源工具箱，并可通过 Swagger UI 直接与该 API 进行交互。另外，该项目还可通过基于 HTML 的交互式用户界面直接连接到 API。

针对 Account 微服务，接下来考查基于 REST API 的 Swagger 实现。

13.4.2　在微服务中使用 Swagger

本节将讨论针对 Account 微服务的 REST API 构建示例，任何 REST API 都需要包含较好的文档应用机制。

管理和创建文档是一项较为枯燥的工作，因此，我们应使这一过程自动化。相应地，API 中的每个更改都应该在参考文档中同时进行描述。针对于此，Swagger 可对 REST API 的文档实现自动化处理。

针对 Spring Web 服务，本节将考查 Swagger 2 的应用示例，相关示例将使用到 Swagger 2 的 SpringFox。

另外，我们还将再次考查之前的 Account 微服务示例。因此，首先需要在 Account 微服务示例的 pom.xml 文件中添加针对 Swagger 2 的 SpringFox 实现的 Maven 依赖关系。

1. 添加 Maven 依赖关系

在 Account 微服务项目中，针对 Swagger 2 规范的 SpringFox 实现，需要添加 Maven 依赖关系，如下所示：

```
<dependency>
   <groupId>io.springfox</groupId>
   <artifactId>springfox-swagger2</artifactId>
   <version>${swagger.version}</version>
</dependency>
```

在上述 Maven 依赖项中，我们利用 io.springfox 和 springfox-swagger2 针对 Swagger 2 添加了 SpringFox 依赖关系。接下来通过下列配置项配置 Swagger。

```
<properties>
   ...
   <swagger.version>2.7.0</swagger.version>
</properties>
```

在向 Account 微服务示例中加入了 Swagger 2 依赖关系后，下面将整合 Swagger 2 依

2. 在项目中配置 Swagger 2

这里将采用基于 Java 的配置项在 Account 微服务项目中配置 Swagger 2，如下所示：

```
package com.dineshonjava.accountservice.config;

import org.springframework.context.annotation.Bean;
import org.springframework.context.annotation.Configuration;

import springfox.documentation.builders.PathSelectors;
import springfox.documentation.builders.RequestHandlerSelectors;
import springfox.documentation.spi.DocumentationType;
import springfox.documentation.spring.web.plugins.Docket;
import springfox.documentation.swagger2.annotations.EnableSwagger2;

@Configuration
@EnableSwagger2
public class SwaggerConfig {
    @Bean
    public Docket api() {
       return new Docket(DocumentationType.SWAGGER_2)
          .select()
          .apis(RequestHandlerSelectors.any())
          .paths(PathSelectors.any())
          .build();
    }
}
```

其中，配置类之前使用了@Configuration 和@EnableSwagger2 注解，因此，该配置类主要涉及 Docker Bean。具体来说，@Configuration 注解使得该类定义为项目的配置类；注解@EnableSwagger2 则在项目中启用 Swagger 2 功能。

上述配置定义了一个 Bean Docket。通过这一 Bean 定义，将生成 DocumentationType.SWAGGER_2 的 Docket Bean。在配置代码中可以看到，select()方法将返回一个 ApiSelectorBuilder 实例。ApiSelectorBuilder 提供了一种方式可控制 Swagger 公开的端点。另一个方法 paths()将返回一个谓词实例，并提供了一种方式选择 RequestHandlers。相应地，RequestHandlers 可通过 RequestHandlerSelectors 和 PathSelectors 进行配置。

最后，PathSelectors 的 any()方法针对 Swagger 得到的全部 API 准备文档。针对 Account 微服务，该文档对于将 Swagger 2 整合至现有的 Spring Boot 项目来说已然足够。接下来运行该项目并验证 SpringFox 是否可正常工作。

在浏览器中访问 http://localhost:6060/v2/api-docs，该 URL 将以 REST API 文档的 JSON 数据格式显示结果，如图 13.23 所示。

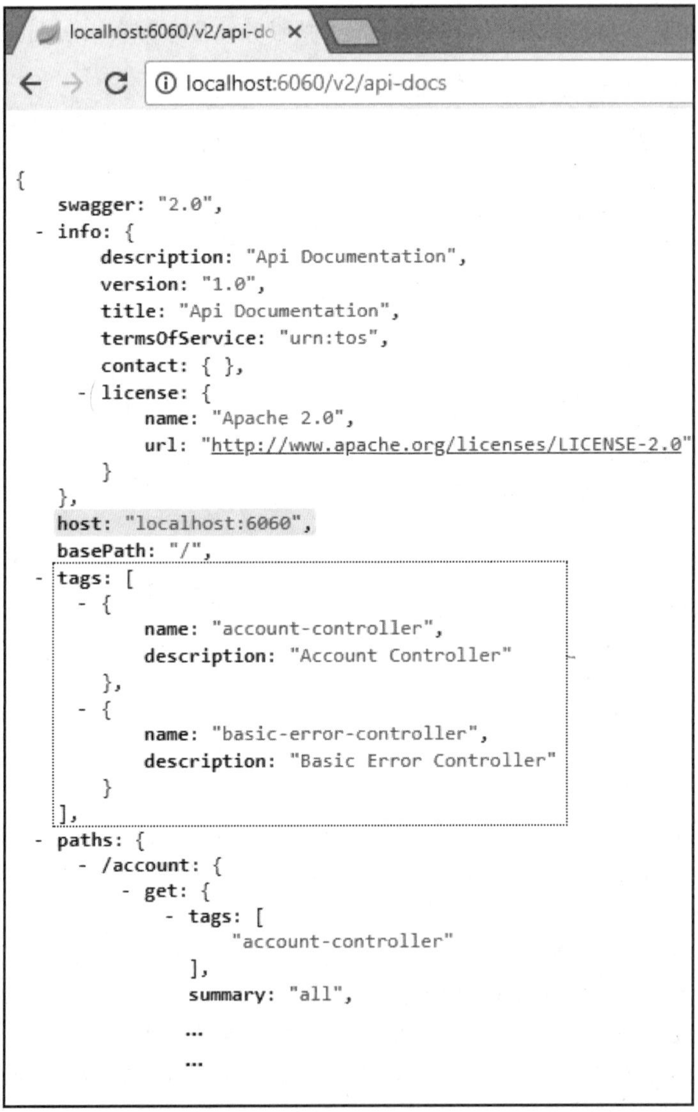
localhost:6060/v2/api-do
localhost:6060/v2/api-docs
{
swagger: "2.0",
- info: {
description: "Api Documentation",
version: "1.0",
title: "Api Documentation",
termsOfService: "urn:tos",
contact: { },
- license: {
name: "Apache 2.0",
url: "http://www.apache.org/licenses/LICENSE-2.0"
}
},
host: "localhost:6060",
basePath: "/",
- tags: [
- {
name: "account-controller",
description: "Account Controller"
},
- {
name: "basic-error-controller",
description: "Basic Error Controller"
}
],
- paths: {
- /account: {
- get: {
- tags: [
"account-controller"
],
summary: "all",
...
...

图 13.23

作为 JSON 响应结果，其中包含了大量的键-值对（图 13.23 中仅显示了部分结果），但该响应结果并不具备人类可读的格式。另外，在 Account 微服务 Spring Boot 项目中，通过添加另一个 Maven 依赖项，Swagger 还针对 REST API 文档提供了 Swagger UI，下面将对此加以分析。

3. 在项目中配置 Swagger

通过 Swagger 2 库中的内建方案，可在微服务项目中轻松地配置 Swagger UI，它使用 Swagger 生成的 API 文档创建 Swagger UI。下列代码针对 Swagger UI 配置了另一个 Maven 依赖关系。

```
<dependency>
    <groupId>io.springfox</groupId>
    <artifactId>springfox-swagger-ui</artifactId>
    <version>${swagger.version}</version>
</dependency>
```

此处利用包含既定版本的 io.springfix 和 springfox-swagger-ui 添加了一个依赖关系，这对于在项目中配置 Swagger UI 进而查看 API 文档来说已然足够。全部所需的 HTML 页面仅通过该库进行显示，且无须针对这一 Swagger UI 设置任何 HTML。

下面再次运行 Spring Boot Account 微服务，并在浏览器中访问 http://localhost:6060/swagger-ui.html#/对其进行测试。

图 13.24 显示了对应的 Swagger UI。

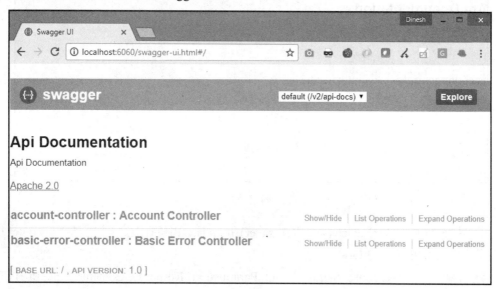

图 13.24

这将显示 Spring Boot 项目中 Account 微服务的 Swagger UI，即一个控制器列表，其原因在于，Swagger 扫描项目代码，并对所有控制器公开文档。客户端可使用该 URL 和 Swagger UI 学习如何使用 REST API。它显示了针对每个 URL 调用的所有 HTTP 方法；此外还显示了要发送的输入文档和预期的状态代码。

在上述 Swagger UI 示意图中，可单击显示列表中的任意控制器，这将显示一个 HTTP 方法列表，如 DELETE、GET、HEAD、OPTIONS、PATCH、POST 和 PUT。单击 Swagger UI 中的任意方法还将显示额外的细节信息，如内容类型、响应状态和参数。另外，还可单击 Swagger UI 中的 Try it Out!按钮对该方法进行测试。

在图 13.25 中，当单击 Swagger UI 中的账户控制器链接时，将展开账户控制器中的现有方法，图 13.25 中显示了基于 HTTP DELETE 的 delete()方法、基于 HTTP GET 的 all()方法、基于 HTTP POST 的 save()方法以及基于 HTTP PUT 的 update()方法。

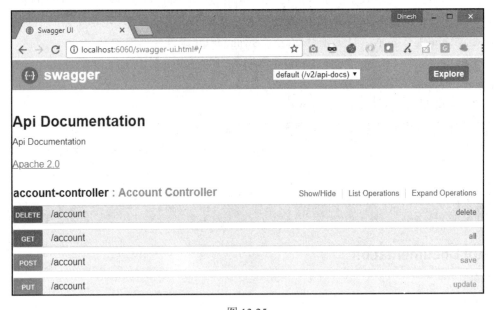

图 13.25

在图 13.25 中，单击 delete()、all()、save()和 update()中的任意一个方法，Swagger UI 将显示如图 13.26 所示的 UI。

这将显示诸如 Response Status、Input Parameters、Response Content Type 和 HTTP Status Code 等详细信息。另外，还可单击 Try it out!按钮测试该 API 方法。

第 13 章 API 管理器

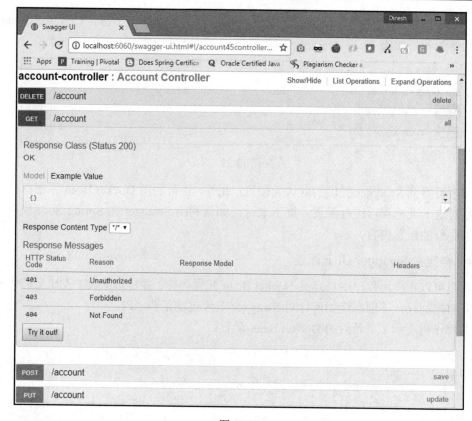

图 13.26

截至目前,我们仅对一个控制器(即 AccountController)创建了 API 文档。如果在同一应用程序中加入另一个控制器 CustomerController,Swagger 则可方便地与代码库同步。考查下列控制器:

```
@RestController
public class CustomerController {
  @GetMapping("/customer/name")
  public String customerName(){
      return "Arnav Rajput";
  }
  @PostMapping("/customer/name")
  public String addCustomerName(){
      return "Aashi Rajput";
  }
}
```

在添加了控制器并利用 Swagger UI 刷新了浏览器后，将显示一个包含 CustomerController 的控制器列表，如图 13.27 所示。

account-controller : Account Controller	Show/Hide	List Operations	Expand Operations
customer-controller : Customer Controller	Show/Hide	List Operations	Expand Operations
GET /customer/name			customerName
POST /customer/name			addCustomerName

图 13.27

其中可看到 Swagger 提供的默认元配置；此外，还可利用 Docket Bean 并根据应用程序参数对这一元配置项进行配置。接下来讨论如何利用 Swagger 在 Spring Boot 应用程序中加入额外的配置内容。

4．自定义 Swagger UI 元配置

我们可以在应用程序中自定义 Docket Bean 配置内容，并针对 REST API 文档生成赋予更多的控制权。下面考查如何针对 Swagger 响应过滤某些 API。

下列代码展示了更新后的 Docket Bean 配置：

```
@Bean
public Docket api() {
    return new Docket(DocumentationType.SWAGGER_2)
            .select()
.apis(RequestHandlerSelectors.basePackage("com.dineshonjava.accountservice.controller")) .paths(PathSelectors.ant("/customer/*"))
            .build();
}
```

在上述 Docket Bean 配置中，我们根据当前文档过滤了某些 API。有时候，我们并不希望公开某些 API 的文档内容。针对于此，可向 Docket 类的 apis()和 paths()方法中传递相关参数，并以此限制 Swagger 的响应结果。具体来说，RequestHandlerSelectors 可使用 any 或 none 谓词。此外，还可使用 RequestHandlerSelectors 并根据基础包（com.dineshonjava.accountservice.controller）、类注解和方法注解过滤 API。

Swagger 还可通过谓词进行过滤。相应地，paths()方法使用 PathSelectors 类作为参数，并提供了额外的过滤机制。其中，PathSelectors 类定义了多种方法可扫描应用程序的请求路径，如 any()、none()、regex()或 ant()方法。

在当前示例中，Swagger 将仅包含一个具有特定路径的 com.dineshonjava.accountservice.controller 包，该路径使用 ant()谓词在 URL 中包含/customer/*。刷新 Swagger UI 的浏览器

后，对应结果如图 13.28 所示。

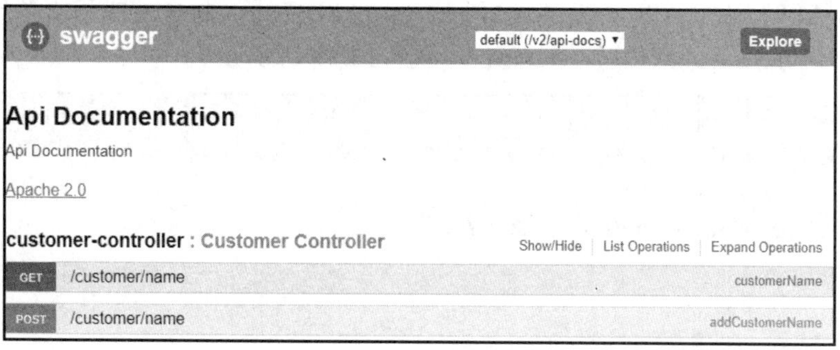

图 13.28

Swagger 仅对包含/customer/* URL 模式的 REST API 创建文档。在图 13.28 中，还可看到其他信息，例如 API 版本、API Documentation 以及 Created by Contact Email。另外，用户还可在应用程序中修改此类 API 信息。

下面通过一些示例添加自定义 API 信息。对此，可采用 apiInfo(ApiInfo apiInfo)方法修改 API 信息，例如 API 版本、API Documentation 或 Created by Contact Email，如下所示：

```
@Bean
public Docket api() {
    return new Docket(DocumentationType.SWAGGER_2)
      .select()
.apis(RequestHandlerSelectors.basePackage("com.dineshonjava.accountservice.controller"))
      .paths(PathSelectors.ant("/customer/*"))
      .build()
      .apiInfo(apiInfo());
}
private ApiInfo apiInfo() {
    return new ApiInfo(
      "Customer Microservice REST API",
      "These are customer service APIs.",
      "API 2.0",
      "https://www.dineshonjava.com/Termsofservice",
      new Contact("Dinesh Rajput", "https://www.dineshonjava.com", "admin@dineshonjava.com"),
      "License of API", "https://www.dineshonjava.com/license", Collections.emptyList());
}
```

在上述配置中，Docket Bean 通过 apiInfo()方法进行配置；apiInfo()方法则提供了包含相关信息的 API，例如 API 文档名、API 版本、API 描述、联系方式和服务条款 URL。刷新浏览器中的 Swagger UI 后，对应结果如图 13.29 所示。

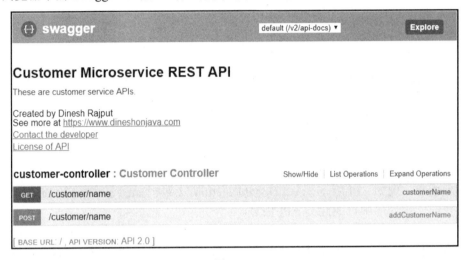

图 13.29

其中向 Swagger UI 显示了 API 信息，例如 API 版本、API 文档和电子邮件联系方式等。Swagger 也可针对响应方法自定义消息。

对于响应方法的自定义消息，考查下列更新后的 Docket Bean 配置：

```
@Bean
public Docket api() {
    return new Docket(DocumentationType.SWAGGER_2)
            .select()
.apis(RequestHandlerSelectors.basePackage("com.dineshonjava.accountservice.controller"))
            .paths(PathSelectors.ant("/customer/*"))
            .build()
            .apiInfo(apiInfo)
            .useDefaultResponseMessages(false)
            .globalResponseMessage(RequestMethod.GET,
                newArrayList(
                    new ResponseMessageBuilder()
                    .code(500)
                    .message("500 : Internal Server Error into
                     customer microservice")
                    .responseModel(new ModelRef("Error"))
```

第 13 章 API 管理器

```
        .build(),
    new ResponseMessageBuilder()
        .code(403)
        .message("API Request Forbidden!")
        .build(),
    new ResponseMessageBuilder()
        .code(404)
        .message("Request API Not Found!")
        .build()
    ));
}
```

在上述 Docket Bean 配置中，默认的响应消息被设置为 false，并指示 Swagger 不要使用默认的响应消息；此外，还通过 Docket 的 globalResponseMessage()方法重载了 HTTP 的全局响应消息。在当前示例中，针对 Customer 微服务的所有方法，分别利用 500/403 和 404 代码重载了 3 个响应消息。

图 13.30 显示了刷新浏览器后的显示结果。

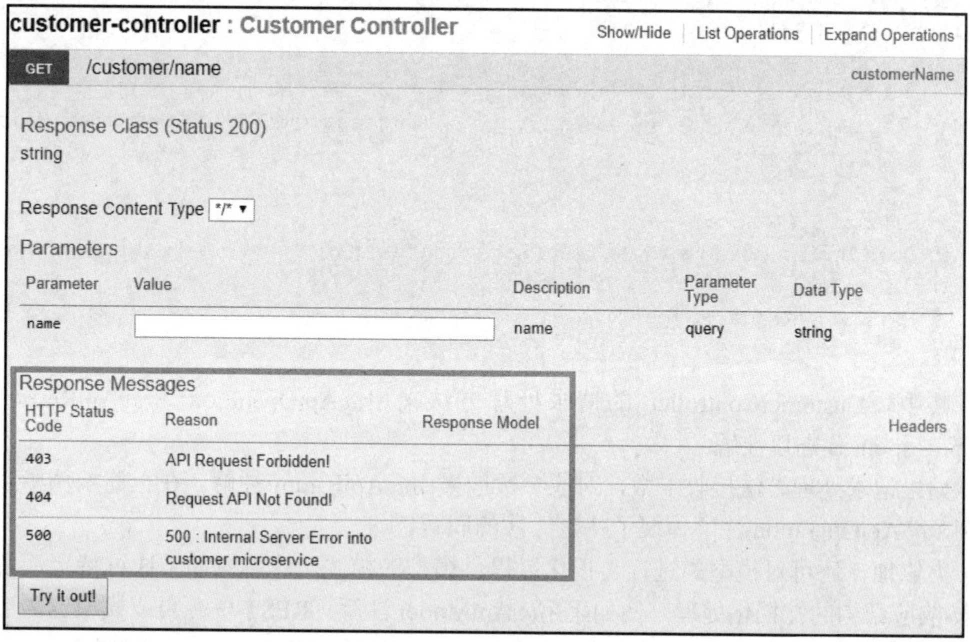

图 13.30

此处重载了 HTTP 状态码的默认响应消息，如 403、404 和 500。除了 Dpcket Bean 配置之外，Swagger 还可使用 Swagger 注解自定义 API 文档。

5. 利用 Swagger 注解进行自定义

Swagger 在现有 Spring MVC 注解的基础上加入了一些额外的注解。

在微服务应用程序中，支持文档化的每个 REST 控制器须通过@Api 进行注解，如下所示：

```
@Api( value = "/customer", description = "Manage Customer" )
public class CustomerController {
    // ...
}
```

其中，CustomerController 类通过包含 value 和 description 属性的@Api 加以注解。@Api 注解体现了与控制器职责相关的描述。

随后，REST Controller 类的每个请求处理方法应采用@ApiOperation 进行注解。该注解体现了静态方法的职责。此外，还可使用包含请求处理方法的另一个 Swagger 注解，即@ApiResponses/@ApiResponse，如下所示：

```
@ApiOperation(value = "Returns Customer Name")
@ApiResponses(
    value = {
    @ApiResponse(code = 100, message = "100 is the message"),
    @ApiResponse(code = 200, message = "Successful Return Customer Name")
        }
)
@GetMapping("/name")
public String customerName(@ApiParam(name="name", value="Customer Name")
String name){
    return "Arnav Rajput";
}
```

其中，CustomerController 的请求处理方法采用@ApiOperation 和@ApiResponse/@ApiResponses 加以注解。

如果请求处理方法接收参数，对应参数应采用@ApiParam 注解。在上述示例中可以看到，@ApiOperation 注解体现了特定方法的职责。

类似地，还可对模型类进行文档化以提供模型的模式，这将有助于通过特定注解的请求-响应结构的文档化处理，例如采用@ApiModel 注解。REST 资源类或模型也需要特定的注解，例如@ApiModel 和@ApiModelProperty。考查下列 Customer 模型类：

```
@ApiModel( value = "Customer", description = "Customer resource
representation" )
public class Customer {
```

```
@ApiModelProperty(notes = "Name of the Customer") String name;
@ApiModelProperty(notes = "Email of the Customer") String email;
@ApiModelProperty(notes = "Mobile of the Customer") String mobile;
@ApiModelProperty(notes = "Address of the Customer") String address; //...
}
```

运行 Spring Boot 微服务下项目并刷新浏览器，对应结果如图 13.31 所示。

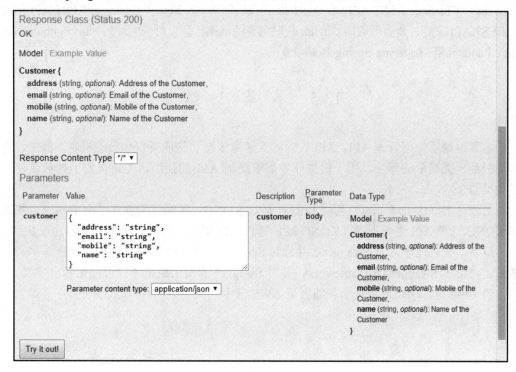

图 13.31

图 13.31 显示了与 Customer 类的模型相关的详细信息。目前，Swagger 提供了更具描述性的 API 文档，因此可利用 Swagger 注解方便地自定义 API 文档。

客户端和 API 文档系统的创建速度与服务器相同。Swagger 使用服务器代码中描述的方法、参数和模型维护 API 及其文档中的同步机制。

13.4.3 Swagger 的优点

Swagger Framework 涵盖以下优点：
❑ 利用服务器和客户端以相同速度同步化 API 文档。

- ❏ 可生成 REST API 文档并与 REST PI 进行交互。基于 Swagger UI Framework 的 REST API 交互对于 API 与参数间的响应方式生成了更加清晰的结果。
- ❏ 以 JSON 和 XML 格式提供响应结果。
- ❏ 实现过程支持多种技术，如 Scala、Java 和 HTML5。

上述内容讨论了 Spring Boot 微服务项目中 Swagger Framework 的实现，并公开了 Account 和 Customer REST API。在该示例中，我们针对 Account 和 Customer REST API 创建了 REST API 文档。读者可访问 GitHub 获取完整的示例代码，对应网址为 https://github.com/PacktPublishing/Mastering-Spring-Boot-2.0。

13.5 本章小结

本章讨论了如何管理 API。API 管理涉及速率限制、验证授权和日志机制。其中，速率限制是一类简单的算法，用于根据业务需求限制 API 的使用，无论是为了盈利还是为了免受 DOS 攻击。

另外，本章还讲述了如何利用 Docker 运行 KONG，其间我们创建了一个用例，并通过 KONG 管理 API 进行管理。KONG 插件针对 API 提供了较大的灵活性和自定义机制。

最后，我们还学习了 Swagger 2 并针对 Spring REST API 实现了文档化操作。另外，本章还介绍了 Swagger UI Framework，并对 Swagger 的输出结果予以可视化和自定义。

第 14 章将讨论如何将微服务部署至 AWS 云中。

第 14 章 云部署（AWS）

本章将探讨在 AWS EC2 实例中手动部署微服务并使用 CloudFormation 脚本。其中，读者将了解如何在亚马逊弹性计算云（EC2）实例上运行支持 Docker 的 Spring Boot 微服务应用程序。

上述章节讨论了微服务架构的不同方面及其优点，例如可扩展性、容错机制等。尽管如此，微服务架构仍面临着诸多挑战，例如微服务部署管理和分布式应用程序的基础设施依赖关系。相应地，容器化即是针对此类问题的一种解决方案。Docker 提供了一类容器化方案，并在缺少基础设施依赖关系的基础上开发和部署微服务，参见第 12 章。据此，我们可方便地将 Docker 容器部署至亚马逊 Web 服务（AWS）、Azure、Pivotal Cloud Foundry 等。

本章主要涉及以下内容：
- AWS EC2 实例。
- AWS 上的微服务架构。
- 将微服务发布至 Docker Hub。
- 在 AWS EC2 上安装 Docker。
- 在 AWS EC2 上运行微服务。

在阅读完本章后，读者将能够较好地理解如何采用手动方式将微服务和 Docker 容器部署至 AWS EC2 实例中，以及如何使用 CloudFormation 脚本。

14.1 AWS EC2 实例

亚马逊 Web 服务（AWS）针对云计算解决方案提供了多种平台，我们可使用 AWS 构建和发布应用程序。亚马逊 EC2 是一项在云中提供可调整计算能力的服务，使开发人员更容易进行 Web 规模的云计算。

另一个平台则是 AWS 弹性容器服务，并可利用 Docker 部署微服务。通过创建应用程序的 Docker 镜像，微服务可部署至亚马逊 ECS 中。用户可方便地将该 Docker 镜像置入亚马逊弹性容器存储库（ECR）。

在本章中，将使用应用程序的 Docker 镜像将一个微服务部署至亚马逊 EC2 中。其间将使用 Docker Hub 这一 Docker 存储库以推送 Docker 镜像。

下面考查如何设置一个亚马逊 EC2 实例，相关步骤如下：

（1）首先需要设置一个亚马逊账户。针对于此，读者可访问 https://aws.amazon.com/free/ 并创建一个免费账户，如图 14.1 所示。

图 14.1

（2）登录 AWSManagement Console。登录成功后，对应画面如图 14.2 所示。

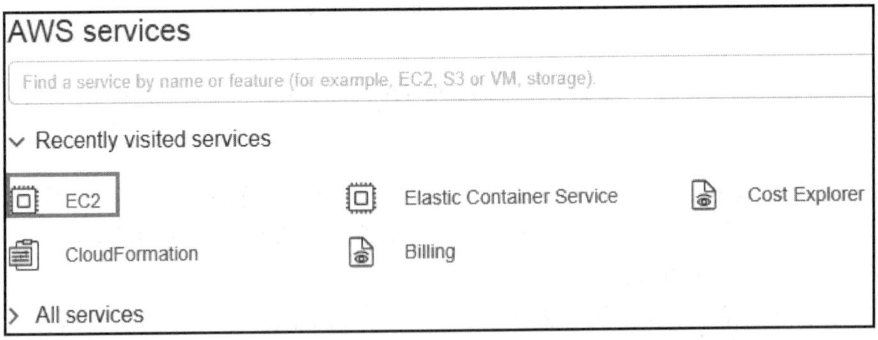

图 14.2

图 14.2 显示了所有的 AWS 服务，单击并对其进行适当配置后，用户可使用每项服务。

（3）单击亚马逊 AWS 仪表盘上的 EC2 服务后，对应结果如图 14.3 所示。

图 14.3

在图 14.3 中，EC2 Dashboard 显示了 EC2 实例的全部有效选项。

（4）当创建一个 EC2 实例时，可单击 Launch Instance 按钮，这将显示相关选项，随后可选择 Amazon Machine Image (AMI)，对应结果如图 14.4 所示。

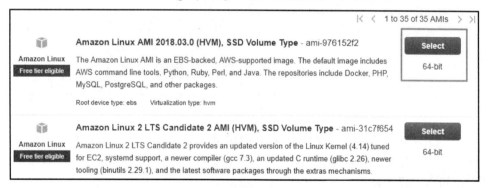

图 14.4

在图 14.4 中，可根据应用程序和业务需求选择任意 AMI。AWS 包含了至少 35 个 AMI，具体选取方案取决于应用程序需求条件和相关应用。另外，AMI 还支持多个平台，例如 Linux、Windows 等。

（5）选择任意一个 AMI。我们将在 64 位操作系统中使用基于 Linux 的 AMI 和 SSD 卷类型。图 14.5 显示了如何选择 AMI 的实例类型。

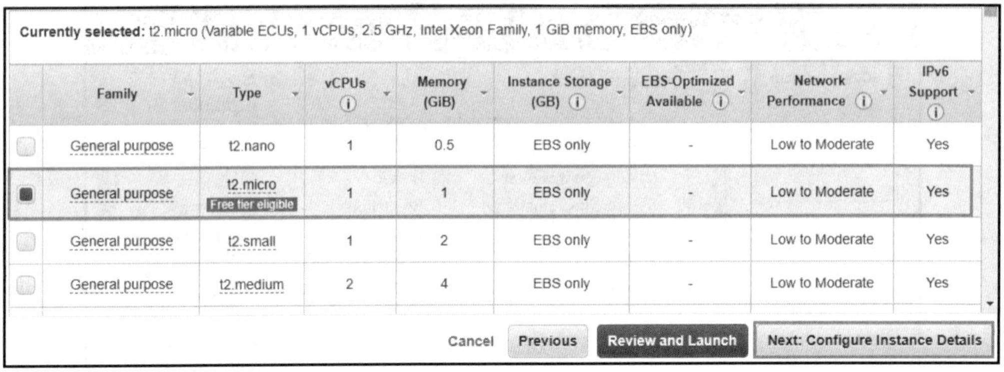

Family	Type	vCPUs	Memory (GiB)	Instance Storage (GB)	EBS-Optimized Available	Network Performance	IPv6 Support
General purpose	t2.nano	1	0.5	EBS only	-	Low to Moderate	Yes
General purpose	t2.micro Free tier eligible	1	1	EBS only	-	Low to Moderate	Yes
General purpose	t2.small	1	2	EBS only	-	Low to Moderate	Yes
General purpose	t2.medium	2	4	EBS only	-	Low to Moderate	Yes

图 14.5

图 14.5 显示了全部选项，我们可从中选取一个实例类型。此处选择了 t2.micro。根据不同的用例，亚马逊 EC2 提供了多种实例类型。这里，实例作为虚拟机上用于运行应用程序，并通过不同的组合方案提供不同的功能，例如 CPU、内存和网络。对于应用程序来说，这在选取混合资源时体现了极大的灵活性。

（6）AWS 还可配置 EC2 实例以满足实际的需求条件。单击 Next: Configure Instance Details 按钮，对应结果如图 14.6 所示。

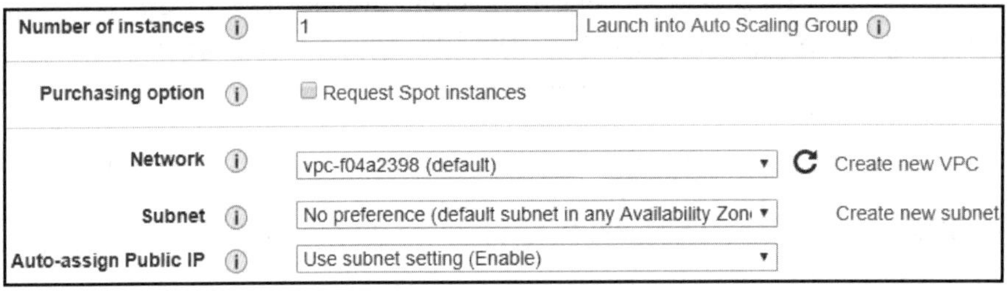

图 14.6

在图 14.6 中可以看到，可从同一 AMI 中启用多个实例，其他选项也将被包含进来。

（7）此外，根据应用程序的具体需求条件，还可向实例中添加额外的 EBS 卷和实例存储卷，如图 14.7 所示。

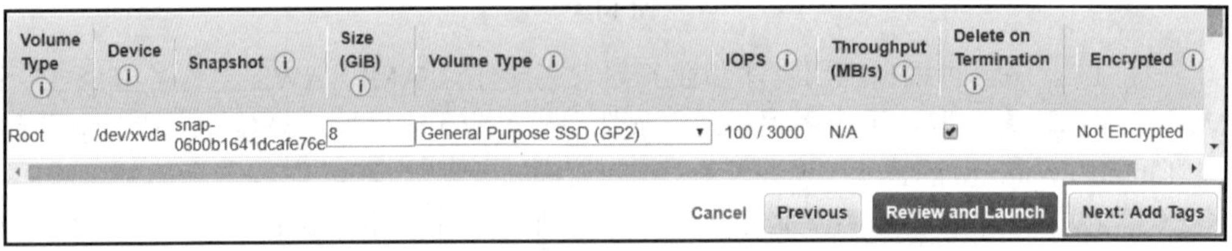

图 14.7

第 14 章 云部署（AWS） • 283 •

（8）在绑定了附加存储后，接下来向当前示例添加一个标签，以帮助管理示例、镜像和其他亚马逊 EC2 资源。在图 14.8 中可以看到，此处添加了 Name 键以及键值 AccountService。

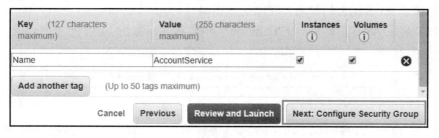

图 14.8

（9）另外，还可针对当前实例配置安全组，进而对其提供保护措施。该过程较为简单，单击图 14.8 中的 Next: Configure Security Group 按钮。针对不同需求，此处存在多个安全组，例如控制实例流量的防火墙规则，如图 14.9 所示。

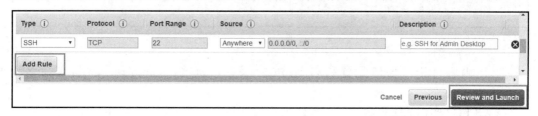

图 14.9

（10）在安全组配置完毕后，单击 Review and Launch 按钮，接下来将被询问创建一个密钥对，如图 14.10 所示。

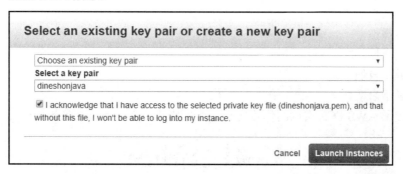

图 14.10

在图 14.10 中，我们生成了一个包含名称 dineshonjava 的密钥对，并将其保存至本地磁盘中。随后将使用 dineshonjava.pem 文件并通过 SSH 访问实例。

还需要配置一个密钥对并从客户端访问该实例，例如 PuTTY 或 FileZilla。如果已存在密钥对，则可针对当前实例对其加以使用；否则需要创建一个新的密钥对。其中，密钥对由存储于 AWS 的公钥和用户存储的私钥构成。

（11）启用 AWS EC2 服务的 t2.micro 实例，将显示如图 14.11 所示的一条消息。

图 14.11

在图 14.11 中可以看到，我们已经成功地启动了一个 EC2 服务实例。单击生成后的实例 ID，可对其进行查看，如图 14.12 所示。

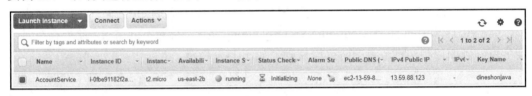

图 14.12

上述内容讨论了如何配置和启动 EC2 服务实例（t2.micro），并将其命名为 AccountService。

AWS EC2 实例的配置和启动过程较为简单且易于使用，它包含以下几个优点：

- ❏ 弹性 Web 级计算。
- ❏ 完全可控。
- ❏ 灵活的云托管服务。
- ❏ 集成性。
- ❏ 可靠性。
- ❏ 安全性。
- ❏ 成本较低。
- ❏ 易于启动。

在介绍了 AWS EC2 实例的优点之后，下面考查 AWS 上的微服务架构。

14.2 AWS 上的微服务架构

上述章节讨论了微服务架构及其优点。本节主要介绍 AWS 上的微服务架构，以及如

第 14 章 云部署（AWS）

何使用多项亚马逊服务向微服务分布式应用程序提供较好的原生云解决方案。图 14.13 显示了 AWS 上简单的微服务架构。

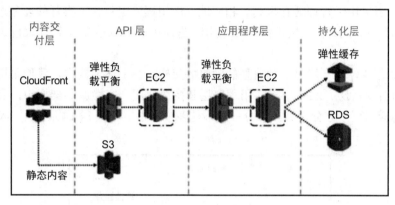

图 14.13

在图 14.13 中，基于微服务的应用程序架构设计为 4 层，即内容交付层、API 层、应用程序层和持久化层。

AWS 针对应用程序的各部分内容提供了多项服务，例如前端（用户界面）、后端、服务层和持久化层。在应用程序的前端层中，服务将用于管理静态内容（例如脚本、图像和 CSS 等）和动态内容，例如显示 Web 页面；而诸如亚马逊简单存储服务（Amazon S3）和 Amazon CloudFront 这一类服务则用于服务静态 Web 内容。

注意:

AWS CloudFront 也是一项 AWS 服务，用于管理网站内容和 API，例如视频内容和其他 Web 资源数据。这是一个全局内容交付网络（CDN），以加速静态内容的交付。

AWS 服务（例如 Amazon S3 和 Amazon CloudFront）针对静态和动态内容提供了多种解决方案，并用于加速内容的交付。其中，Amazon S3 服务用于存储静态内容，例如图像、CSS、JS 等；Amazon CloudFront 则用于传输这一类静态内容。REST API 使用微服务为前端提供动态内容。为了减少网络延迟，也可采用其他缓存机制。

API 层表示为应用程序层的抽象层，该层将隐藏内容层中的应用程序逻辑，并通过 HTTP REST API 服务于来自内容层的所有请求。亚马逊弹性负载平衡机制以此管理和分发流量。另外，该 API 层还负责客户端请求路由、过滤、缓存、身份验证和授权。

注意:

Amazon ELB 用于管理和分发多个 Amazon EC2 间的传入应用程序流量。

在持久层中,可对数据存储进行配置,如缓存机制(Memcached 或 Redis)、NoSQL DB 或 SQL DB。除此之外,AWS 还提供了 Relation DB 支持,如 Amazon RDS。Amazon ElastiCache 服务用于管理缓存机制。相应地,应用程序层包含了实际的业务逻辑,并连接持久层和缓存;此外,该层还供 ELB 使用,进而扩展 EC2 实例并管理来自 API 层的传入流量。

下面讨论 AWS 上的另一种典型的微服务架构。在上述架构中,我们采用了不同的层,例如内容交付层、API 层、应用程序层和持久化层。在微服务架构中,我们根据特定的功能将应用程序划分为独立部分,而不是多个技术层。图 14.14 显示了 AWS 上微服务应用程序的另一种情况。

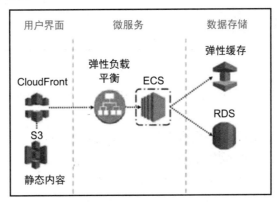

图 14.14

在图 14.14 中可以看到,用户界面类似于之前的内容交付层,并通过 Amazon S3 服务处理静态内容。

该架构采用了 Amazon ECS(EC2 Container Service)以及容器运行应用程序。该服务支持 Docker 容器,并可方便地在处于管理状态下的、Amazon EC2 实例集群上运行应用程序。

另外,还可根据客户端的传入流量实现 Amazon ECS 的伸缩性。相应地,Amazon ELB 用于管理多个容器间的传入流量,并通过 REST API 将流量分发至 Amazon ECS 容器中。

在 AWS 的这一类架构中,Amazon ECS 消除了应用程序基础设施这一特定的需求条件,从而可采用基于容器技术方案部署服务。关于容器化的各种优点,读者可参考第 12 章。

类似于图 14.13 中的持久层,我们可采用多种数据存储方式持久化微服务所需的数据,如 Amazon RDS 和 Amazon ElastiCache。其中,Amazon ElastiCache 通过内存数据存

第 14 章 云部署（AWS）

储或云缓存优化应用程序的性能，同时便于部署、操作和扩展。

作为中央存储库，Docker Hub 可存储所有的 Docker 镜像，并可创建公有或私有存储库存储此类 Docker 镜像。稍后介绍将微服务发布至 Docker Hub 的相关步骤。

本地存储库的设置和运行包括以下步骤：

（1）在 Docker Hub 上创建一个账户，对应网址为 https://hub.docker.com/。

（2）针对 Docker Hub 创建一个存储库（公有或私有），如图 14.15 所示。

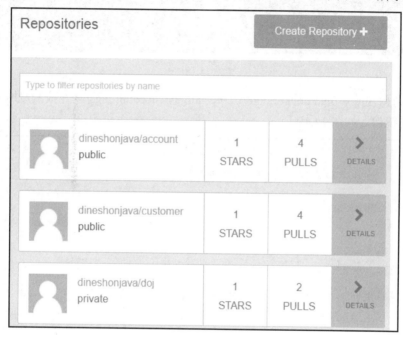

图 14.15

在图 14.15 中可以看到，此处创建了 3 个存储库，分别为 dineshonjava/account、dineshonjava/customer 和 dineshonjava/doj。其中，一个存储库为私有存储库，另外两个存储库为公有存储库。

（3）利用 Docker 登录命令登录 Docker Hub，如图 14.16 所示。

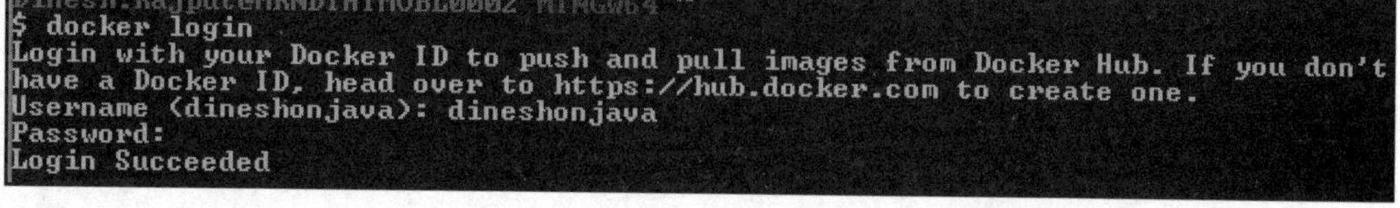

```
Dinesh.Rajput@MRNDTHTMOBL0002 MINGW64 ~
$ docker login
Login with your Docker ID to push and pull images from Docker Hub. If you don't
have a Docker ID, head over to https://hub.docker.com to create one.
Username (dineshonjava): dineshonjava
Password:
Login Succeeded
```

图 14.16

（4）利用 Docker tag 标记 Docker 镜像，如图 14.17 所示。

```
Dinesh.Rajput@MRNDTHTMOBL0002 MINGW64 ~
$ docker tag account-service dineshonjava/account:1.0
```

图 14.17

（5）利用 Docker push 将镜像发布至 Docker Hub，如图 14.18 所示。

```
Dinesh.Rajput@MRNDTHTMOBL0002 MINGW64 ~
$ docker push  dineshonjava/account:1.0
The push refers to repository [docker.io/dineshonjava/account]
```

图 14.18

（6）访问 https://hub.docker.com/r/dineshonjava/account/tags/，并检测刚刚在 Docker 云中发布的镜像，如图 14.19 所示。

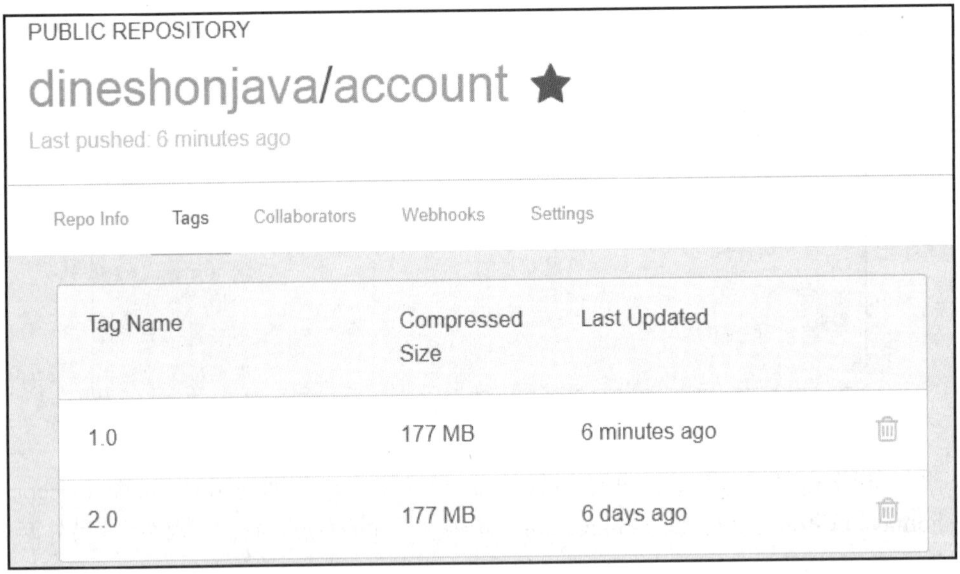

PUBLIC REPOSITORY

dineshonjava/account ★

Last pushed: 6 minutes ago

Repo Info	Tags	Collaborators	Webhooks	Settings

Tag Name	Compressed Size	Last Updated	
1.0	177 MB	6 minutes ago	🗑
2.0	177 MB	6 days ago	🗑

图 14.19

在图 14.19 中可以看到，此处发布了 Account 微服务的两个标签。

本节讨论了如何设置和使用 Docker Hub 发布 Docker 镜像。通过这一快捷方式，可采用全局方式访问 Docker 镜像。如前所述，这里从本地机器向 Docker Hub 发布了 3 个 Docker 镜像。接下来考查如何将这些镜像下载并运行到 AWS EC2 实例中。首先，需要在 AWS EC2 实例上安装 Docker。

14.3　在 AWS EC2 上安装 Docker

在 AWS EC2 实例上安装 Docker 较为简单。首先需要利用 PuTTY 连接 EC2 实例，随后遵循以下各项步骤：

（1）运行 EC2 实例并通过 PuTTYgen 生成私钥。此外，还需下载之前生成的 dineshonjava.pem 文件，这将生成 ineshonjava.ppk 文件，并用于连接 EC2 实例（通过 PuTTY）。

（2）打开 PuTTY 并连接 EC2 实例。在 Host Name 中，利用 Public DNS 连接当前 EC2 实例，且端口为 22。另外，加载身份验证所用的私钥文件。在 category 中，选择 Connection | SSH | Auth 项并上传身份验证私钥文件，如图 14.20 所示。

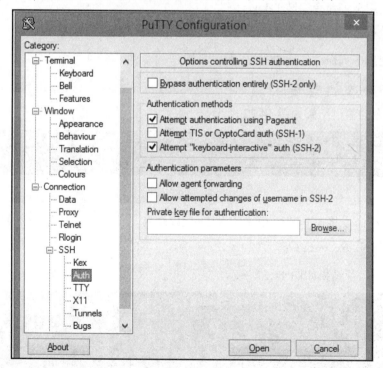

图 14.20

（3）上传私钥文件 dineshonjava.ppk，并单击 Open 按钮，将连接 AWS EC2 实例，如图 14.21 所示。

```
Using username "ec2-user".
Authenticating with public key "imported-openssh-key"

       __|  __|_  )
       _|  (     /   Amazon Linux AMI
      ___|\___|___|

https://aws.amazon.com/amazon-linux-ami/2018.03-release-notes/
1 package(s) needed for security, out of 5 available
Run "sudo yum update" to apply all updates.
[ec2-user@ip-172-31-21-186 ~]$
```

图 14.21

在图 14.21 中可以看到，当前已通过 PuTTY 连接至 AWS EC2 实例。随后，即可方便地在 EC2 实例上安装 Docker。

（4）利用下列命令安装 Docker。

```
$ sudo yum install docker
```

（5）利用下列命令启用 Docker 服务。

```
$ sudo service docker start
```

上述命令的输出结果如图 14.22 所示。

```
[ec2-user@ip-172-31-21-186 ~]$ sudo service docker start
Starting cgconfig service:                                 [  OK  ]
Starting docker:              .                            [  OK  ]
```

图 14.22

（6）上述命令将在 EC2 实例上安装 Doucker。接下来，利用下列命令验证安装结果。

```
$ sudo docker version
```

上述命令运行结果如图 14.23 所示。

```
[ec2-user@ip-172-31-21-186 ~]$ sudo docker version
Client:
 Version:       17.12.1-ce
 API version:   1.35
 Go version:    go1.9.4
 Git commit:    3dfb8343b139d6342acfd9975d7f1068b5b1c3d3
 Built: Tue Apr  3 23:37:44 2018
 OS/Arch:       linux/amd64
```

图 14.23

在图 14.23 中可以看到，Docker 已成功地安装在 AWS EC2 实例上。接下来讨论如何利用 Docker 镜像在 AWS EC2 实例上运行微服务。

14.4 在 AWS EC2 上运行微服务

本节将在 EC2 实例上设置账户和客户微服务，相关示例中还将使用到 Spring Boot 2.0，具体步骤如下：

（1）利用下列命令安装 Java 8 和 EC2 实例。

```
wget -c --header "Cookie: oraclelicense=accept-securebackup-cookie
```

此外，也可引用下列链接：

```
http://download.oracle.com/otn-pub/java/jdk/8u131-b11/
d54c1d3a095b4ff2b6607d096fa80163/jdk-8u131-linux-x64.tar.gz
```

上述命令将下载 jdk-8u131-linux-x64.tar.gz 文件。通过下列命令可加载该文件：

```
$ sudo tar -xvf jdk-8u131-linux-x64.tar.gz
```

（2）下面设置 JAVA_HOME 和 PATH 环境变量，如下所示：

```
$ JAVA_HOME=/home/ec2-user/jdk1.8.0_131
$ PATH=/home/ec2-user/jdk1.8.0_131/bin:$PATH
$ export JAVA_HOME PATH
```

利用如图 14.24 所示的命令可检测 Java 版本。

```
[ec2-user@ip-172-31-21-186 ~]$ java -version
java version "1.8.0_131"
Java(TM) SE Runtime Environment (build 1.8.0_131-b11)
Java HotSpot(TM) 64-Bit Server VM (build 25.131-b11, mixed mode)
```

图 14.24

（3）可以看到，在 EC2 实例上设置了 Java 8。接下来在 EC2 实例上运行微服务，并依次执行下列命令：

```
$ sudo docker run -p 80:8761 dineshonjava/doj:1.0
$ sudo docker run -p 8181:6060 dineshonjava/account:1.0
$ sudo docker run -p 8282:6060 dineshonjava/customer:1.0
```

（4）在浏览器中打开下列 URL，进而验证服务的工作状态。

http://ec2-18-219-255-59.us-east-2.compute.amazonaws.com/

注意，我们将使用 EC2 实例的公共 P 或公共 DNS。该 URL 将打开 Eureka Dashboard，如图 14.25 所示。

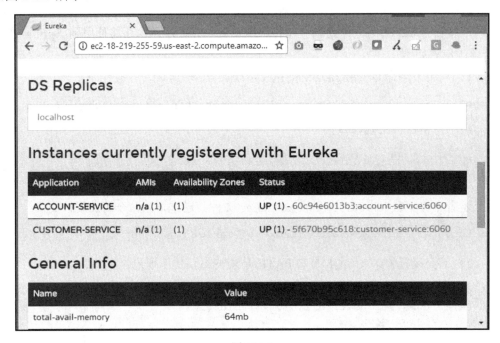

图 14.25

在图 14.25 中可以看到，此处利用运行于 AWS EC2 实例上的 Eureka 服务器注册了两项微服务，即 Account 和 Customer。

（5）通过下列命令并使用 Docker 镜像将 Customer 微服务部署至 AWS EC2 上。

```
$ sudo docker run -p 80:6060 dineshonjava/customer:1.0
```

（6）在浏览器中访问下列 URL 并测试当前微服务。

http://ec2-18-219-255-59.us-east-2.compute.amazonaws.com/customer/1001

这将显示 ID 为 1001 的客户的详细信息，如图 14.26 所示。

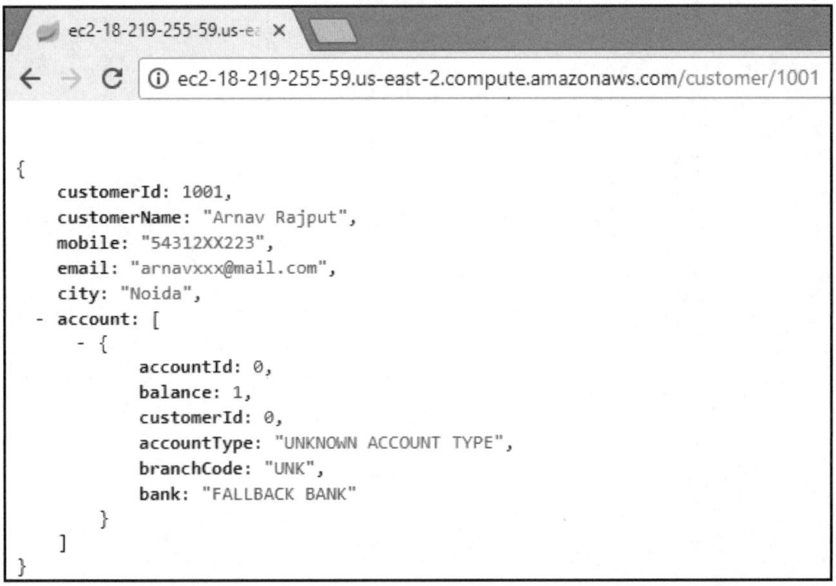

ec2-18-219-255-59.us-e
ec2-18-219-255-59.us-east-2.compute.amazonaws.com/customer/1001
{
customerId: 1001,
customerName: "Arnav Rajput",
mobile: "54312XX223",
email: "arnavxxx@mail.com",
city: "Noida",
- account: [
- {
accountId: 0,
balance: 1,
customerId: 0,
accountType: "UNKNOWN ACCOUNT TYPE",
branchCode: "UNK",
bank: "FALLBACK BANK"
}
]
}

图 14.26

14.5　本章小结

本章讨论了多种 AWS 服务以及 AWS 上的微服务架构。其间，我们设置了 AWS EC2 实例，并在 EC2 实例上安装了 Java 8 和 Docker。Docker Hub 提供了一种较为简单的方法，可将微服务的 Docker 镜像注册至服务器上。在本章中，我们将 3 个微服务注册至 Docker Hub 上。

最后，我们在 AWS EC2 实例上安装了 Docker，从 Docker Hub 中获取全部的 Docker 镜像，并将此类镜像部署至 EC2 实例上。

第 15 章将讨论如何监视分布式系统的日志。

第 15 章 生产服务监视和最佳实践

对于企业级应用程序来说，监视和日志机制十分重要，特别是处理涉及多种技术的微服务分布式应用程序时。考虑到应用程序部署的分布式行为，个体微服务应用程序的日志和监视机制是一项颇具挑战性的工作。在分布式应用程序中，多项微服务共同运行于多台机器上，因而不同微服务生成的日志内容将难以实现端到端事务的跟踪。

此外，我们还将详细介绍构建分布式系统的一些最佳实践，以及服务的性能监控，并为分布式应用程序引入使用 Elasticsearch/Logstash/Kibana 堆栈的日志聚合机制。

在阅读完本章后，读者将能够较好地理解如何监视一个分布式系统，以及如何聚合分布式应用程序的个体微服务生成的分布式日志消息。

本章主要涉及以下主体：
- 监视容器。
- 微服务架构中所面临的与日志机制相关的挑战。
- 微服务的集中日志机制。
- 使用 ELK 栈的日志聚合。
- 使用 Sleuth 的请求跟踪。
- 使用 Zipkin 的请求跟踪。

15.1 监视容器

容器的监视行为是指在不同的环境下监测微服务容器的性能。监视机制是性能优化和改进的首要步骤。

15.2 日志机制所面临的挑战

正如我们所知，日志对于调试和审计业务指标的任何应用程序都非常重要，因为日志包含了需要分析的重要信息。因此，日志记录是编写文件的过程，日志是来自服务器上运行的应用程序的事件流。当在应用程序中实现日志记录时，存在多种可用的框架，如 Log4j、Logback 和 SLF4J。在 J2EE 传统应用程序中，也存在多种可用的日志框架。

在 J2EE 应用程序中，大多数日志编写至控制台中或者磁盘空间的文件系统中。对此，我们需要留意磁盘空间，并且须实现一个 Shell 脚本，以便在特定时间之后回收日志文件，以避免日志填满所有磁盘空间。因此，对于应用程序来说，考虑到磁盘 I/O 开销，日志处理的一种最佳实践是避免在生产环境中编写不必要的日志。磁盘 I/O 可减缓应用程序的执行速度，同时也会占据磁盘空间，还可能导致生产服务器上的应用程序停机或终止。

日志框架（如 Log4j、Logback 和 SLF4J）提供了相应的日志级别（INFO、DEBUG、ERROR）并在运行期内控制日志，以及限制所输出的相关内容。这一类日志框架还可修改日志级别并在运行期内进行配置，进而可在应用程序中对日志记录予以控制。有时，我们无法限制某些日志条目，因为它们是业务分析和理解应用程序行为时所必需的。

在传统的 J2EE 单体应用程序中，可以避免磁盘空间的问题，还可以方便地扩展用于日志记录的硬件。但是当我们从传统的 J2EE 单体应用程序转移到基于云的分布式应用程序时会发生什么呢？云部署并不会事先绑定相关机器设备，分布式云系统可在多台虚拟机和容器上进行部署。

正如在第 12 章中所讨论的，容器（如 Docker）的生命周期较为短暂。因此，我们不能依赖容器及其磁盘的持久化状态，因为当容器停止或重新启动时，它将丢失写入桌面的所有日志。

在微服务架构中，分布式应用程序运行于多台处于隔离状态的机器（虚拟机或真实设备）上，这意味着，日志文件将在所有的机器上独立生成，因而无法跟踪这些文件的端到端事务——它们被多个微服务处理，如图 15.1 所示。

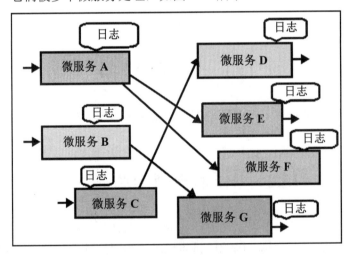

图 15.1

在图 15.1 中可以看到，微服务运行于独立的基础设施和机器设备上，且每个微服务均向本地机器生成日志。假设某项任务称为微服务 A，随后是微服务 E 和微服务 F。因此,微服务 A、微服务 E 和微服务 F 运行于不同的机器上,且每项服务针对当前任务在不同的机器设备上编写不同的日志内容。对于微服务应用程序中特定的端到端任务,这将难以调试和分析日志内容。因此,需要在服务级别针对日志聚合设置相关工具。接下来将讨论如何针对微服务分布式应用程序实现集中日志解决方案。

15.3 微服务架构的中心日志方案

日志框架(如 Log4j、Logback 和 SLF4J)针对每个微服务应用程序均提供了日志记录功能。对此,需要某种工具并可将来自多个微服务的所有日志聚合到本地虚拟机的中心位置,并在日志消息上进行分析。同时,该方案需要提供相应的日志记录以跟踪端到端事务。集中日志方案可消除本地磁盘空间上的依赖关系,同时可长久保持日志内容以供后续分析使用。

据此,所有日志消息需要存储于某个中心位置处,而不是每个微服务的本地机器设备上。该方案在日志存储和服务执行环境之间提供了某种分离策略。对此,我们可采用某种大数据技术,如 HDFS,存储大量的日志消息。因此,实际的日志被写入本地机器,然后从执行环境发送到中央大数据存储中。

图 15.2 显示了针对微服务分布式应用程序的集中日志解决方案。

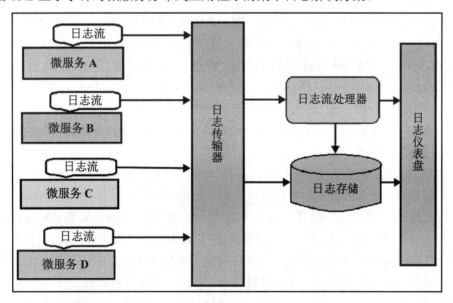

图 15.2

集中日志方案或者涉及多个协同工作的组件，其中包括以下方面。

- 日志流：表示为微服务生成的日志消息。在某个微服务中，可采用任何日志框架生成日志流，如 Log4j、Logback 和 SLF4J。
- 日志传输：该组件负责采集来自不同机器的、多项微服务所生成的所有日志流。日志传输将日志消息发送至中央存储处，如数据库，随后推送至仪表盘或者针对实时分析的任意流处理单元中。

Logstash 是一个针对集中日志的较为流行的日志传输工具。该工具可用于采集、传输来自多个分布式微服务的日志文件。Logstash 的工作方式类似于一个代理，它接受来自多个端点的日志流，并将这些日志流汇聚到其他目的地（Elasticsearch、HDFS 或其他数据库）。

日志框架（如 Log4j 和 Logback）可用于将源自 Spring Boot 微服务的日志消息发送至 Logstash 处。随后，Logstash 将把此类日志消息发送至所连接的日志存储中。本章稍后将通过相关示例对 Logstash 加以讨论。

诸如 Fluentd 和 Logspout 等其他工具也与 Logstash 类似，此类工具更加适用于不同的环境和基础设施，如 Docker 环境。

- 日志存储：对于实时分析来说，这可视为所有日志流存储的中央位置，如 NoSQL 数据库和 HDFS。

稍后将通过具体示例讨论日志存储。例如，Elasticsearch 可用于存储实时日志消息。Elasticsearch 是一类文本搜索技术，客户端可通过基于文本的索引进行查询。

HDFS 可用于存储归档日志消息，其他元数据，如事务计数，则可存储于 MongoDB 或 Cassandra 中。最后，还可针对离线日志处理采用 Hadoop Map-Reduce 程序。

- 日志流处理器：这是一个用于快速决策的实时日志分析引擎，并可向日志仪表盘发送相关信息。此外，它还可处理并发送警告信息，并通过相关措施处理自修复系统中的问题。

某些时候，我们需要构建一个实时系统，并可动态地分析日志流；此外，还可在关键情况下制定相关决策并进行自我修复，以对问题加以处理。

对于流处理，可采用 Flume 和 Kafka 这一组合方式（基于 Storm 和 Spark Streaming）。日志流处理器（Storm 或 Spark）可实时处理来自 Kafka 的全部去日志消息，并于随后将其发送至 Elasticsearch 或其他日志存储中。对此，可使用 Log4j 日志框架，其中包含了 Flume Appender 采集日志消息，并将其发送至分布式 Kafka 消息队列。

对于流处理，Spring Framework 提供了多种解决方案，如 Spring Cloud Stream、Spring

Cloud Stream 模块和 Spring Cloud Data Flow。

- 日志仪表盘：这是集中日志方案的日志可视化组件，将以图形或表格形式展示日志的分析报告。日志仪表盘对于业务团队的决策者来说十分有用。

对此，存在多种日志仪表盘解决方案可显示日志分析报告，如 Kibana、Graphite 和 Grafana。其中，作为日志仪表盘，Kibana 可在 Elasticsearch 数据存储之上用于日志分析。

综上所述，这一类分布式微服务应用程序的日志实现，并不强调将日志写入本地机器的磁盘空间中。

在集中日志方案中，需要遵循相应的日志消息标准。例如，日志消息须包含上下文、消息和相关 ID。其中，上下文信息表示为 IP 地址、用户信息、处理细节内容、时间戳和日志类型；相应地，消息则表示为简单的文本内容；相关 ID 则针对微服务间的特定任务用于链接端到端的跟踪。

根据不同的应用程序架构和技术，也存在多种方案适用于集中日志方案。另外，多种预制工具也可提供端到端的集中日志方案，如 Graylog 和 Splunk。这里，Graylog 是一个开源日志管理工具，并使用 Elasticsearch 作为日志存储；GELF 库则可用于 Log4j 日志流处理；Splunk 则是另一个商业日志管理工具。

许多云日志服务可以作为 SaaS 解决方案使用。Loggly、AWS CloudTrail、Papertrail、Logsene、Sumo Logic、Google Cloud Logging 和 Logentries 则是云日志方案的相关应用示例。

接下来讨论如何利用 Elasticsearch/Logstash/Kibana 实现自定义的集中日志方案。

15.3.1 基于 ELK 栈的日志聚合

之前曾讨论了针对分布式微服务应用程序的集中日志解决方案，相关组件（如日志流、日志传输、日志存储和日志仪表盘）协同工作后即可面向分布式应用程序提供集中日志方案，进而部署至容器环境或虚拟/物理机器上。

Elasticsearch、Logstash 和 Kibana 工具（统称为 ELK 栈）在分布式应用程序中提供了一种端到端的日志解决方案。对于自定义日志管理来说，ELK 是较为常见的架构之一。图 15.3 显示了集中日志监视架构。

在图 15.3 中可以看到，微服务 A、B、C、D 均采用了 Log4j/Logback 生成日志，并使用 Logback Appender 将日志内容直接写入 Logstash 中。其间，Logstash 的工作方式类似于日志流和日志存储间的代理，进而将日志消息发送至 Elasticsearch。相应地，Elasticsearch 工具将以文本索引形式保存所生成的日志。随后，Kibana 将使用此类索引，其工作方式类似于一个日志仪表盘，并显示日志分析报告。

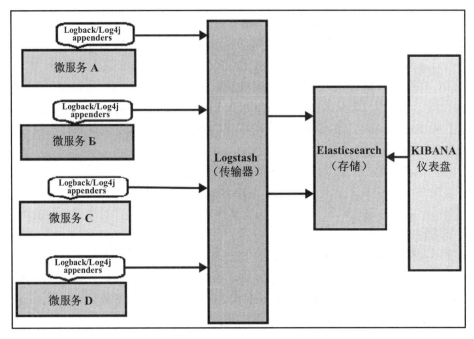

图 15.3

在 ELK 栈工具示意图中可以看到，多个微服务 A、B、C 和 D 使用 Log4j/Logback 发出日志流，并使用 Logback 附加程序将日志流直接写入至 Logstash，Logstash 充当日志流和日志存储之间的代理，向 Elasticsearch 发送日志消息。Elasticsearch 工具以基于文本索引的形式保存生成的日志。Kibana 将使用这些索引，并作为一个日志仪表板来显示日志分析报告。

下列步骤将针对自定义集中日志机制实现 ELK 栈。

步骤 1：安装集中日志方案的全部 3 个组件，也就是说，下载 Elasticsearch、Kibana 和 Logstash，并将其安装至独立服务器上，即 ELK 服务器。

（1）安装 Elasticsearch

Elasticsearch 适用于所有平台，如 Linux 或 Windows。可访问 https://www.elastic.co/ 对其进行下载。这里，我们将使用 Windows 系统，因而须访问 https://www.elastic.co/guide/en/elasticsearch/reference/current/zip-windows.html 进行下载，随后解压 Elasticsearch。在 Linux 系统中，可利用 apt 或 apt 并从包存储库中安装 Elasticsearch。待安装完毕后，可通过下列命令并运行 Elasticsearch 服务对其进行测试。

```
.bin/elasticsearch.exe
```

上述命令的执行结果如图 15.4 所示。

第 15 章 生产服务监视和最佳实践

图 15.4

在图 15.4 中可以看到,Elasticsearch 运行于 9200 端口上。在浏览器中输入 http://localhost:9200/可对其进行访问,如图 15.5 所示。

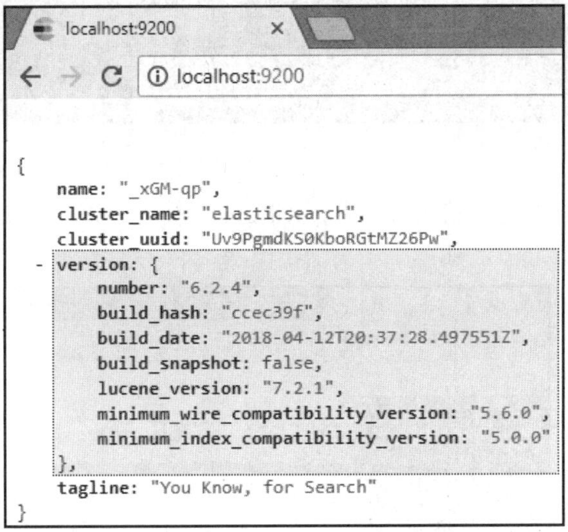

图 15.5

Elasticsearch 节点通过向端口 9200 发送 HTTP 请求而运行。

(2)安装 Logstash

类似于 Elasticsearch,可访问 https://www.elastic.co/downloads/logstash 下载 Logstash。同样,Logstash 适用于所有平台。此处将使用 Windows 系统,因而可针对该系统下载 ZIP 文件并随后对其进行解压。在 CLI 上运行下列命令,即可在当前机器上运行 Logstash 服务。

```
bin/logstash -f logstash.conf
```

其中，logstash.conf 表示为当前配置文件，稍后将通过具体示例对其加以讨论。

（3）安装 Kibana

Kibana 同样适用于所有平台，读者可访问 https://www.elastic.co/downloads/kibana 对其进行下载，针对 Windows 系统选择对应文件，随后执行解压操作。

如果需要自定义 Kibana 配置，可在编辑器中打开 config/kibana.yml 文件，并根据应用程序基础设施自定义已有信息。最后，通过下列命令即可运行 Kibana。

bin/kibana

上述命令的运行结果如图 15.6 所示。

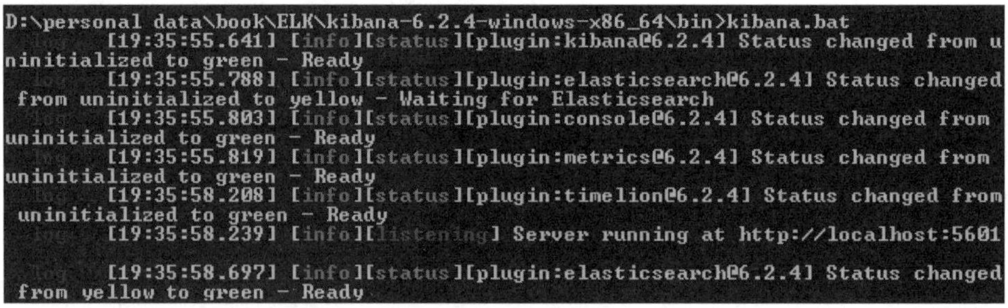

图 15.6

在图 15.6 中可以看到，默认状态下，Kibana 运行于 5601 端口上。接下来在浏览器中访问 http://localhost:5601，如图 15.7 所示。

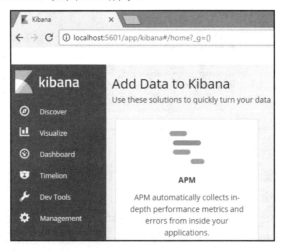

图 15.7

步骤 2：通过添加某些日志语句修改微服务（eureka、account 和 customer 服务）。

此处采用 slf4j 生成日志消息。下面在 AccountController 和 CustomerController 控制器类中添加下列日志：

```
...
import org.slf4j.Logger;
import org.slf4j.LoggerFactory;
...
@RestController
public class AccountController {
private static final Logger logger =
LoggerFactory.getLogger(AccountController.class);
...
@GetMapping(value = "/account")
public Iterable<Account> all (){
logger.info("Find all accounts information ");
return accountRepository.findAll();
}
...
}
```

在上述代码片段中，我们向 AccountController 的所有请求方法中加入了日志。类似地，此处还定义了 CustomerController，如下所示：

```
...
import org.slf4j.Logger;
import org.slf4j.LoggerFactory;
...
@RestController
public class CustomerController {
private static final Logger logger =
LoggerFactory.getLogger(CustomerController.class);
...
@GetMapping(value = "/customer/{customerId}")
public Customer findByAccountId (@PathVariable Integer customerId){
Customer customer = customerRepository.findByCustomerId(customerId);
customer.setAccount(accountService.findByCutomer(customerId));
logger.info("Find Customer information by id: "+customerId);
return customer;
}
...
}
```

可以看到，在 CustomerController 的每个请求方法中，我们添加了包含信息级别的日志记录器。

步骤3：向每个微服务的 Maven 配置文件中添加 Logstash Maven 依赖关系，如下所示：

```xml
<dependency>
<groupId>net.logstash.logback</groupId>
<artifactId>logstash-logback-encoder</artifactId>
<version>5.0</version>
</dependency>
```

在上述代码片段中可以看到，我们添加了 Logstash 依赖项，以便使用 pom.xml 文件在所有微服务中将 Logback 集成到 Logstash 中。

步骤4：由于对 Logstash 添加了 Appender，因而需要重载默认的 Logback 配置。对此，可在 src/main/resources 中添加新的 logback.xml 文件。考查下列添加至每个微服务中的 logback.xml 文件。

```xml
<?xml version="1.0" encoding="UTF-8"?>
<configuration>
<include resource="org/springframework/boot/logging/logback/defaults.xml"/>
<include resource="org/springframework/boot/logging/logback/consoleappender.xml" />
<appender name="stash" class="net.logstash.logback.appender.LogstashTcpSocketAppender">
<destination>localhost:4567</destination>
<!-- encoder is required -->
<encoder class="net.logstash.logback.encoder.LogstashEncoder" />
</appender>
<root level="INFO">
<appender-ref ref="CONSOLE" />
<appender-ref ref="stash" />
</root>
</configuration>
```

logback.xml 文件重载了默认的 Logback 配置。自定义 Logback 配置文件中包含了新的 TCP 套接字 Appender，并将所有的日志消息发送至 Logstash 服务中，该服务运行于 4567 端口上。因此，需要将该端口配置至 Logstash 配置文件中，这将在步骤 5 中看到。更为重要的是，此处添加了一个编码器。

步骤5：创建 Logstash 配置文件，如下所示：

```
input {
tcp {
port => 4567
```

```
host => localhost
}
}
output {
elasticsearch {
hosts => ["localhost:9200"]
}
stdout {
codec => rubydebug
}
}
```

在上述logstash.conf配置文件中,我们配置了输入和输出内容。Logstash将通过4567端口从套接字接收输入内容,同时还配置了输出内容。Elasticsearch则在9200端口上加以使用。另外,stdout为可选项并针对调试功能加以设置。

步骤6:从各自的安装文件夹中运行所有服务,即Elasticsearch、Logstash和Kibana,如下所示:

```
./bin/elasticsearch
./bin/kibana
./bin/logstash -f logstash.conf
```

步骤7:运行所有的示例微服务,如Account微服务和Customer微服务。Customer微服务将把日志输出至Logstash中。

步骤8:在浏览器中访问http://localhost:5601,并打开Kibana仪表盘,进入设置项并创建一个索引模式,如图15.8所示。

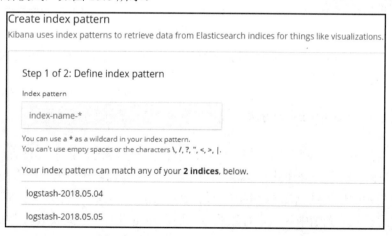

图15.8

在图 15.8 中可以看到，此处设置了索引 logstash-*。

步骤 9：选择菜单中的 Discover 选项，将显示日志仪表盘，如图 15.9 所示。

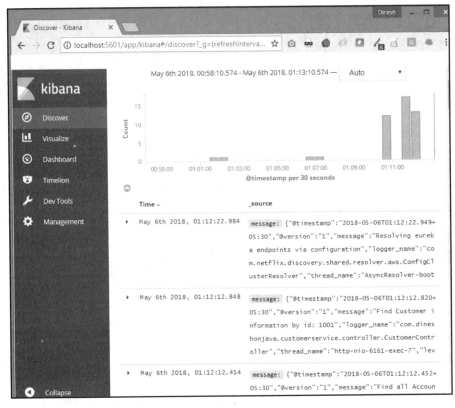

图 15.9

在图 15.9 所示的 Kibana UI 中，日志消息在 Kibana 仪表盘上予以显示。Kibana 利用日志消息构建了对应的表格和图形信息。

15.3.2　使用 Sleuth 的请求跟踪

我们已经了解了如何将分布式和碎片化的日志记录转化为集中式日志记录体系结构。据此，我们解决了与分布式日志相关的问题，并在中央存储中聚合所有的日志内容。这里的问题是，如何为端到端事务的单个请求跟踪这些日志呢？这里，全部事务分布于微服务中，为了从端到端中对其进行跟踪，我们需要使用到一个关联 ID，同时跟踪某个请求在微服务中的行进方式，特别是对所调用的微服务实现一无所知时。

Spring Cloud 中包含了一个 Spring Cloud Sleuth 库,并有助于解决此类问题。Spring Cloud Sleuth 针对每条日志消息提供了唯一的 ID,针对单一请求,该 ID 在微服务调用间保持一致。通过使用这一类唯一 ID,可获取针对某项事务生成的所有日志消息。Twitter 的 Zipkin、Cloudera 的 HTrace 以及 Google 的 Dapper 均为分布式跟踪系统的具体示例。

Spring Cloud Sleuth 包含了两个核心概念,即 Span 和 Trace,其主要工作也将围绕这两个概念而展开,并针对这两个概念创建 ID,即 Span ID 和 Trace ID。这里,Span 表示一个基本的任务单元,而 Span ID 则表示任务单元,例如对资源的 HTTP 调用。相应地,Trace 则表示一组任务或一组 Span,这意味着 Trace ID 表示为端到端事务生成的一组 Span ID。因此,针对某项特定任务,微服务调用间的 Trace ID 将是相同的。我们可使用 Trace ID 跟踪端到端的某个调用,如图 15.10 所示。

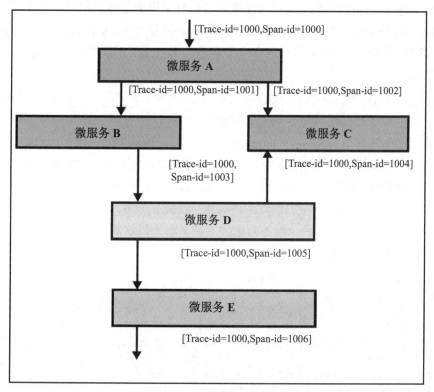

图 15.10

在图 15.10 中可以看到,其中存在多个微服务运行于不同的节点上。因此,微服务 A

调用 B 和 C，微服务 B 调用 D，微服务 D 调用 E 等。在图 15.10 所示示例中，Trace ID 将在所有的微服务间被传递，并用于跟踪端到端日志事务。

下面更新之前的 Account 和 Customer 微服务，并针对 Spring Cloud Sleuth 库添加新的 Maven 依赖项。下列各步骤将在分布式应用程序中利用 Spring Cloud Sleuth 创建一个示例。

（1）在分布式应用程序中针对 Spring Cloud Sleuth 添加另一个 Maven 依赖项，如下所示：

```
<dependency>
<groupId>org.springframework.cloud</groupId>
<artifactId>spring-cloud-starter-sleuth</artifactId>
</dependency>
```

（2）Logstash 依赖关系与之前实现集中日志时采用的依赖项相同。

（3）通过在 application.yml 或 bootstrap.yml 中设置 spring.application.name 属性，进而设置应用程序名称。另外，还可向每个微服务的 Logback 配置中添加该应用程序名称，如下所示：

```
<property name="spring.application.name" value="account-service"/>
<property name="spring.application.name" value="customer-service"/>
```

该应用程序名将作为 Spring Cloud Sleuth 生成的跟踪结果的一部分内容加以显示。

（4）添加日志消息（若不存在），确保某项服务可调用另一项服务，进而在分布式应用程序中检测日志跟踪。此处添加了一个请求方法，以描述 Trace ID 在多项微服务间的传递过程。Customer 服务中的该方法将调用 Account 服务，通过 RestTemplate 获取某位客户的账户信息，并在这两个服务的这些方法上添加日志消息。

在 CustomerController 类中：

```
@GetMapping(value = "/customer/{customerId}")
public Customer findByAccountId (@PathVariable Integer customerId){
Customer customer =
customerRepository.findByCustomerId(customerId);
logger.info("Customer's account information by calling accountservice");
List<Account> list =
restTemplate.getForObject("http://localhost:6060/account/customer/"
+customerId, List.class, customer);
customer.setAccount(list);
logger.info("Find Customer information by id with fetched account
info: "+customerId);
```

```
    return customer;
}
```

在 AccountController 类中：

```
@GetMapping(value = "/account/customer/{customer}")
public List<Account> findByCutomer (@PathVariable Integer
customer){
logger.info("Find all Accounts information by customer:
"+customer);
return accountRepository.findAllByCustomerId(customer);
}
```

（5）运行 Customer 和 Account 服务，并在浏览器中访问 http://localhost:6161/customer/1001 端点。

（6）在控制台日志中查看日志消息，并考查所输出的 Trace ID 和 Span ID。

Customer 微服务控制台日志如下所示：

```
2018-05-09 00:51:00.639 INFO [customer-service,9a562435c0fb488a,
9a562435c0fb488a,false] Customer's account information by calling
account-service
2018-05-09 00:51:00.766 INFO [customer-service,9a562435c0fb488a,
9a562435c0fb488a,false] Find Customer information by id with
fetched account info: 1001
```

可以看到，Sleuth 添加了[custome-rservice, 9a562435c0fb488a, 9a562435c0fb488a, false]。其中，第一部分内容（customer-service）表示应用程序名；第二部分表示 Trace ID；第三部分表示 SpanID；最后一部分内容表示是否应该将 Span 导出到 Zipkin 中。

Account 微服务控制台日志如下所示：

```
2018-05-09 00:51:00.741 INFO [account-service, 9a562435c0fb488a,
72a6bb245fccafd9,false] Find all Accounts information by customer:
1001
2018-05-09 00:53:38.109 INFO [account-service,, ] Resolving eureka
endpoints via configuration
```

此处显示了两项服务的日志，其中，Trace ID 相同，而 Span ID 则有所不同。

另外，还可在 Kibana 仪表盘上显示相同的内容，如图 15.11 所示。

上述内容讨论了 Sleuth 库以存储日志消息。接下来将讨论如何借助于 Zipkin 分析服务调用的延迟问题。

```
▶ May 9th 2018, 00:51:00.845   message: {"@timestamp":"2018-05-08T19:21:00.766+00:00","severity":"INFO","service":"customer-s
                               ervice","trace":"9a562435c0fb488a","span":"9a562435c0fb488a","parent":"","exportable":"fals
                               e","pid":"12224","thread":"http-nio-6161-exec-4","class":"c.d.c.controller.CustomerControlle
                               r","rest":"Find Customer information by id with fetched account info: 1001"} @version: 1
                               port: 63,324  host: 127.0.0.1  @timestamp: May 9th 2018, 00:51:00.845  id: qOQzQWMBscxd1tLHJWOc

▶ May 9th 2018, 00:51:00.744   message: {"@timestamp":"2018-05-08T19:21:00.741+00:00","severity":"INFO","service":"account-se
                               rvice","trace":"72a6bb245fccafd9","span":"72a6bb245fccafd9","parent":"","exportable":"false","p
                               id":"12120","thread":"http-nio-6060-exec-4","class":"c.d.a.controller.AccountController","res
                               t":"Find all Accounts information by customer: 1001"} @version: 1  port: 63,314  host: 127.0.0.
                               1  @timestamp: May 9th 2018, 00:51:00.744  id: f-QzQWMBscxd1tLHJWOc  type: doc  index: logstas

▶ May 9th 2018, 00:51:00.671   message: {"@timestamp":"2018-05-08T19:21:00.639+00:00","severity":"INFO","service":"customer-s
                               ervice","trace":"9a562435c0fb488a","span":"9a562435c0fb488a","parent":"","exportable":"fals
                               e","pid":"12224","thread":"http-nio-6161-exec-4","class":"c.d.c.controller.CustomerControlle
                               r","rest":"Customer's account information by calling account-service"} @version: 1  port: 63,3
                               24  host: 127.0.0.1  @timestamp: May 9th 2018, 00:51:00.671  id: fuQzQWMBscxd1tLHJG1v  type: do
```

图 15.11

15.3.3 基于 Zipkin 的请求跟踪

Spring Cloud 提供了与 Zipkin 库的集成方案。本节将讨论如何向微服务应用程序中添加 Zipkin。Zipkin 可向应用程序中加入日志消息跟踪机制，例如发送、接收、存储和可视化功能。除此之外，Zipkin 还可在服务器间跟踪日志活动，从而清晰地了解应用程序和微服务中的详细信息。

上述内容曾讨论了 Spring Cloud Sleuth，据此，可方便地在分布式应用程序中跟踪日志消息。任何库都可以在日志消息中提供额外的信息，这对应用程序非常有用。因此，我们采用了 ELK，并针对微服务采集和分析日志消息，同时这也对应用程序监视机制十分有用。除此之外，我们还通过 Trace ID 搜索微服务间的所有日志消息，进而了解请求在微服务间的传递方式。但有些时候，我们还需获取日志消息中更为丰富的信息，如时间信息，并计算请求在微服务间的时长。针对这一问题，Spring Cloud 还支持 Zipkin 库，并提供了 Spring Cloud Sleuth Zipkin 模块。通过在项目中加入 Spring-cloud-sleuth-Zipkin Maven 依赖关系，即可加入该模块。

Spring Cloud Sleuth 将把跟踪信息发送至 Zipkin 服务器。默认状态下，Zipkin 运行于 http://localhost:9411 上。当然，通过在应用程序属性中设置 spring.zipkin.baseUrl 属性，还可对其进行自定义。下面启用应用程序，并采用 Spring Cloud Sleuth Zipkin，进而将跟踪信息发送至 Zipkin 服务器。考查下列 Maven 依赖关系：

```
<dependency>
<groupId>org.springframework.cloud</groupId>
```

第 15 章 生产服务监视和最佳实践

```xml
<artifactId>spring-cloud-sleuth-zipkin</artifactId>
</dependency>
```

默认条件下，如果将 spring-cloud-starter-zipkin 作为依赖关系添加至项目中（Span 处于关闭状态），消息将通过 HTTP 发送至 Zipkin。此时，通信处于异步状态。通过设置 spring.zipkin.baseUrl 属性，还可对 URL 进行配置，如下所示：

```
spring.zipkin.baseUrl: http://localhost:9411/
```

接下来向机器中添加 Zipkin 服务器，通过下列 Maven Zipkin 依赖关系，可创建相应的 Zipkin 服务器应用程序。

```xml
<dependency>
    <groupId>io.zipkin.java</groupId>
    <artifactId>zipkin-server</artifactId>
</dependency>
<dependency>
    <groupId>io.zipkin.java</groupId>
    <artifactId>zipkin-autoconfigure-ui</artifactId>
    <scope>runtime</scope>
</dependency>
```

上述 Maven 依赖关系设置了 Zipkin 服务器和 Zipkin UI 应用程序，但需要通过注解对其加以启用。

这将是一个 Spring Boot 应用程序，并在 main 应用程序类中通过@EnableZipkinServer 注解启用 Zipkin 服务器，如下所示：

```java
@SpringBootApplication
@EnableZipkinServer
public class ZipkinServerApplication {
        ...
}
```

默认状态下，Zipkin 将运行于 http://localhost:9411 上。注解@EnableZipkinServer 将以此监听传入的 Span，http://localhost:9411 UI 则用于查询。

但这并不需要创建一个 Zipkin 服务器应用程序，我们可使用内建的 Zipkin 应用程序。Zipkin 包含了一个 Docker 镜像以及该应用程序的一个可执行 JAR 包（位于 https://zipkin.io/pages/quickstart.html），读者可将其下载至机器上，并通过下列命令对其加以运行。

```
$ java -jar zipkin-server-2.8.3-exec.jar
```

运行 Zipkin 应用程序后，对应结果如图 15.12 所示。

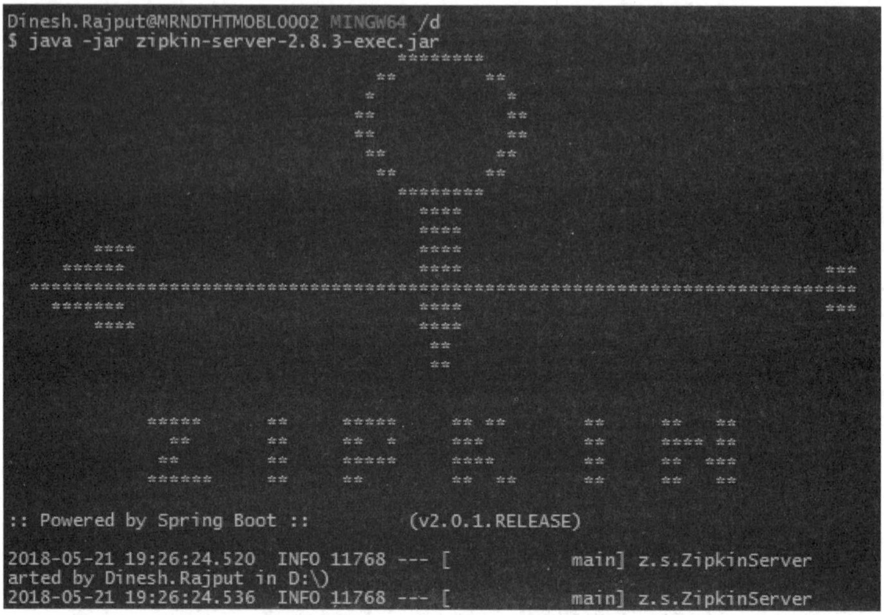

图 15.12

在图 15.12 中可以看到，Zipkin 服务器已处于启动状态，在浏览器中运行 http://localhost:9411 即可对其加以访问，如图 15.13 所示。

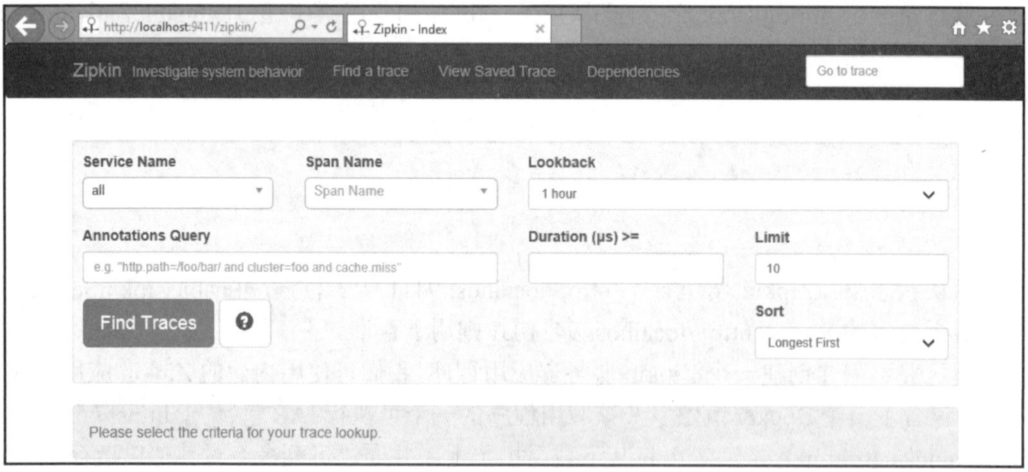

图 15.13

不难发现，Zipkin UI 可用于获取 Trace 和 Span。

在添加并启用了 Zipkin 服务器后,接下来向微服务中添加 Spring Cloud Sleuth Zipkin 依赖关系,如 Account 服务和 Customer 服务。对此,可向每个微服务中加入下列 Maven 依赖项。

```
<dependency>
    <groupId>org.springframework.cloud</groupId>
    <artifactId>spring-cloud-starter-zipkin</artifactId>
</dependency>
```

上述 Zipkin starter 依赖项还将包含 Spring Cloud Sleuth 库(spring-cloud-starter-sleuth),因而无须单独对其予以添加。

上述内容曾介绍了 Sleuth 工具,该工具用于生成 Trace ID 和 Span ID;Sleuth 则用于将信息,如 Trace ID 和 Span ID,添加至数据头中的服务调用中,以便 Zipkin 工具和 ELK 可使用这一类信息。

至此,我们已在微服务中集成了 Zipkin 和 Sleuth。因此,当调用客户服务端点时,Sleuth 将自动处理并将此类服务调用信息发送至所绑定的 Zipkin 服务器上。同时,Zipkin 将计算服务调用延迟以及其他信息。

图 15.14 显示了调用 Customer 服务时的状态。

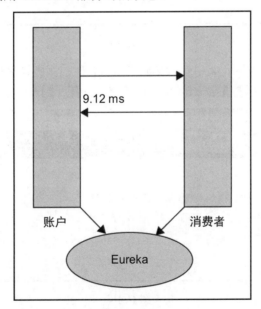

图 15.14

在图 15.14 中可以看到,Zipkin 将存储这一延迟信息。在浏览器中调用了 Customer

服务后，打开 Zipkin 仪表盘，对应结果如图 15.15 所示。

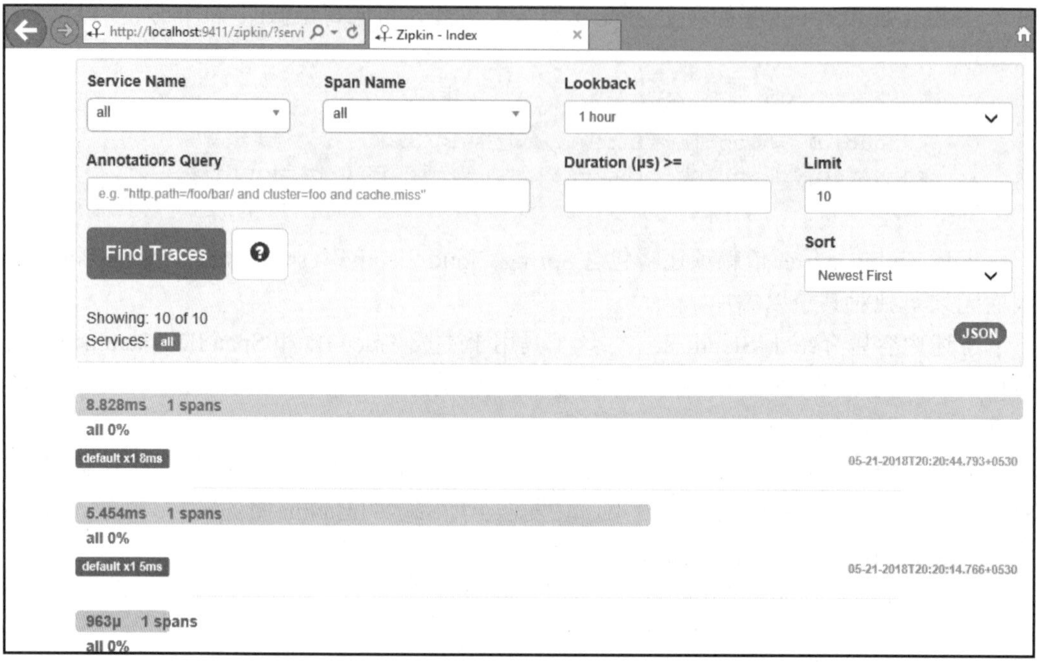

图 15.15

在图 15.15 中可以看到，其中包含了具有 Span ID 的服务调用的延迟信息。单击仪表盘中的 Trace ID，将显示与 Trace ID 相关的信息，如图 15.16 所示。

图 15.16

其中包含了与特定 Trace ID 相关的信息，即特定的端到端事务。此外，还可进一步查看 Trace 的详细信息，包括全部 Span ID。单击该行后，对应结果如图 15.17 所示。

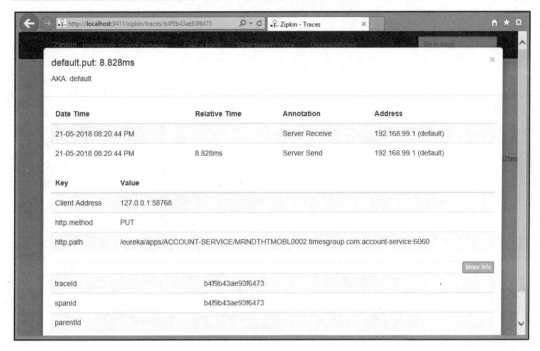

图 15.17

针对特定的微服务端到端事务，图 15.17 显示了与 Trace ID 相关的更为丰富的信息。

综上所述，我们希望读者能够使用 Zipkin 库分析分布式系统中微服务间的服务调用的延迟信息。相应地，Sleuth 将把 API 调用信息传递至 Zipkin 中。

15.4　本章小结

本章讨论了监测微服务和容器的重要性。其间，我们创建了一个集中日志方案，并通过 ELK 解决了传统日志系统中的常见问题。

Spring Cloud Sleuth API 提供了分布式微服务应用程序中事务的日志跟踪机制和端到端日志跟踪。另外，Zipkin 提供了基于时间戳的日志跟踪技术。因此，Zipkin 库对于分布式应用程序来说十分有用。